台风监测与预报研究丛书

中国台风外场观测
科学试验

雷小途　赵兵科　汤杰◎主编

气象出版社
China Meteorological Press

内 容 简 介

本书对近 20 年中国在台风外场观测领域的发展历程和取得的主要成就进行了较系统的概括和总结，并对未来 40 年中国台风外场观测的发展远景进行了展望。全书分为 6 章：第 1 章为中国在防台减灾中所面临的困境与对策；第 2 章描述了人们对台风结构的认知历程；第 3 章对美国飓风飞机探测及国际科学试验进行了介绍；第 4 章概述了中国台风外场观测实践；第 5 章对中国台风科学试验国际合作方面的情况进行了介绍；第 6 章对未来中国台风外场观测业务进行了展望。

本书可供气象、海洋、台风探测平台和设备研发及外场观测等领域专家、学者和高校研究人员参考。

图书在版编目（CIP）数据

中国台风外场观测科学试验 / 雷小途，赵兵科，汤杰主编. -- 北京 : 气象出版社，2025. 4. -- ISBN 978-7-5029-8450-2

Ⅰ. P444-33

中国国家版本馆 CIP 数据核字第 20257F3C22 号

中国台风外场观测科学试验

Zhongguo Taifeng Waichang Guance Kexue Shiyan

出版发行：气象出版社

地　　址：北京市海淀区中关村南大街 46 号　　**邮政编码：**100081

电　　话：010-68407112（总编室）　010-68408042（发行部）

网　　址：http：//www.qxcbs.com　　**E-mail：**qxcbs@cma.gov.cn

责任编辑：黄海燕　　**终　　审：**张　斌

责任校对：张硕杰　　**责任技编：**赵相宁

封面设计：楠竹文化

印　　刷：北京建宏印刷有限公司

开　　本：787 mm×1092 mm　1/16　　**印　　张：**12.75

字　　数：303 千字

版　　次：2025 年 4 月第 1 版　　**印　　次：**2025 年 4 月第 1 次印刷

定　　价：120.00 元

编 委 会

主　　编：雷小途　赵兵科　汤　杰

编写人员：张雪芬　段晚锁　李　泓　高志球　钱传海　郭　然
秦晓昊　鲍旭炜　张　翰　鲁小琴　方平治　张　帅
林立旻　陈国民　骆婧瑶　李煜斌　吕心艳

序
Foreword

近代以来，得益于卫星和雷达等非常规观测资料的广泛应用及数值预报技术的迅猛发展，天气预报，特别是数值模式对天气尺度环流系统的预报有了显著提高。美国自 20 世纪 40 年代起实施的飞机下投探空观测，不仅极大地提高了台风业务定位和定强的精度，而且加深了台风结构演变及其对路径和强度等可能影响的机理认识，促进了台风学科的发展和业务预报技术的提高。

我国台风外场观测起步相对较晚，真正意义上有组织地针对台风的外场观测始于 2002 年“黄蜂”台风观测。经过近 20 年的努力，在观测平台 / 设备、观测规模及观测理念等方面均有了很大的进步，比如观测平台从最初的“小拖车”发展到如今的高空无人机和制导火箭弹等，观测规模也从登陆台风扩展至近海 300 km 的台风（相当于 24 h 警戒区），并引入了目标观测的理念等。通过近 20 年的实践和探索，我国已具备了对近海台风实施多平台协同的外场观测能力，并实现了观测的“有的放矢”。其中，基于中、高空无人机的下投探空等观测试验的成功，极大地缩短了与美国等先进国家的差距；基于制导火箭弹的下投探空系统于 2015 年试验成功，表明该系统具备“即要即测”的能力，从而使基于敏感性（含敏感区和敏感要素，具有时变性）实时识别的目标观测成为现实，具有国际先进性。

本书对近 20 年我国在台风外场观测领域的发展历程和取得的主要成就，结合相关国家级科研项目及其实施的科学试验，进行了较系统的概括和总结，其中有不少科研项目及科学试验是由本书作者亲自主持，反映的是我国台风外场观测一线的第一手成果。本书还对未来 40 年我国台风外场观测的发展远景进行了展望，是作者在多年外场观测实践基础上的有益思考，具有可读性和一定的指导意义。

作为一名长年从事台风科研和业务的工作者，我愿为此书作序，并向广大读者推荐此书。

陈联寿

2024 年 2 月

前 言

Preface

热带气旋（本书统称“台风”）位居全球自然灾害之首，我国年均受 7～9 个登陆台风影响，是受台风灾害影响最严重的国家之一。提高台风发生发展的预报能力是防台减灾的关键，并具有显著的社会和经济价值。初步分析表明，我国近海及登陆台风，路径预报误差每降低 1 km 可减少直接经济损失约 1 亿元，强度预报误差每降低 1 m/s 可减少直接经济损失约 4 亿元。我国台风路径预报误差已从 20 年前的约 150 km 降低至当前的约 70 km，这得益于台风数值预报等气象科技的发展，特别是卫星、雷达等气象探测技术的进步，也得益于近 20 年来我国科学家开展的诸多近海及登陆台风外场科学试验提供的第一手观测资料及相应台风活动机理研究进展的支撑。

本书对我国近 20 年来组织实施的台风内部结构外场观测科学试验的实践历程进行了较系统的概述，并展望了未来我国台风外场观测的业务发展。本书共分 6 章，第 1 章介绍我国不同历史时期防台减灾的困境与对策及其伴随的防台减灾理念演变，第 2 章概述人们对台风结构的认识历程及开展台风外场观测的目的和意义，第 3 章简要介绍美国飓（台）风观测及其主导的国际台风观测科学试验计划，第 4 章和第 5 章概述我国近 20 年台风外场观测实践及主要成果，第 6 章对未来我国台风外场观测业务进行了展望。

本书涉及的科学试验及其成果受到国家自然科学基金、科技部行业（气象）

专项、财政部中央级科学事业单位修缮购置专项资金、国家重点基础研究发展计划（“973”计划）、国家重点研发计划项目及相关国际合作项目等的资助。本书在撰写过程中得到中国科学院大气物理研究所、南京大学、南京信息工程大学、自然资源部第二海洋研究所、中国气象局气象探测中心、中国气象局台风与海洋气象预报中心和中国气象局上海台风研究所等单位多位科研工作者的支持与参与，在此一并表示感谢。

由于作者水平有限，书中不妥之处敬请读者批评指正。

作者

2024 年 2 月

目 录

Contents

序

前言

第 1 章　防台减灾的困境与对策 1

1.1　神话传说和史志记载 2

1.2　致灾台风及灾情特征 3

1.3　有价值的预报及其不确定性之无奈 6

1.4　把天气预报常常告诉老百姓 11

1.5　防台减灾理念之演变 12

1.6　防台减灾预警预案 13

第 2 章　台风结构的认知历程 15

2.1　携器测走向现代科学 16

2.2　基于结构认知的台风预报 20

2.3　台风精细结构直接探测的历史必然 23

第 3 章　美国飓风飞机探测及国际科学试验 28

3.1　美国飓（台）风飞机探测 29

3.2　著名国际台风外场观测科学试验 39

3.3　外场观测资料的应用及主要贡献 48

第 4 章　中国台风外场观测实践 53
4.1　中国登陆台风科学试验（CLATEX，2002 年）.................................54
4.2　台湾地区台风飞机下投探空观测试验
（DOTSTAR，2003—2012 年）...56
4.3　低空无人机观测试验（L-UAV，2005 年起）.................................60
4.4　沿岸“追风”观测（ECTC，2007 年起）.....................................63
4.5　外场观测基地建设（2008 年起）...67
4.6　台风登陆过程外场科学试验（TLAPFEX，2009—2013 年）.................70
4.7　海峡两岸雷达资料无缝拼接试验（RDSSE-TS，2010—2012 年）.......73
4.8　华东沿海台风探测特征分析..80
4.9　台风野外观测资料及数据库建设...84

第 5 章　中国台风科学试验国际合作 95
5.1　WMO 登陆台风预报示范（WMO-TLFDP，2009—2021 年）.............96
5.2　亚太近海台风强度变化科学试验（EXOTICCA，2013—2021 年）......99
5.3　制导火箭弹下投探空试验（ETRSS，2015 年）..............................102
5.4　南海浮标阵观测试验（EBAT-SCS，2013—2017 年）......................114
5.5　近海台风多平台协同观测科学试验（ETM-CCO，2018—2021 年）....129

第 6 章　展望未来 177
6.1　未来 20 年..178
6.2　未来 40 年..181

参考文献 183

第 1 章

防台减灾的困境与对策

中国是全球热带气旋（以下统称“台风”）灾害最严重的国家之一，也是全球最早记录台风及其影响的国家之一，早在1280年就有元世祖十万大军渡海东征，在海上突遇台风全军覆没（逃回国内生还者仅3人）的记载。中国历来十分重视防台减灾、保障人们生命和财产安全工作，并在与台风灾害抗争的不同历史时期，结合当时的科技和物质条件因势利导地形成了独具中国特色的防台减灾理念。事实上，中国台风学科的发展史就是一部防台减灾的抗争史，台风科研和业务系统的建设，在很大程度上由不同历史时期面临的防台减灾困局及相应的应对策略所牵引。本章简要概述了中国不同历史时期台风学科发展面临的主要困境及应对策略，旨在为应对当前困局及推动台风科技强国建设提供些许历史借鉴。

1.1 神话传说和史志记载

古时，人们对台风几乎没有认知。面对台风和伴随台风的狂风、暴雨、滔天巨浪及其造成的巨灾，人们只能寄托于想象中的“神力”。事实上，“海神”和“妈祖”等相关神话及传说在我国古代东南沿海一带极为盛行，时至今日民间仍有“观音南山普陀手掌挡台风”“妈祖莆田挥挥手，台风绕道走”“郑成功泉州提马御风、厦门抬手移风”“福州神楼镇海楼可镇住台风”等神奇传说，其实寄托的是人们规避（台风）灾害的美好愿望。

在我国古代，气象学还不是一门成熟且独立的学科，但对天气气候的观察和记录，自殷商时期（约公元前1600年—前1046年）就有记载，其中不乏台风灾害事件，如约公元前1217年的甲骨文就有“东云自南，雨”等伴随台风的风雨现象记载（胡厚宜旧藏《甲骨文合集》）。此外，台风和伴随台风的风雨潮及灾害现象的记载常见于我国古代的史志传记等，且多有“海溢”“海塘坏”“潮涌”“大风雨”和“风潮”等“典型词语”。

经过较长时期的观察及记载总结，我国东南沿海地区的人们，特别是古代的航海家们注意到，台风活跃期主要是每年的夏秋季节，且多发于我国东海和南海，特别是台湾岛及浙江台州一带的近海，并常表现出一种猛烈的风暴，其突出的特点便是大风。相传“台风”一词起源于我国东南沿海地方方言，“Typhoon”为其音译。

随着近现代航海事业的发展，台风及其灾害事件的记载也大量出现在西方航海记录中。David Ludlum在其1963年的著作《早期美国飓风》中，详细整理了1492—1870年发生在大西洋、加勒比海和墨西哥湾的飓风灾害，如1640年9月11日，一个飓风摧毁了拥有36艘船只的舰队，最终成就了西班牙人获得军事胜利并顺利地统治了古巴；1666年8月14—15日，一支英国舰队在瓜德罗普岛被飓风摧毁，使法国人赢得了战争并成为统治者；1780年10月，强飓风袭击巴巴多斯岛，几乎整个岛被毁；哥伦布第四次航海时，在巴拿马运河入口附近遇飓风袭击，接连9 d迷路，失去了生活的希望……

1.2 致灾台风及灾情特征

事实上，台风不仅发生在西北太平洋（含南海）和北大西洋区域并对沿岸国家和地区造成灾害，更具有全球性。全球三大洋（太平洋、大西洋和印度洋）均有台风生成和活动，但以西北太平洋为最多，约占全球的 3 成。图 1.1 为全球台风活动路径。

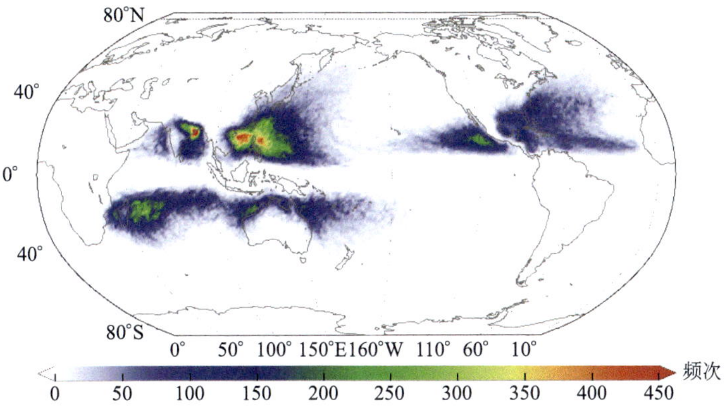

图 1.1 1949—2020 年全球台风（热带风暴及以上等级）活动路径

不同地区的人们对台风的称谓不尽相同，在西北太平洋地区被称为台风，在大西洋和东太平洋地区则被称为飓风，在印度洋地区被称为热带风暴或气旋性风暴，在菲律宾和澳大利亚（南太平洋）分别被称为碧瑶风和威来风。尽管叫法不同，但其灾害同样是“毁灭性”的。表 1.1 列出了全球因台风造成的最严重的重大人员死亡事故，可见 1970 年 11 月单次台风（超强气旋性风暴“Bhola”）袭击造成孟加拉国 30 万～50 万人死亡，是有记录以来单次台风造成人员死亡最多的台风灾害，远比 2004 年 12 月 26 日北印度洋苏门答腊海底地震引起大海啸死亡的人数更多。

表 1.1 全球因台风造成的最严重的重大人员死亡事故

年份	国家 / 地区	死亡人数
1970	孟加拉国	300000 ～ 500000
1737	印度	300000
1886	中国	300000
1923	日本	250000
1876	孟加拉国	200000
1897	孟加拉国	175000
1991	孟加拉国	140000
1922	中国	70000 以上

续表

年份	国家 / 地区	死亡人数
1833	印度	50000
1864	印度	50000
1822	孟加拉国	40000
1905	中国	26000
1780	安的列斯群岛（拉丁美洲西印度群岛）	22000
1965	孟加拉国	19297
1999	印度	15000
1963	孟加拉国	11520
1961	孟加拉国	11466
1985	孟加拉国	11069
1906	中国	10000 以上
1971	印度	10000
1977	印度	10000
1966	古巴	7196
1900	美国	6000
1960	孟加拉国	5149
1960	日本	5000
1972	印度	5000

资料来源：第 31 届联合国亚洲及太平洋经济社会委员会（ESCAP）和世界气象组织（WMO）热带气旋工作组会议技术报告和中国气象科学研究院“我国登陆台风灾害的监测及预报技术研究”项目百年台风网

就整个国家和地区的台风灾害而言，中国是因台风受灾人口之最，其次是印度和菲律宾（图 1.2）。显然，这与这些国家的人口总量及受台风袭击的频数密切相关。

台风的袭击，除造成人员伤亡外，还会造成房屋倒塌、农田受淹等并带来巨大的经济损失。据统计（雷小途 等，2009），1980—2004 年，对中国造成明显灾情（有记录）的致灾台风共 181 个，平均每年约 7.2 个，年均造成人员伤亡约 9413 人（死 577 人、伤 8836 人），倒损房屋约 123.56 万间（倒塌房屋 29.69 万间、损坏房屋 93.87 万间），受淹农田面积约 1.57×10^6 hm^2，直接经济损失约 168.94 亿元，平均约占当年国内生产总值（GDP）的 0.36%（考虑物价及货币升 / 降值率等因素，下同）。

中国的致灾台风频数及其造成的灾害年际差异非常大。致灾台风频数最多的年份（1985 年）达 11 个之多，是最少年份（1998 年 ）4 个的近 3 倍。1996 年是 1980—2004 年台风灾情最严重的一年，造成人员伤亡最多（高达 12.27 万人，其中死 1508 人、伤 12.12 万人）、房屋倒损最多（512.97 万间）、直接经济损失最大（961.65 亿元，约占当年 GDP 的 1.42%）。1997 年次之，但是造成农田受淹面积最大（8.33×10^6 hm^2）的一年。1998 年则是 1980—2004 年台风灾情最轻的一年，台风造成的人员伤亡最少（仅 12

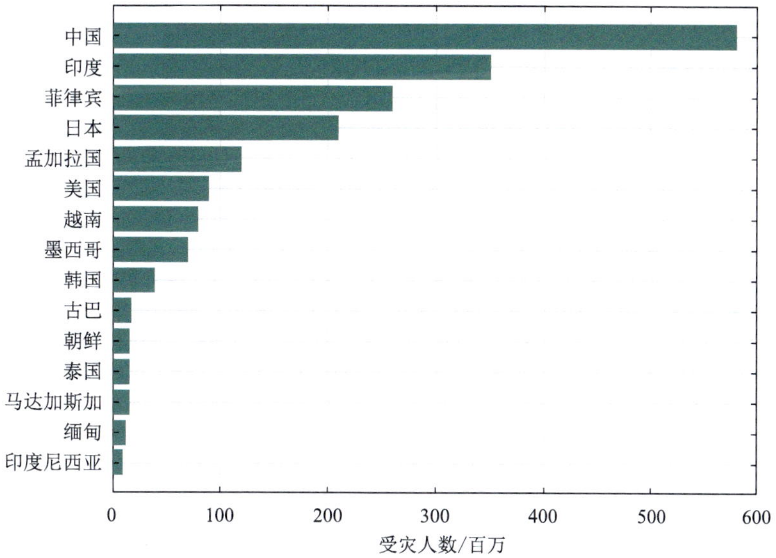

图 1.2　1986—2015 年全球年均因台风袭击受灾人数

人，为 6 死 6 伤）、房屋倒损也最少（24502 间）。1991 年和 1980 年的台风灾情也较轻，1991 年还是受淹农田面积最小（仅 3670 hm^2）的一年，1980 年则是直接经济损失最小（5683.95 万元，约占当年 GDP 的 0.01%）的一年。由此可见，伤亡人数最多的 1996 年（12.27 万人）是最少年 1998 年（12 人）的 1 万多倍，死亡人数最多的 1994 年（2115 人）和最少的 1998 年（6 人）相差 352 倍，房屋倒损、农田受淹面积最大年与最小年分别相差近 210 倍和 2270 倍，直接经济损失最多年与最少年相差约 1700 倍。

平均而言，单个致灾台风造成的人员伤亡约 1300 人（死 80 人、伤 1220 人）、房屋倒损 17.07 万间、农田受淹 2.17×10^5 hm^2 和直接经济损失 23.33 亿元。但是，不同台风个体间相差悬殊。9608 号台风是 1980—2004 年灾情最严重的台风，共造成人员伤亡约 11.3 万人（死 779 人、伤 111977 人），房屋倒损最多（575.22 万间），直接经济损失也最大（652.7 亿元）。9711 号台风的灾情次之，但是造成农田受淹面积最大（7.13×10^6 hm^2）。9417 号台风则是造成死亡人数最多（1426 人）的台风。8409 号台风是 1980—2004 年灾情最轻的台风，造成的房屋倒损最少（16 间），受淹农田面积也最小（仅 22 hm^2），而 8009、8311、8613、8704、8819、8823、9206、9207、9806 和 0019 号台风仅有 1 人死或伤甚至未造成人员伤亡，8006、8108、8209、8704、8824、9607 号台风的损失则较小，均不足 100 万元。由此可见，单个致灾台风造成的最多与最少人员伤亡数间相差 10 万多倍，死亡人数相差近 780 倍，房屋倒损相差近 36 万倍，农田受淹面积相差 32 万余倍，直接经济损失相差近 7 万倍。

从趋势上看，中国的致灾台风频数逐年递减（速率 0.8 个 /10 年），造成的死亡人数也逐年下降（速率 24.9 人 / 年）。但是，因台风造成的伤亡总人数逐年上升（速率 405.9 人 / 年）、倒损房屋逐年递增（速率 1.33 万间 / 年）、受淹农田面积逐年增大（速率 2.28×10^4 hm^2/ 年）、直接经济损失逐年增加（速率 14.56 万元 / 年）。单个台风造成的死亡人数略有减少（速率 0.3 人 / 个）、伤亡人数略有增加（速率 11.4 人 / 个）、倒损房屋增加（581.4 间 / 个）、受淹农田面积增大（速率 8.8×10^2 hm^2/ 个）、直接经济损失增加（速率 0.33 亿元 / 个）。由此可见，虽然致灾台风频数呈逐年减少的趋势，但台风造成的直接经济损失、受淹农田面积、倒损房屋数及人员伤亡数等均呈逐年和逐个台风增加的趋势，表明随着社会经济发展、财富不断积累，抵御台风影响的脆弱性和因台风致灾的风险性也在增大；只有死亡人数呈逐年和逐个台风减少的趋势，这或许与我国“以人为本、生命至上”的防灾理念有关。

因灾死亡人数减少和直接经济损失增加的反向关系，国外的相关研究也有同样的结论（图 1.3），即经济越发达的地区，在遭受台风袭击时的经济损失也会越大，但人员伤亡数则会相对较少。

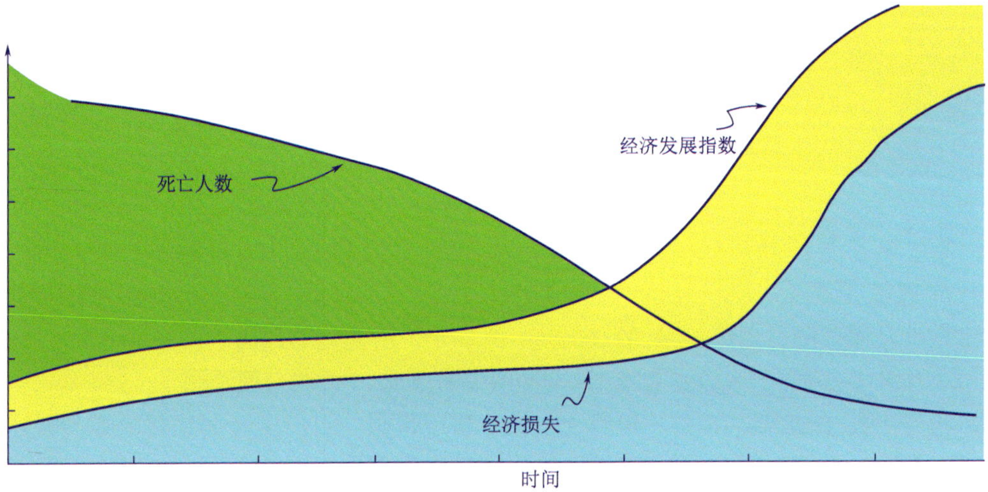

图 1.3　因灾死亡人数与经济损失和经济发展指数随时间的演变示意图

Lei 等（2012）在分析亚太地区被永久命名的台风灾情时也发现，在较低纬度（如菲律宾、越南和泰国等）登陆的台风，往往造成的人员伤亡较多而经济损失较少，而登陆于较高纬度（如中国、日本和韩国等）的台风，通常带来的经济损失较大而伤亡（特别是死亡）人数较少，这或许与中国、日本和韩国恰巧是亚太地区经济相对较好的国家有关。

1.3　有价值的预报及其不确定性之无奈

众所周知，台风灾害及防台减灾效益与台风预报能力密切相关。在国内外各类台风灾情的预估模型中，也大都涉及台风强度和路径及其伴随的风暴潮和风雨分布等相关致灾因子，因此在运用此类模型对台风灾情进行预估并指导防台减灾决策时，对台风路径和强度及风雨等致灾因子的预报精度十分敏感，而且台风的风暴潮和风雨等致灾因子的精准预报在很大程度上也取决于台风路径和强度的预报。

过去几十年，随着卫星遥感和雷达应用技术特别是数值模式和资料同化技术的发展，以及对影响台风路径和强度等物理机制相对深入的研究，台风路径预报能力有了长足的进步，24 h 预报误差已从 20 年前的 150 km 左右下降至当前的约 70 km，强度预报能力也有一定程度的提高但进展相对缓慢。总体而言，伴随台风的风暴潮、风雨等的预报也随路径和强度预报精度的提高而相应提高。

吴影等（2017）基于中国气象局上海台风研究所整编的 2002—2013 年《热带气旋年鉴》实况资料、中央气象台台风实时路径和强度预报资料以及中国气象局与民政部联合整编的台风灾情资料，对我国（大陆）近海及登陆台风路径和强度预报误差与其造成的直接经济损失之间的可能关系进行了探索研究，在此基础上建立了包含台风路径和强度预报误差的台风直接经济损失预估模型，并据此估算了当前我国（大陆）台风路径和强度预报的效益。结果表明，对进入 24 h 警戒区（平均 24 h 内将登陆）的台风路径和强度预报误差与其所造成的直接经济损失均呈正相关关系；对于单个台风而言，若 24 h 台风路径预报误差每减小 1 km 可减少其直接经济损失约 1 亿元（以 2014 年为货币和物价基准年），强度预报每减小 1 m/s 则可减少其直接经济损失约 4 亿元（图 1.4）。可见，提高台风路径和强度预报精度对于减灾的效益是巨大的，且就减轻我国台风灾情而言，当前提高台风强度的预报精度比提高路径预报精度更迫切和有效。值得注意的是，以上工作暂未考虑台风的风雨预报的影响，相信对风雨等直接致灾因子预报精度的提高，对防台减灾效益的贡献会更大。

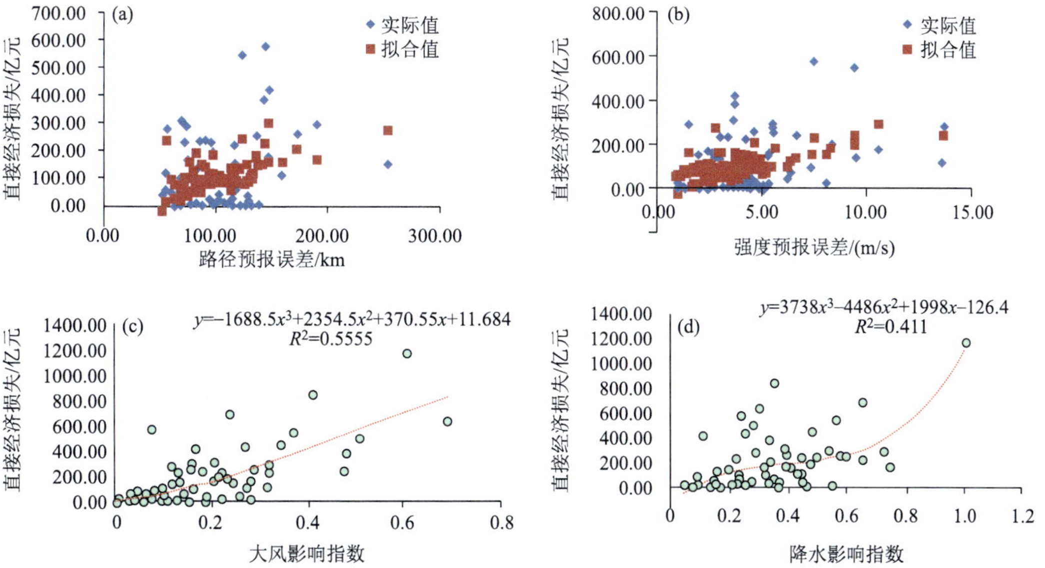

图 1.4　中国近海及登陆台风路径（a）和强度（b）预报误差及大风（c）、降水（d）与直接经济损失关系拟合

然而，台风的实际业务预报具有相当的不确定性，一是台风位置和强度等的“真值”极难（或说不可能）获得，因此估算的预报误差并不准确；二是因对台风活动规律的不完全掌握致使预报技术的不完备，导致不同预报方法及同一预报方法但不同起报时次的预报结果不尽相同，有时还相差甚远。由于时效等原因，实际业务中获取（收集）的资料往往并不全，分析也并不充分，业务中实时确定的台风位置和强度等并不很准

确，为此世界各主要台风业务机构，均会在台风（汛期）过后对其位置和强度等基本特征进行重新分析（整编），并发布年度最佳路径数据集（年鉴）。但是，不同机构整编的年鉴资料并不一致，有时相差还很大。雷小途（2001）基于中国和美国整编的1949—1990年西北太平洋台风年鉴资料，计算了相同台风在相同时刻的定位距离差，发现两者平均相差约54.4 km，远大于一般意义上的业务定位误差（20～30 km），最大相差竟高达197.9 km（1983年11月12日00UTC[①]的8323号台风）。这种定位距离差，在台风强度较强时相对小、台风弱时相对大，且在大洋中部广大海区相对小、东西沿岸的近海相对大。台风强时，因结构（如台风眼）清晰，定位难度相对小，不确定性也相对小，不同机构的定位相差自然就小；由于沿岸资料共享等原因，如中国对西太平洋西岸及近海资料的掌握比美国相对多，而大洋中部能获取的资料均不多（主要靠卫星），因此尽管不同机构对大洋中部的台风定位可能更不准，但因获得的资料相差不多，整编出的定位数据相对于沿岸近海地区反而相差不大。梁进等（2010）对不同时段中国和美国的台风年鉴资料进行的分析得到了相似的结论，余晖等（2006）还对台风年鉴的定强资料进行了比较分析。

褚萌等（2021）的进一步分析得出4个结论。①若分别以中国上海台风研究所和日本东京台风中心整编的年鉴资料作为“真值”，则计算的业务定位误差平均分别约为24.3 km和26.2 km，相差很小，且台风越强相差越小，热带风暴级别强度时相差5.4 km（35.7～41.1 km），超强台风时相差仅0.8 km（8.3～7.5 km）。②从空间分布上看，低或高纬度、远洋、近岸及登陆（特别是日本岛附近）相对容易出现大的定位错误，这或许与低或高纬度地区台风相对较弱且结构松散、远洋地区直接观测资料稀缺、台风在近岸及岛屿附近受地形影响结构易受破坏等有关。③采用实时/初始定位或最佳路径作为“真值”计算得到的路径预报误差，其差异总体不大（平均约10 km）且较定位误差明显小，并也随强度的增加而减小，即台风的强度越强，两种“真值”计算的预报误差的差异也越小，表明在实际业务中，使用实时业务定位计算的预报误差是基本可靠的。④利用最基础的气候持续（CLIPER）预报方法分析发现，若采用年鉴（最佳路径数据集）中的定位作为实时起报位置，则72 h内的预报误差比用实时定位起报时的误差平均减小约30%，其中12 h的误差可减小近一半（48%），表明实际业务中的准确定位对于提高路径预报的准确性非常重要。

值得注意的是，真实的预报误差是不可知的，因为无法获得台风位置的真值。即便是台汛期后整编的年鉴资料，也因包含有观测误差而并非真正的真值。已有部分学者开展了台风预报误差真值的估算研究，如Zhou等（2020）通过假设拟合估计路径预报误差的真值，并以此预测台风可预报性上限。然而，从褚萌等（2021）分别使用实时/初始定位和年鉴资料作为“真值”计算得到的预报误差来看，差别并不大（特别是当台风强度较强时），表明当前算法计算出的预报误差可能已经很接近“真值”了。虽然定位误差平均仅约20 km，但受初值敏感性影响，起报时刻的定位误差对短期（72 h）预报的误差有较大影响，展现了现阶段提高台风定位精度的意义和价值。

① UTC：世界时，余同。

集合预报是综合考虑初值不确定性及模式物理过程不确定性对预报结果影响的重要技术手段，各主要预报中心通常会在集合预报的基础上制作包含袭击概率的台风路径官方预报。

此外，美国联合台风警报中心（Joint Typhoon Warning Center，JTWC）率先发展了一种多模式集成预报技术，把多模式具有一致性或共同性的预报结果集成最终的预报，剔除一些不一致或矛盾的结果。实践证明，集成预报结果比任何一个成员模式的预报结果都好。之后在这一基础上又发展了超级集合（Superensemble）预报技术，即在同一模式集合预报的基础上进行多模式的集成，如利用 TIGGE（THORPEX Interactive Grand Global Ensemble）模式产品进行集成，取得了较好的业务应用效果。

台风强度通常是用台风中心最低气压或中心附近最大风速来表征的，而且由于台风主要在低纬度洋面活动，因此风速比气压更被普遍使用。事实上，全球各主要业务机构在进行台风定强时，几乎都是针对和使用台风中心附近最大风速进行的，这里的风速是指平均风速。然而，不同业务机构在进行台风定强时使用的平均风速的时长是不尽相同的。美国采用的是 1 min 平均风速，中国采用的是 2 min 平均风速，而日本、中国香港等使用的则是 10 min 平均风速。世界气象组织（WMO）曾经针对不同时长平均风速间的关系，基于欧美地区的历史实测资料推荐了一套转换算法，但这一算法并不完全适用于中国近海及登陆台风，这或许与中国东南沿海地区多为丘陵地形而欧美大西洋沿岸多为平原有关（林雯　等，2016）。而且，台风定强时使用的风是海平面 10 m 高度的风，实际中很少有海平面 10 m 高度的风的直接观测，通常需要将设置于不同海拔高度的观测站的测风进行高度转换。林雯等（2016）基于中国沿海台风观测资料分析发现，台风条件下不同高度的风速转换关系也受下垫面地形的影响（表 1. 2、表 1. 3）。

表 1.2　不同阵风时距最大平均风速之间的转换系数

下垫面类型	高度 /m	V_{max600}/V_{max60}	V_{max600}/V_{max120}	V_{max120}/V_{max60}
离海风	10	0.88（0.90）	0.92（0.95）	0.97（0.95）
	55.625	0.92（2.3%）	0.95（1.9%）	0.98（1.2%）
	71.325	0.93（2.3%）	0.95（1.9%）	0.98（1.1%）
	89.375	0.94（2.39%）	0.95（2.0%）	0.98（1.1%）
	111.875	0.94（2.39%）	0.96（1.9%）	0.98（1.0%）
离岸风	10	0.80（0.87）	0.87（0.92）	0.92（0.94）
	26.625	0.85（5.2%）	0.90（4.3%）	0.95（2.4%）
	42.375	0.87（6.69%）	0.91（4.7%）	0.96（2.8%）
	60.375	0.88（5.3%）	0.91（4.3%）	0.97（2.3%）
	82.875	0.91（4.1%）	0.93（3.3%）	0.97（1.7%）

注：表中 10 m 高度的转换系数为指数律拟合得到的平均阵风因子的比值，括号内为 WMO 的推荐值，其他高度上的转换系数是直接计算结果，括号内为变异系数；V_{max60}、V_{max120}、V_{max600} 分别为阵风时距 1 min、2 min 和 10 min 的最大阵风风速。

表 1.3　10 m 高度不同平均风速时距与阵风时距的阵风因子

下垫面类型	平均风速时距 T/s	阵风时距 t/s				
		1	3	60	120	600
离海风	3600	1.48	1.43	1.24	1.20	1.10
	600	1.39	1.34	1.16	1.16	1.00
离岸风	3600	1.72	1.67	1.40	1.40	1.13
	600	1.52	1.47	1.22	1.22	1.00

因此，不同机构整编的年鉴资料间的差异，除了表面上的数值差异外，还存在本质的物理上的差别。图 1.5 给出了不同机构年鉴资料估算的台风强度预报误差及其存在的 30%~40% 的不确定性。

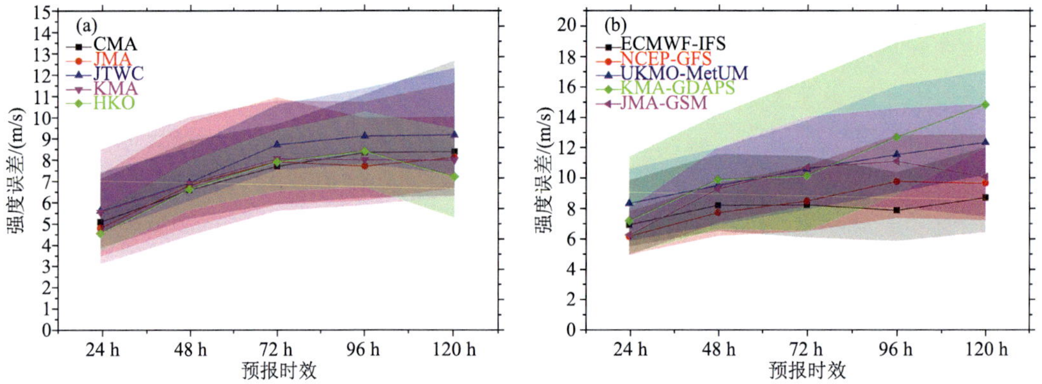

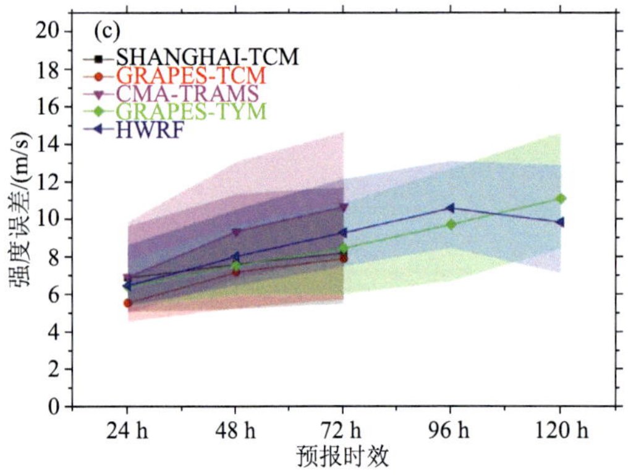

CMA：中央气象台；JMA：日本气象厅；JTWC：美国联合台风预警中心；KMA：韩国气象厅；HKO：中国香港天文台；ECMWF_IFS：欧洲中期天气预报中心的全球预报模式；NCEP_GFS：美国国家环境预报中心的全球模式；UKMO_MetUM：英国气象局的全球模式；KMA_GDAPS：韩国气象厅的全球模式；JMA_GSM：日本气象厅的全球模式；SHANGHAI-TCM：上海台风模式；GRAPES_TCM：中国气象局上海台风研究所的区域台风模式；CMA_TRAMS：广州热带海洋气象研究所的南海台风模式；GRAPES_TYM：中国国家气象中心的区域台风模式；HWRF：美国飓风中心的飓风模式

图 1.5　使用不同机构年鉴资料估算的台风强度预报误差

（a. 主观预报；b. 全球模式；c. 区域模式）

伴随台风的风雨预报，特别是降雨的量值及分布，不仅与台风自身的螺旋结构是否扫过、袭击之地的地形地貌甚至是海岸线的走向等有关，而且与台风的移动（影响及滞留时间）和台风的强度及尺度大小等密切相关。譬如，1975 年的 7503 号台风尽管登陆后已减弱为热带低压，但因其长期滞留并最终造成我国著名的“75・8”河南驻马店大暴雨灾害事件；2021 年“7・20”郑州大暴雨事件，也与 2106 号台风的远距离水汽输送密不可分。

预报的不确定性，导致实际防台减灾的预报预警中预警不足和过度预警同时存在。据悉，美国对大西洋飓风的平均预警岸线长约 555 km，而实际遇袭的岸线长约 185 km，即有约 370 km 的岸线为过度预警。“早、准、快”是防台减灾对预报预警提出的需求，也是台风预报预警的目标，即不断缩小预警范围（岸线）、不断延长预警时效。

1.4 把天气预报常常告诉老百姓

鸦片战争以来至第二次世界大战期间，我国气象事业发展也受到很大的影响且发展缓慢。直至新中国成立前夕，全国只有 72 个发报的地面气象观测站，且没有一个高空观测站。当时预报员很少，且未建立灾害性天气的发布途径和预警机制，导致 1947 年 11 月即便较准确地预测了有台风即将袭击台湾和福建沿海，也因没有发布渠道，过往船只因得不到预测信息未采取任何避灾措施而最终沉没。

类似的悲剧也发生在 1949 年 7 月解放不久的上海。当年上海气象台较准确地预测到 4906 号台风将在宁波附近登陆后经杭州湾而影响上海，但因当时将台风预警等气象信息划归机密不得公之于众，最终造成毫无防备的上海市奉贤、川沙、南汇、宝山和崇明等沿海圩堤冲决 100 多处，海水上陆，涌进千家万户，全市街道一片汪洋，最深处达 2 m。为了避免类似的事件重演，时任上海市市长的陈毅签发“太平洋上之一切气象信息，各报馆及电台可根据上海气象台的报告发布，必要时报纸应在显著位置刊发”的军管会通令。

1953 年 4 月，一场几十年不遇的强寒潮突然袭来，致使河北、河南、山东、山西及安徽等大片拔节期的冬小麦枯萎，造成粮食减产数十亿斤（1 斤 =500 g）。毛泽东主席了解到这一严重情况后，立即作出“气象部门要把天气常常告诉老百姓”的重要批示。同年 7 月，经中央军委批准，中央军委气象局（8 月改名为中央气象局）正式颁布《危险天气警报发布办法》。

在此历史背景下，上海及东南沿海地区迅速建立了以报纸刊登和电台广播（含海岸电台）为主要渠道的台风预警发布机制。1954 年初，气象部门与交通、农业、渔业等部门联合下发《加强预防台风工作的通知》，同年 3 月，政务院（国务院）周恩来总理签发了《关于加强灾害性天气预报、警报和预防工作的指示》，要求各地气象台站力求迅速、准确地发布台风等灾害性天气预报、警报，要求各级政府有关部门在统一领导下，进行各种有效的预防和抢救工作，防止或减轻人民生命财产和国家资财的损失。1955 年 1 月，中央气象局颁发《灾害性天气警报发布暂行办法》。1956 年 6 月 1 日起，在报纸和广播电台公开向人民群众发布天气预报、台风等灾害性天气预报和警报。1956 年 8 月初，一次强台风在我国浙江象山附近登陆，有关气象台比较准确、及时地发出警报，当地政府组织群众提前采取预防措施，从而减轻了人民生命财产的损失，国务院曾为此发出了《关于对八月初台风预报有功人员授奖的指示》，极大地鼓舞了全体防台减灾工作人员。全国面向公众的台风预警发布从此逐渐步入快速发展的正轨，全国大范围的气象观测站建设也始于这一时期。

1.5 防台减灾理念之演变

随着现代科技和社会的进步，台风来袭前的“征兆”逐渐被人们所认识，并逐渐具有一定的台风预测能力，而且在提前获取这些预测信息的情况下，人们是可以事先做些防灾准备以减少或避免相应损失的。如20世纪50年代，重点解决“要把天气常常告诉老百姓”的问题。这里的“天气”其实就是指未来一段时间天气变化的预测信息，包括台风。而要提供有用的预测信息，即要把天气预测尽量报准，建设气象观测站、发展天气预报理论和方法以及把预测信息及时发布出去等便是关键支撑和归宿。

事实上，我国（大陆）20世纪50年代大力建设气象观测站网及逐渐建立起来的全国台风资料共享及全国台风联防机制等（雷小途，2021），包括全国一体化的防汛防台指挥部及其组织机构体系等，均是“要把天气常常告诉老百姓”理念下的防台减灾之策。

20世纪60—70年代，受“大跃进”思潮影响，秉持“人定胜天、人在堤在”的防灾减灾信念。台风来袭时，除填筑沙包等基本的加固海堤办法外，危急时刻靠的是“一不怕苦、二不怕死”的大无畏精神，靠的是“一方有难、八方支援”的无私奉献，其结果多半是“人不在了，堤也不在了”的悲剧。

延续至20世纪80—90年代，“严防死守”成为主基调，体现的是“抗”的理念。为了抗得住、守得牢，这时期也强调未雨绸缪，并不断完善泵站、海塘和防风林等防御工事，还强调提前匹配“足够”的抗灾物资，并不断完善防御工作预案。真所谓“兵来将挡、水来土掩”，台风来袭时各方“众志成城、守土有责”，确保“城门不失”。然而，人类的力量在自然界面前往往是渺小的。强台风登陆前后，引发十多米甚至几十米巨浪的风暴潮增水事件是常有的事，更别说再遇天文高潮及江河入海口区域的上游来水等所谓“三碰头、四碰头”的情况（“四碰头”是指台风、暴雨、风暴潮天文大潮、上游洪水同时发生；“三碰头”则是台风、暴雨和天文潮或上游洪水同时发生）。因此，尽管人们尽了百分之百的努力，但台风来袭时，决堤并导致海水倒灌在所难免，由于强调“死守”而非适时“撤离”，最终包括大量人员伤亡在内的巨灾事件屡见不鲜，教训十分惨重。

进入21世纪00年代，强调“测、报、防、抗、救、援”各环节的部门联动。台风来袭前，加强对台风的监“测”和预“报”，并加固和完善各类“防”御工事；台风来袭时，各部门通力合作，合力“抗”灾，并及时抢险“救”灾；台风过后，及时进行灾情评估并据此进一步“救”灾和“援”助，尽快恢复灾区的正常运转。然而，防御工事再怎么加固和完善，也总有抵挡不住伴随台风的狂风暴雨和风暴潮的时候，加之受科技发展水平等所限，对台风的监测和预报存在不确定性，预报失误有时也在所难免。

图 1.6　遭受 0608 号超强台风“桑美”袭击的沙埕港内船只

0608 号超强台风“桑美”来袭前，浙闽交界地区的上千艘渔船提前进入天然避风良港沙埕港避风。然而，天有不测风云，“桑美”台风却于 2006 年 8 月 10 日傍晚不偏不倚地登陆并正面袭击了沙埕港，袭击时台风中心附近最大风力达 17 级（60 m/s），比 2005 年登陆美国的“卡特里娜”飓风还强，造成港内所有养殖鱼箱全部打烂，进港避风的船只被吹翻一艘又一艘，原来密密麻麻的铁皮渔轮瞬间被打翻一半（图 1.6）。

21 世纪 10 年代以来，秉持“生命至上、以人为本”的理念，提出“不怕十防九空”“不怕劳民伤财”和“不怕听老百姓的骂声，只为不听老百姓的哭声”。台风来袭前，依据预测及可能风险，对可能超出抵御能力地区进行人员撤离，而不再是靠人力硬抗，正所谓“惹不起就躲”，甚至不惜成本。这一时期，气象部门的第一道防线作用进一步发挥，部门间的防台减灾联动更加紧密，联防工作机制及预案更加完备，与预警信号对接的防御和应对策略更加完善（如红色预警时的停工停课等）。虽然防汛防台工作对预报预警提出了“更早、更快、更准”等更高的要求，但这一时期，政府和民众对台风预报预警误差，甚至失误也更加宽容，秉持“宁空勿漏”的理念。

独具时代特征和中国特色的防台减灾理念，指引和激励着一代又一代的中国气象人前赴后继，推动着我国防台减灾事业和台风学科的快速发展。

1.6　防台减灾预警预案

早期，为及时给海上航行过往船只和当地百姓提供台风监测预警信息，1884 年徐家汇观象台创立了以悬挂圆柱形、球形和圆锥形为信号的“风球”及相关的“旗语”预警信号及发布体系，并在上海外滩搭建了一个信号塔进行实时发布。该预警信号体系简洁、醒目、通俗、易懂，东亚沿海多地相继引用（香港天文台自 1884 年开始便使用“风球”信号对台风进行预警），并被国际气象组织（International Meteorological Organization，IMO）推荐得到更广泛的使用。后经不断完善，于 1930 年形成了更为规范的暴风预警信号体系，在远东各地广泛使用。香港天文台和澳门地球物理暨气象局等直到 2002 年才不再悬挂实物的“风球”，但是基于“风球”的台风预警体系却沿用至今。

为了有效动员和组织全社会力量有序防汛防台，我国先后于 1991 年、1997 年和 1999 年颁布并不断完善《中华人民共和国防汛条例》《中华人民共和国防洪法》和《中华人民共和国气象法》等国家法律法规，于 2006 年、2011 年和 2015 年先后颁布《国家突发公共事件应急预案》《关于加强气象灾害监测预警和信息发布的意见》和《全国预警发布系统运行管理办法（试行）》等规章。在此基础上，建立了较完善的独具中国特色的“政府主导、部门联动、分级分责和社会广泛参与”的防台防汛工作体系，包括组织指挥体系、预警预案体系、信息保障体系、工程体系和抢险救援体系。该防台防汛工作体系注重气象部门的“早发现、早预警”作用，强调“四色（蓝—黄—橙—红）”预警信号和应急预案的无缝联动（图 1.7）。

24小时内可能或者已经受热带气旋影响,沿海或者陆地平均风力达6级以上，或者阵风8级以上并可能持续。
1.政府及相关部门按照职责做好防台风准备工作；
2.停止露天集体活动和高空等户外危险作业；
3.相关水域水上作业和过往船舶采取积极的应对措施，如回港避风或者绕道航行等；
4.加固门窗、围板、棚架、广告牌等易被风吹动的搭建物，切断危险的室外电源。

24小时内可能或者已经受热带气旋影响,沿海或者陆地平均风力达8级以上，或者阵风10级以上并可能持续。
1.政府及相关部门按照职责做好防台风应急准备工作；
2.停止室内外大型集会和高空等户外危险作业；
3.相关水域水上作业和过往船舶采取积极的应对措施，加固港口设施，防止船舶走锚、搁浅和碰撞；
4.加固或者拆除易被风吹动的搭建物，人员切勿随意外出，确保老人小孩留在家中最安全的地方，危房人员及时转移。

12小时内可能或者已经受热带气旋影响,沿海或者陆地平均风力达10级以上，或者阵风12级以上并可能持续。
1.政府及相关部门按照职责做好防台风抢险应急工作；
2.停止室内外大型集会、停课、停业（除特殊行业外）；
3.相关水域水上作业和过往船舶应当回港避风，加固港口设施，防止船舶走锚、搁浅和碰撞；
4.加固或者拆除易被风吹动的搭建物,人员应当尽可能待在防风安全的地方，当台风中心经过时风力会减小或者静止一段时间，切记强风将会突然吹袭，应当继续留在安全处避风，危房人员及时转移；
5.相关地区应当注意防范强降水可能引发的山洪、地质灾害。

6小时内可能或者已经受热带气旋影响，沿海或者陆地平均风力达12级以上，或者阵风达14级以上并可能持续。
防御指南：
1.政府及相关部门按照职责做好防台风应急和抢险工作；
2.停止集会、停课、停业（除特殊行业外）；
3.回港避风的船舶要视情况采取积极措施，妥善安排人员留守或者转移到安全地带；
4.加固或者拆除易被风吹动的搭建物，人员应当待在防风安全的地方，当台风中心经过时风力会减小或者静止一段时间，切记强风将会突然吹袭，应当继续留在安全处避风，危房人员及时转移；
5.相关地区应当注意防范强降水可能引发的山洪、地质灾害。

图 1.7　台风“四色（蓝 - 黄 - 橙 - 红）”预警信号发布参考标准

在实施过程中，坚持“以人为本、服务大局”的工作理念，把确保人民群众生命财产安全放在首位，力求不死人、少损失；坚持“以防为主、统筹兼顾”的工作方针，在应对台风及相关灾害的“测—报—防—抗—救—援”各环节中科学施策，力求无悔；坚持“以行政首长负责制为核心”的工作机制，充分发挥中国独特的政治优势和制度优势，高效调动各种社会资源，力求防汛防台工作责任落实横向到边、纵向到底；坚持“建管并举、重在管理”的工作措施，不断夯实防汛防台物质基础和管理基础；坚持“军民联手、区域协作”的应急抢险方略，最大限度地增强防汛抢险和灾后救助的整体合力。

多年防汛防台实践证明，“政府主导、部门联动、分级分责和社会广泛参与”的防台防汛工作体系，是符合中国特色、成功和有效的制度安排。在历次超强登陆台风灾害防御中，最大限度确保了人民群众生命财产安全和国民经济的持续稳定发展，有效减轻了灾害损失。

第 2 章

台风结构的认知历程

第 1 章简要介绍了人们对台风灾害的认识、不同历史时期的防台减灾困境及应对之策，揭示了台风预报预警在防台减灾工作中的重要意义和价值。依据牛顿运动力学原理建立的大气流体力学（N-S 方程），其求解（预报）实质上是一个初值问题。综观气象学发展史不难看出，气象学仍是一门实验类科学，对真实大气要素变化的观测（不同于实验室的实验记录）是气象学科发展和预报预警工作的基础。为此，本章简要回顾人们对台风（结构）认知的发展历程。

2.1 携器测走向现代科学

我国自古以来就非常重视“观天象”，相传在黄帝时代就有专门的“测天”职业，并发明了日晷（利用日影变化测时间的一种计时器）、设立了陶寺古观象台（约公元前 21 世纪建立，位于今山西省襄汾县陶寺镇境内，由 13 根夯土柱组成，呈半圆形，半径 10.5 m，弧长 19.5 m，从观测点通过土柱狭缝观测塔尔山日出方位，据此确定季节、节气，安排农耕活动）。

气象因其变幻莫测及台风等灾害的严重性，自古受到高度关注，因而也是我国古代“测天”的重要内容之一。晋王嘉的《拾遗记》中便有“帝使风后负书”的记载，说明黄帝时期便已设“风后”职业专门负责测风工作。古人最早使用的测风工具是相传黄帝时期的“候风旗”（唐代称“相风旗”、宋代称“占风旗”）及舜禹时期的“相风鸟”（又称“伺风鸟”），前者其实就是有飘带的旗子，人们可以直观地从旗子飘动的方向和程度判断风向风速（现代海军帽佩飘带就是受此启发以方便观测海风）。为了增加测风的精确度，古人又发明“羽葆测风器”（用鸡毛做成条形或扇形的“羽葆”代替候风旗上用布帛做成的飘带），羽葆的质量主要有“五两”和“八两”2 种（《左传》），北方和沿海风力较大，多用“八两”。唐代李淳风（公元 645 年著《乙巳占・侯云法》）首次对风力进行了分级，一级动叶、二级鸣条、三级摇枝、四级堕叶、五级折小枝、六级折大枝、七级飞砂石或伐林（折木）、八级拔木树和根，再加上“无风”和“和风”（指温和、尘土不起的风）。我国最早的测雨器是南宋秦九韶于 1247 年所著《数书九章》一书中记载的“天池盆”（最初主要是用于预防火灾积蓄雨水的容器）和“圆罂”（一种小口大腹的积水器皿）等。明代永乐年间（约 1442 年），朝廷向各地方州县发放统一的“测雨器”方便上报雨情。与现代测雨仪器较为接近的当属清代（约 1770 年）用黄铜制造的“乾隆测雨台”，为圆筒型（筒高约 50 cm、圆径约 23 cm），置于测台之上，用于量雨。清代朝廷延续了明代朝廷向地方各州县发放测雨器的做法，连朝鲜也发放了（至今朝鲜历史文献馆和韩国气象厅还保存着清制的测雨器）。我国先秦时期就已开始观测空气湿度。秦汉时，人们通过不同天气条件下琴弦的变化对空气湿度已有较准确的认识。西汉时，已出现利用炭吸湿性强的特点制造的“测湿仪”，即把土和炭分别挂在天平两侧，借助天平原理实现测湿目的。如果空气干燥，炭中水分散发快，会变轻，放炭这端就会上升；如果空气湿度增加，正好相反（《史记・天官书》《淮南子・天文训》《淮南子・泰族训》)。

系统性地对大气状态(风、温度、气压、湿度等)进行定量器测起源于近代欧洲。为揭示天气气候演变特征并做出预报,欧洲国家于 1872 年和 1873 年分别在莱比锡和维也纳召开两次国际会议,推动各地气象观测的协同和观测资料的共享,开启了异地气象要素同步定时定量观测的序幕,并于 1878 年成立国际气象组织(International Meteorological Organization,是 1950 年成立的世界气象组织的前身)。观测资料的共享,极大推进了人们对天气演变规律的认识和预报,促进了锋面和长波理论等大气学科的发展。

我国最早的气温、风速风向、气压、湿度和雨 / 雪量等气象要素规范化的定时定量器测,始于清道光年间(约 1841 年)建立的“北京地磁气象台”,并断断续续至 1914 年。从未间断观测时间最长的是 1872 年建立的上海徐家汇观象台,其气象观测自建台起延续至今从未间断(包括在第二次世界大战期间,远东地区仅此一站)。图 2.1 给出了历史不同阶段的主要气象要素记录和观测手段。

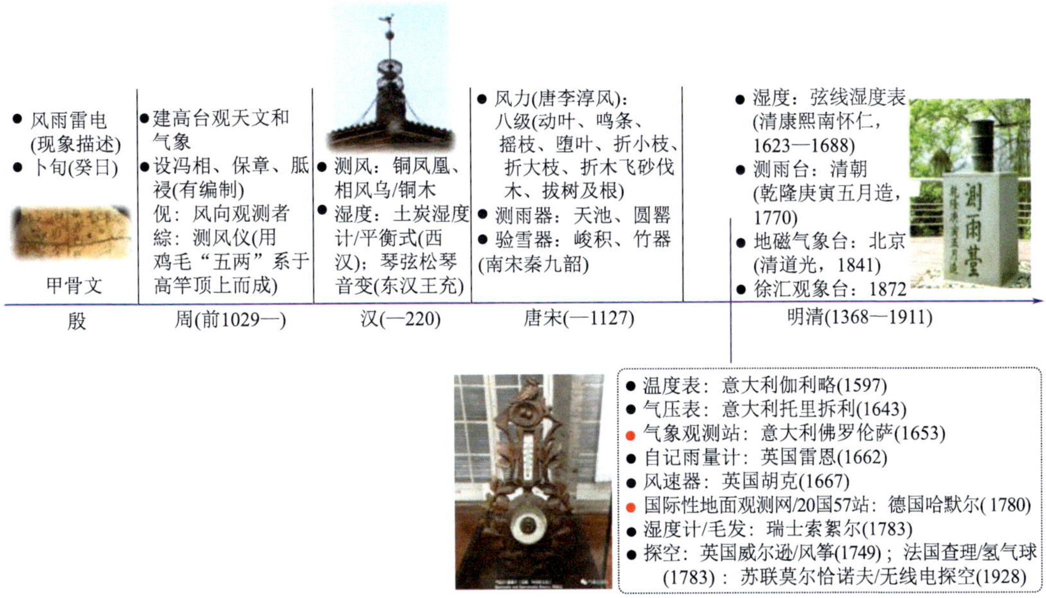

图 2.1 气象观测发展简史示意图

早期,有不少杰出的科学家基于有限的目测记录和器测数据,对台风的结构进行了极富想象力的总结和概括,并大都被后世更多的观测所证实。事实上,人们对台风结构的认识,是一个随着气象观测设备的进步而不断丰富和完善的过程,并大致经历了点涡—轴对称涡—非对称涡—复杂结构涡等几个阶段(图 2.2)。

初期,基于对台风灾情的目测记录及航海日记等,人们认为台风是一个点(涡),并没有关注到台风的三维立体(水平及垂直伸展)特征。如 William Redfield 于 1831 年在搜集航海时期的船舶航海日记基础上,推断台风中的风是环绕着一个中心而旋转的,并且整个风暴系统(台风)是沿着一条正规的路径移动的。此时的人们已认识到台风是一个涡旋,但在考察其移动特征时将其当作了一个“质点”。

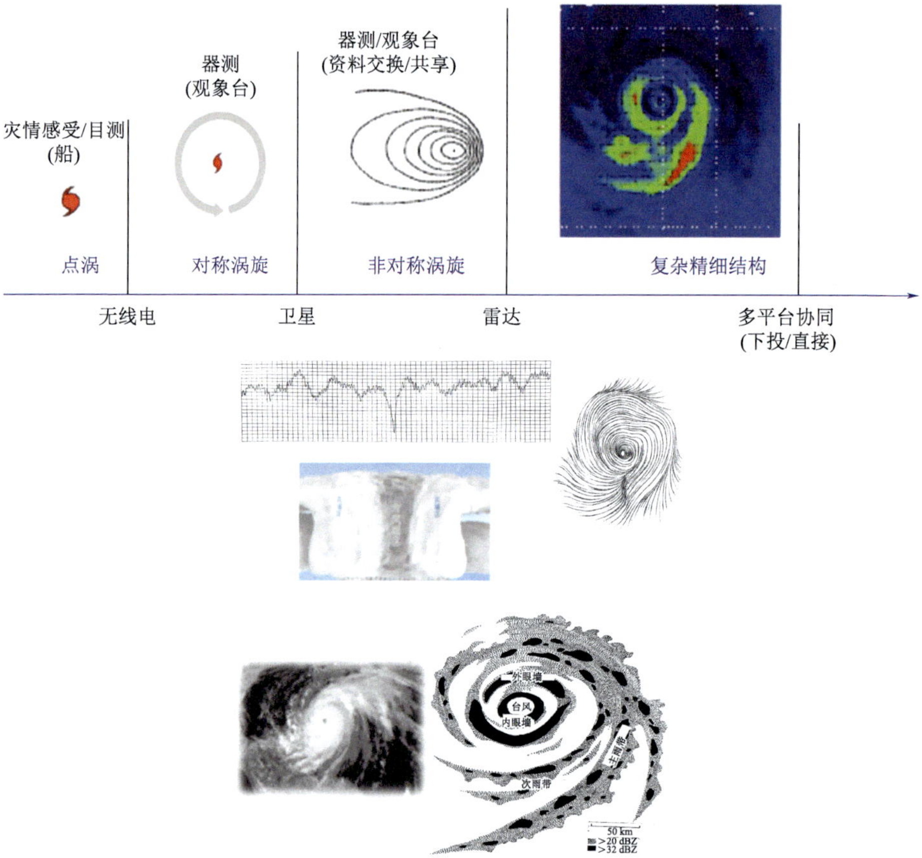

图 2.2　台风结构认识历程示意图

随着器测设备，特别是无线电技术在气象探测中的应用，人们逐渐认识到台风是一个自身具有三维结构特征的涡旋。徐家汇观象台早在 1879 年 7 月 31 日便成功地记录到了台风过境时的“漏斗型”气压变化现象，由此认识到台风是一个具有中心气压最低、向外气压逐渐增加的水平结构的涡旋。此外，徐家汇观象台成立之初就积极推动亚太地区的气象观测资料共享，并以明信片的通讯方式确认观测资料的收发。时任徐家汇观象台台长的能恩斯（Marc Dechvrens）等人正是依据当时有限的观测资料及交换共享资料，极富想象力地手绘了第一张台风结构图。

在此基础上，人们根据台风过境前后云等天空景象的变化，推断台风应当具有一个垂直伸展高度。熊恩斯于 1879 年提出了史称“台风垂直截面旋风”的理论。但是，正如 Flammarion 在 1874 年指出的，当时的人们认为台风涡旋气流绝不可能伸展到很高。在印度洋，台风的平均高度低于 10000 英尺（约 3050 m）。1936 年建立全球无线电气象探测网并开始进行高空气象观测后，证实了台风是具有一定垂直伸展高度的涡旋，同时发现台风可以伸展至远高于 10000 英尺的高度。总体而言，这一时期的人们对台风结构有了大致的认识，认为低层气流从四面八方向台风中心流入，到达中心后向上伸展，到达高层（对流层）后再向外流出，并在远离台风中心处下沉从而形成（次级）闭合的环流。同时发现，虽然台风中心的气压最低，但台风最大风速则往往不在台风中心，也注意到

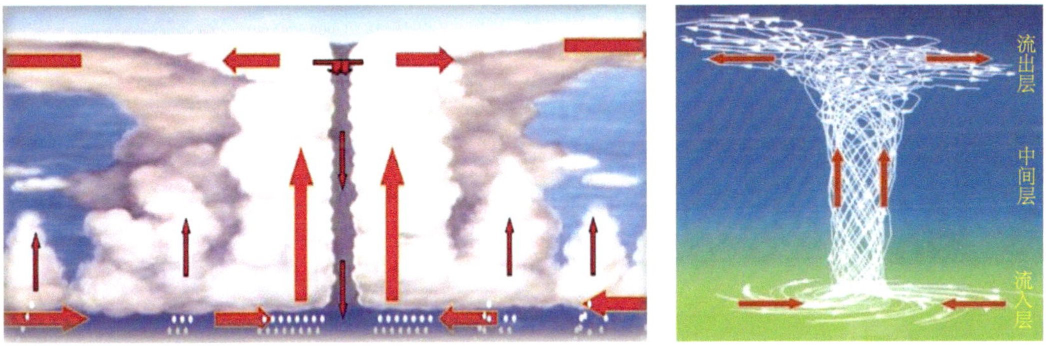

图 2.3　台风轴对称结构示意图

了台风降水的水汽来源等问题。1884年，James Espy 指出，随台风中心气流上升的洋面水汽为台风降水提供了来源，在凝结成降水过程中释放出的潜热是维持台风的能量。这一时期台风在水平方向的非对称性并没有引起人们足够的关注，而是将台风视为一个轴对称结构的涡旋（图 2.3），尽管能恩斯的手绘结构图中已表现出了这一非对称性。

1943 年 7 月 27 日，美国陆军上校 J.P.Duckworth驾驶轻型单引擎飞机成功飞入并穿越了飓风眼，获得了丰富的台风内部结构的新型观测资料，开启了台风结构认识的新纪元，美国空军、海军也随即于 1944 年进行了有组织的飞机穿越台风的探测试验，美国国家飓风中心随后逐步建立了以飞机为平台搭载下投探空等设备的台风飞机观测业务，持续至今。依据飞机及无线电探空观测资料，螺旋雨带及高层暖心等台风内部的非对称结构特征被逐一刻画。

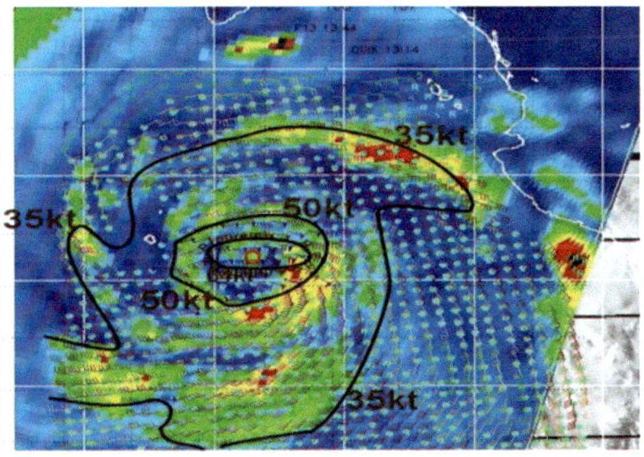

图 2.4　星载微波辐射仪探测的台风洋面风

随着 20 世纪 50 年代雷达（美国于 1955 年起建立了沿海雷达观测网）和 60 年代卫星在气象探测中的应用（1960 年 4 月 T 卫星拍到位于澳大利亚布里斯班港以东 1300 km 的一个成熟台风照片），发生在全球各大洋上的台风在卫星云图上几乎一览无遗，更多精细的台风结构特征被不断揭示。人们认识到台风的结构十分复杂（图 2.4），不同的台风及不同时刻的同一台风也存在显著的结构差异。

纵观历史，人们对台风结构的认识，是一个随着观测设备从“地基”（地面观测站）到“天基”（卫星）发展，由“点涡”到“复杂涡”不断完善的过程。对台风探测资料的积累和分析，推动着台风预报及学科的发展。事实上，在能恩斯的带领下，徐家汇观象台曾依据共享的台风观测资料，整编了《620 个台风路径图（1893—1918）》，并在航运服务过程中创立了台风预警风球旗语体系等，开启了我国台风学科（特别是观测研究及预报预警探索）发展的先河（雷小途，2020）。

2.2 基于结构认知的台风预报

俗话说“天有不测风云，人有旦夕祸福”。某种意义上，预知未来，认识自然并最终“改造”自然，是人类的“天性”和“原始梦想”。中国古代，“夜观天象”意欲窥探“天机”，进而改变、调整某种行为并预防可能的不测，如独具中国特色的“节气”和“谚语”等。毫无疑问，试图对台风的活动进行预报，同样出于拟采取预防行动并减轻和规避台风可能造成的巨大灾害的目的。因此，对台风的预报与认识台风的程度密切相关，而对台风结构的认识程度则正如上节所展示的取决于对台风结构的观测。

就预报要素（对象）而言，台风预报经历了针对台风路径的预报、针对台风强度（中心最低气压及中心附近最大风速）的预报、台风风雨和风暴潮的预报及基于灾害风险的影响预估等阶段。当人们将台风视为“点涡”时，主要的预报要素是台风的路径；当台风被认为是“轴对称结构的涡旋”时，主要的预报要素包括台风的路径和强度；当台风的非对称结构和复杂结构被认识时，预报要素不仅包含台风的路径和强度，而且包括了伴随台风的风雨及风暴潮和可能引发的灾害风险等。

就预报方法而言，台风预报大致经历了经验预报、天气学分析方法、数理统计方法、动力学方法（数值预报模式）及统计 - 动力相结合的方法等主要发展阶段。不同历史阶段的预报方法及其完善程度，与当时人们对台风结构认知是密切相关的。早期，由于台风内部及其周围观测资料稀少，对台风结构及其与环境场的相互作用知之甚少，无奈把镶嵌在大尺度环境流场中的台风涡旋近似当质点（“点涡”）处理，无法研究台风内部结构，将其当“黑箱”看待，它的运动完全由大尺度环境基本气流决定。在这一时期，无论是具有“随机论”特征的数理统计预报方法，或是具有“确定论”特征的动力模式预报技术，都无法克服“黑箱”带来的沉重包袱，预报误差长期在高位徘徊，如 24 h 路径预报误差达到 200 km 及以上。

随着气象卫星和飞机下投探空等气象探测技术的发展，台风内部结构的“黑箱”被逐渐打开，同时复杂的台风结构及其对强度变化影响机理也被逐渐揭示，台风数值模式及台风涡旋初始化、多源资料同化、海 - 陆 - 气边界层及云微物理过程参数化方案等预报关键技术得到不断迭代和发展。预报技术（方法）的每次换代升级，都对应着台风业务预报能力的跨越式提高。如卫星等多源资料同化技术的发展，很大程度上促成 20 世纪 90 年代后期 24 h 路径预报误差大幅降至 120 km 左右，而集合 / 集成预报及其产品的应用技术则是当前 24 h 路径预报误差再度大幅降至约 70 km 的重要支撑。图 2.5 给出的是中国气象局上海台风研究所研发并仍在我国实际台风预报业务中使用的台风（路径、强度、风雨、浪潮及灾情风险和短期气候）预报方法，其中数值预报（模式）无疑是现阶段最重要的台风客观预报关键技术。

众所周知，大气是流体，其演变受控于基于牛顿力学建立的 N-S 方程。理论上，只要知道了初始时刻的气象要素值（初值），便可通过求解 N-S 方程获得其下一时刻或若干时刻的取值（预报），即气象预报从数学上看本质是个初值问题。只可惜，N-S 方程是一个非线性微分方程组，目前数学上尚无法解出其显式的解析解。为此，不得已只

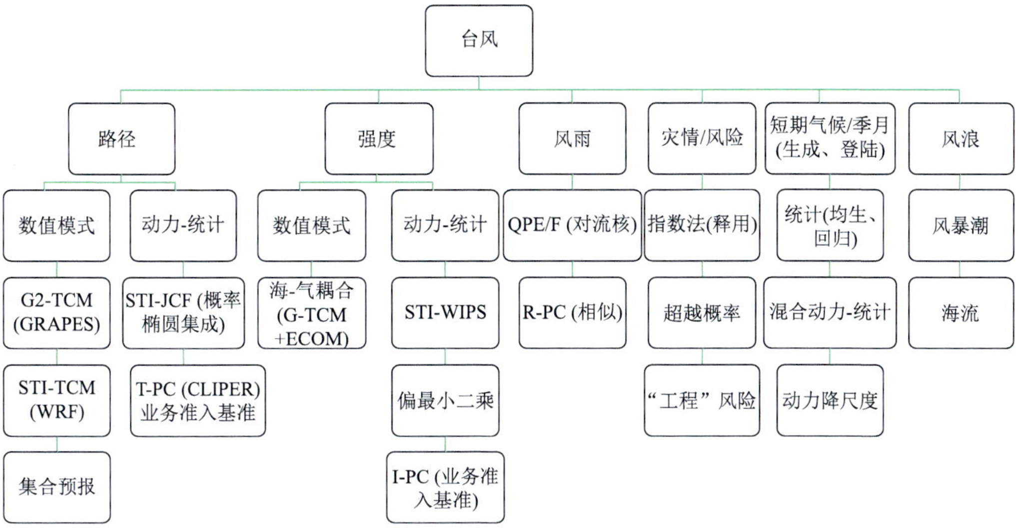

图 2.5　台风预报方法示意图

能用“差分”代替“微分”（即用“Δx”取代“δx”），求得其近似的“差分解”，这便是数值（天气）预报的基本原理。但是，“差分”取代“微分”的基本假设是“差分”量（如 Δx）要无限小至接近于零。然而，实际中 Δx 能小到什么程度既取决于气象观测站网的密度，也取决于计算机的算力，但无论如何也是不可能接近于零的，因此数值预报必然会存在误差，这种误差被称为截断误差。此外，数值预报的模式方程（包括 N-S 方程）及其描述的大气（被称为“模式大气”）本身也只是真实大气的近似，而且模式还存在差分计算方案（用模式网格点上的要素近似表述）和初值本身带来的误差。对于区域模式而言还有边值问题，其误差还来源于边值的误差。不同的“Δx”替代“δx”差分方案，对应着不同的数值预报模式，并具有不同的预报误差特点。

用于预报台风的数值预报模式被简称为“台风数值模式”，其建立和完善是一个不断发展的过程。中国气象局上海台风研究所于 20 世纪 60 年代研发并率先在全国实现基于正压涡度方程（正压模式）的台风路径客观业务预报，至 80 年代先后发展了准地转斜压模式和 5 层原始方程模式；1990—2002 年，通过国家“八五”攻关，在引进、消化和吸收基础上发展建立了基于美国中尺度大气模式（MM4 和 MM5）的台风模式；2003—2015 年，通过国家公益性行业（气象）专项和国家基础研究计划项目，发展了基于美国天气预报研究一体化模式（WRF）和我国自主研发的中尺度大气模式（GRAPES）建立的台风模式（WRF_TCM、GRAPES_TCM）及海 - 气耦合模式（GRAPES_TCM+ECOM）；2016 年至今通过国家重点研发专项发展了海 - 气 - 浪耦合模式和集合预报系统及下一步将发展的基于地球系统模式 / 地球模拟器的新一代台风模式（图 2.6）。

台风数值模式的发展，包括模式动力框架的改进、模式预报要素（台风路径和强度等）的增加及预报准确率的提升等，均与人们对台风结构认识的提高息息相关。初时，人们视台风为“点涡”，只对台风的路径进行预报，采用的是正压涡度方程或浅水波方程模式（均为极度简化的一层模式），刻画的是大尺度环境风场对台风移动的引导作用。自认识到台风是一个立体涡旋后，便需要采用多层模式加以刻画，控制方程也从简化的

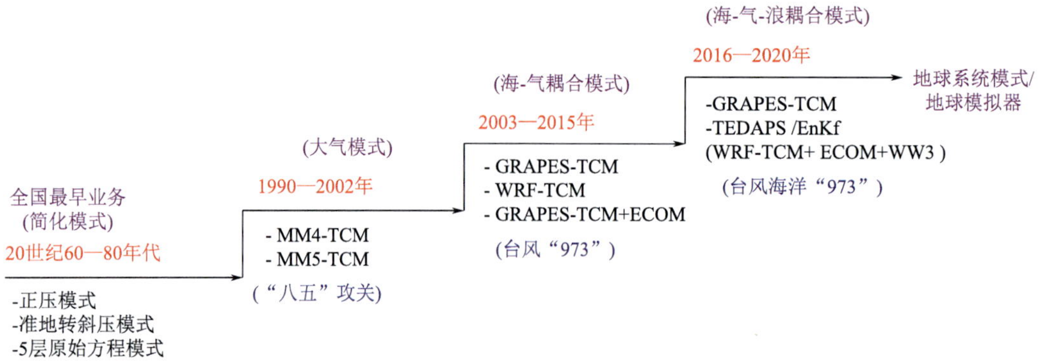

图 2.6　台风模式发展历程示意图

N-S 方程逐渐发展为原始方程模式，并发展了台风涡旋初始化的 Bogus 技术，即一种通过构造理想的台风涡旋立体结构并取代模式初始场中原有台风涡旋结构的方法，以便修正模式初始场中的台风涡旋结构。台风 Bogus 方案的构造先后经历了轴对称和非对称结构模型两个阶段。然而，无论什么构造方案，最终所构造的台风涡旋结构仍是个理想模型。为了获取更真实的台风初始涡旋结构，基于卫星、雷达及外场观测等资料的同化技术逐渐得到应用并不断发展完善，直至模式的初始场已基本能刻画较真实的台风涡旋结构。但是，模式初值（包括初始台风涡旋结构）的不确定性，客观上总是存在的；模式网格及差分方案的设计、模式物理中边界层及云微物理过程等参数化方案等刻画的模式大气，与真实大气间的接近程度也存在不确定性。为此，催生了近年来蓬勃发展的集合预报技术，即利用不确定性的多个初值及模式不确定性的多个方案积分获得多个预报结果，并对众预报结果进行加权平均处理后得到一个确定性的预报结果及依据不同预报结果发散度得到的不确定概率预报（图 2.7）。

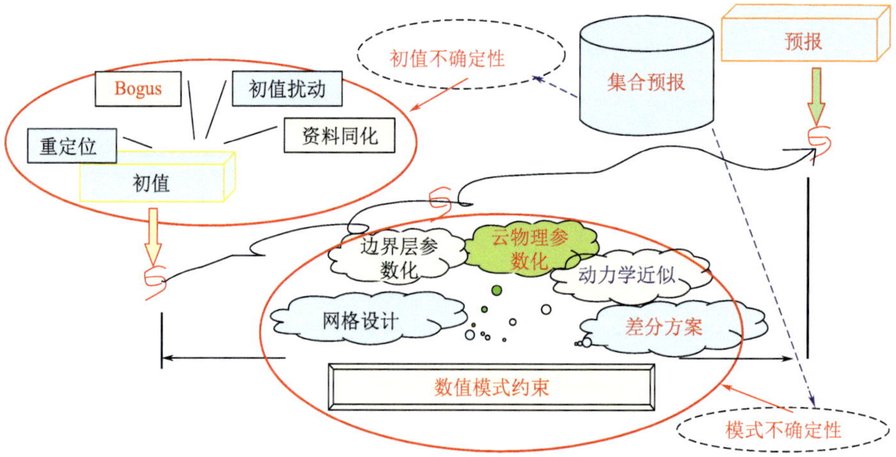

图 2.7　基于初值和模式不确定性的台风集合数值预报示意图

台风结构的认识，推动了台风发生发展理论的研究。关于台风路径和强度变化的机理研究表明，台风的发生发展主要受大尺度环境场、下垫面及台风自身结构的影响。大尺度环境场对台风移动（路径）具有显著的引导作用，其影响的贡献最大，约占 70%，只有当环境气流较弱（因而引导作用较弱）时，下垫面及台风结构的影响才会突显。对于台风强度变化而言，大尺度环境场、下垫面和台风结构的贡献相当。这展现出台风强度预报相对路径预报会更困难，同时也表明只有当数值模式能够比较好地刻画台风立体结构时才可能对台风强度进行较准确的数值预报。由于台风主要在海上活动，因此为了正确刻画海洋下垫面及海 - 气相互作用对台风强度的影响，提高台风模式的预报能力，全球各主要台风机构纷纷大力发展海洋 - 大气耦合的数值模式。

此外，台风自身结构也是随时间变化的，其本身（如非对称性及暖心等特征量）也是需要并可以被数值模式预报的。随着防台减灾需求的不断提高，以及人们对台风复杂涡旋结构认识的深入，伴随台风的大风、降水和风暴潮预报及基于风雨预报的灾害影响风险预估等，也逐渐被提上议事日程，并主要依靠数值预报模式。模式的预报时效也从最初的 24 h 逐渐向 48 h、72 h 直至目前的 120 h 甚至更长（针对生成频数等的季节或称短期气候预测）延伸；预报的时间间隔从逐天逐渐向逐 12 小时、逐 6 小时直至目前的逐 3 小时甚至逐小时缩短；风雨等预报要素及模式网格的分辨率，也从早期的天气尺度的百千米级逐渐发展到后来的中尺度的十千米级直至目前的积云许可尺度的千米级（3 km、1 km）及次千米级甚至百米级及以下的大涡模拟。

尽管近年来数值预报技术得到迅速发展，然而直到今日，数值模式对台风的风雨和风暴潮等的预报精度仍十分有限，误差并不比传统的统计类方法小，但却花费了更多的计算时间和计算机资源。严格地说，目前国际上仍缺乏具有较强业务指导作用的台风风雨模式预报，台风强度预报也仍处于艰难发展阶段，且相对于台风路径预报进展缓慢。

2.3　台风精细结构直接探测的历史必然

随着对台风移动机制的研究及认识的提高，数值预报模式及气象卫星和雷达等资料同化技术的进步，台风路径数值模式及主观综合业务（官方）预报误差显著减小（图 2.8）。西北太平洋区域各主要业务机构（含中国气象局中央气象台）的台风路径官方 24 h 预报误差（年平均），已从 20 年前的约 150 km 减小至目前的约 70 km（王晴 等，2018）。考虑到日常业务机构的台风定位误差（实时定位与事后整编年鉴定位间的差）为 20～30 km，以及中国（上海台风研究所）和美国（联合警报中心）整编的年鉴定位间的差值平均约为 54.4 km（雷小途，2001），目前 24 h 预报的 70 km 左右的误差或已接近当前技术条件下的极限，即 24 h 预报误差与起报初始时刻的台风定位“真实”误差相当。当然，随着分析技术的进步和发展，定位误差和年鉴资料间的差值等均有可能进一步减小，并为台风路径预报精度的进一步提高留下了空间。

尽管路径预报的平均误差已经大幅度减小，特别是 24 h 预报的误差“很有可能”已接近极限，但是对于一些特殊路径（如移向突然转折或移速突然加快 / 减慢等）的台风预报仍存在较大的不确定性，大误差（如 24 h 达 300 km 及以上、72 h 达 1000 km 及

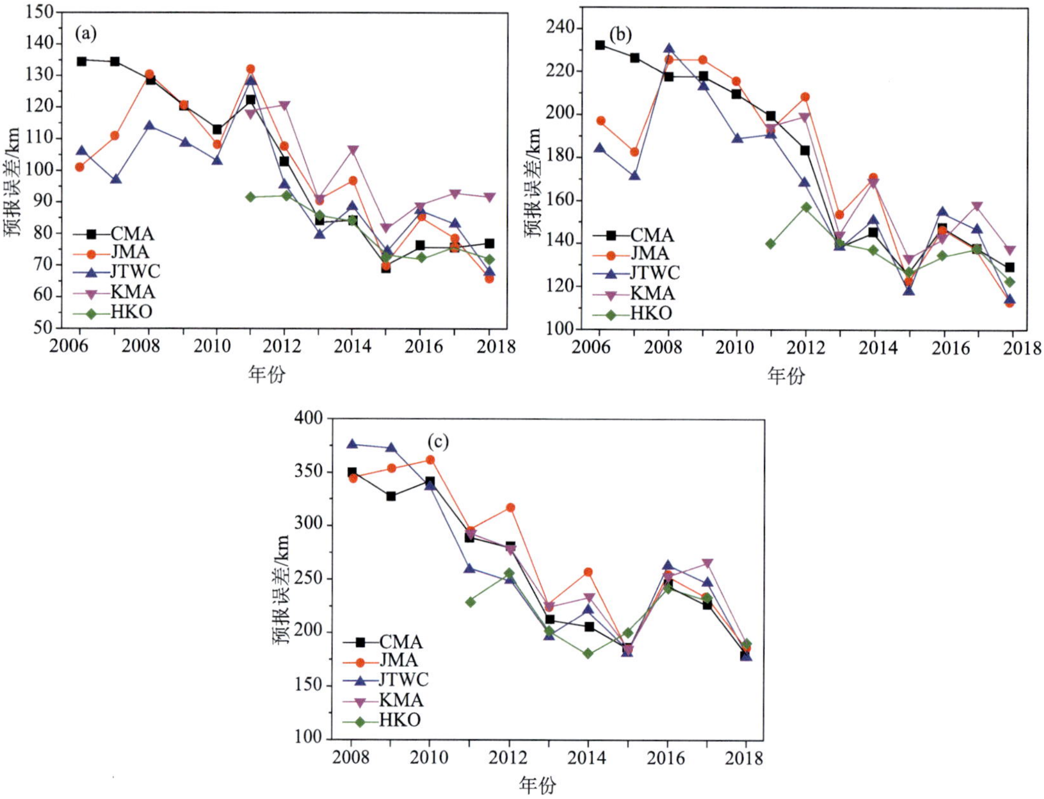

图 2.8　西北太平洋区域各主要业务机构的历年台风路径预报误差分布

（a.24 h 预报；b.48 h 预报；c.72 h 预报。CMA- 中央气象台，JMA- 日本气象厅，JTWC- 美国联合台风预警中心，KMA- 韩国气象厅，HKO- 中国香港天文台）

以上）的路径预报，在实际业务中仍时有发生（Chen et al.，2017）。图 2.9 给出了 2018 年全球各主要业务机构（JMA、CMA、JTWC、HKO、KMA）和主要数值模式的年平均预报误差及其最大误差分布，可见年平均误差与最大误差间相差很大，而且大部分的预报方法（含官方的主观预报和数值模式的客观预报）都出现 24 h 最大误差接近或超过 300 km、72 h 接近或超过 800 km 甚至 1000 km 的情况。

实际中，还会出现几乎所有预报方法均失效的情况。图 2.10 给出的是全球主要业务机构及数值模式对 2010 年 1002 号台风“康森”7 月 12 日 12 时（世界时）实时起报的 24 h（蓝色）、48 h（绿色）和 72 h（橙色）移动路径，均偏向了台风实况路径（黑线）的右侧。

此外，路径预报的不确定性也会对台风强度及登陆台风风雨预报的准确性产生明显影响。相对于台风路径预报能力的不断提高且“很有可能”已接近可预报性极限，台风强度的预报能力却一直无明显进展，这不仅表现在预报误差的逐年变化上（图 2.11），也表现在其相对于气候持续法 CLIPER（一种基于气候状态做出的预报，模型和计算均相对简单，当一种预报方法的误差比 CLIPER 的还大，则被视为无技巧或负技巧）的预报技巧上（图 2.12）。

由图 2.12 可见，无论是官方主观预报还是数值模式客观预报，对台风路径的预报

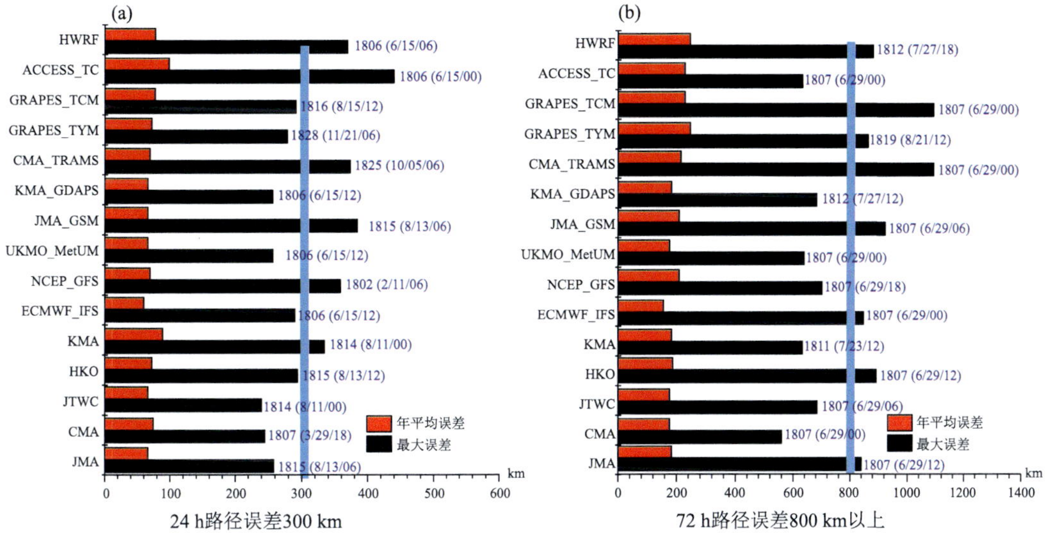

图 2.9　2018 年全球各主要业务机构和数值模式对西北太平洋区域（含南海）台风路径预报误差分布

（a.24 h 路径预报年平均及最大误差；b.72 h 路径预报年平均及最大误差。ECMWF_IFS- 欧洲中期天气预报中心的全球预报模式，NCEP_GFS- 美国国家环境预报中心的全球模式，UKMO_MetUM- 英国气象局的全球模式，JMA_GSM- 日本气象厅的全球模式，KMA_GDAPS- 韩国气象厅的全球模式，CMA_TRAMS- 广州热带海洋气象研究所的南海台风模式，GRAPES_TYM- 中国国家气象中心的区域台风模式，GRAPES_TCM- 中国气象局上海台风研究所的区域台风模式，ACCESS_TC- 澳大利亚的台风模式，HWRF- 美国飓风中心的飓风模式）

均有正技巧（数值达 40 及以上），而且近年来呈现显著增大的趋势。然而，对于台风强度的预报，官方主观预报虽表现出正技巧，但技巧值大多不足 40，而数值模式则普遍为负技巧（图 2.13）。值得注意的是，数值模式对台风强度的预报技巧近年来也有不断增大的趋势，且有些数值模式已表现出一定的正技巧。

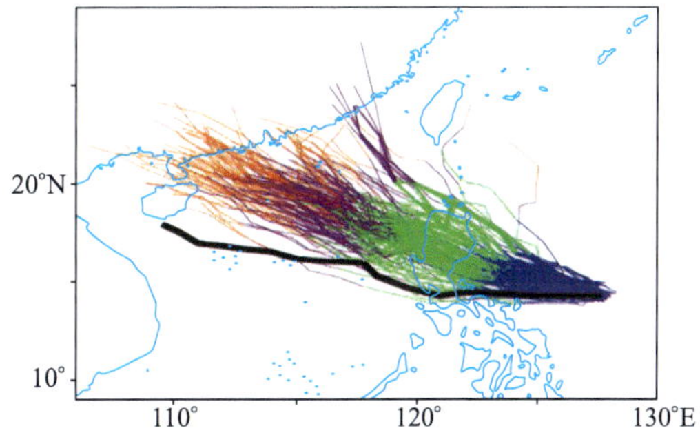

图 2.10　全球主要业务机构及数值模式同一起报时间对 1002 号台风“康森”的路径预报

综上所述，台风的移动路径和强度变化等活动主要受控于大尺度环境场、下垫面和台风自身结构及其复杂的相互作用，数值预报模式是刻画上述复杂相互作用最有效的核心技术之一。研究表明，台风路径和强度等的数值预报误差主要来源于数值模式的初始场和模式物理过程参数化的误差，研制适合台风的模式物理过程参数化方案并为模式提供更为准确的初始场是提高台风数值模式预报水平的必由之路（Reynolds et al., 2009; Emanuel et al., 2016）。

伴随台风的狂风暴雨使获取台风结构及其变化特征的直接观测资料仍十分困难，特别是对于海上的台风，主要依赖于卫星遥感观测，其精度因台风稠密云雨对遥感信号的衰减而大幅降低。

由于缺乏对台风的直接观测，势必使人们“看不清”海上台风内核的三维结构特

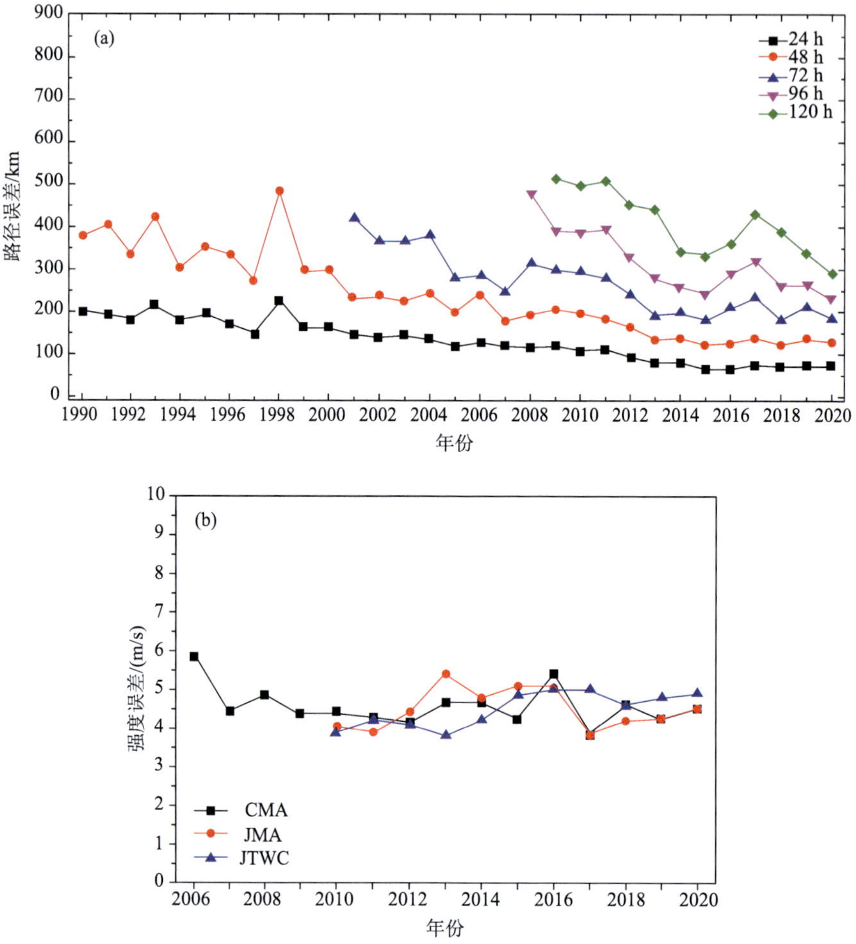

图 2.11　台风路径和强度预报误差逐年变化（a.CMA 路径预报；b. 中、日、美官方强度 24 h 预报）

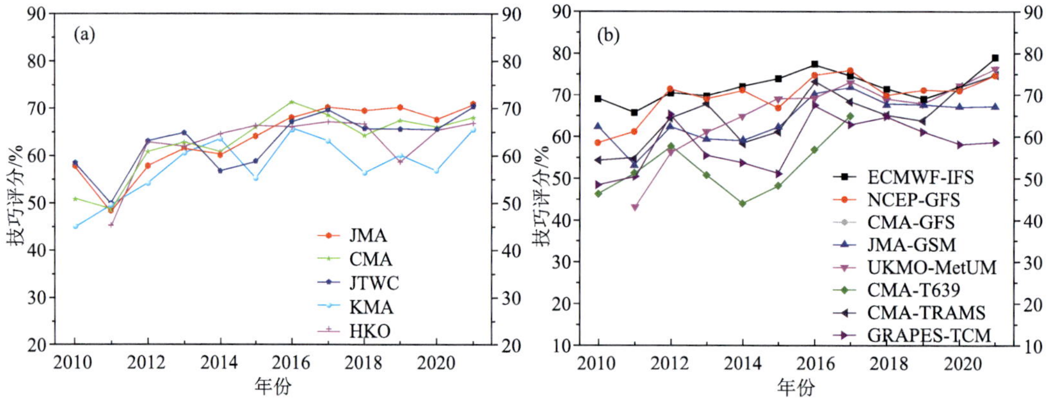

图 2.12　台风路径预报技巧评分逐年变化（a. 官方主观预报；b. 数值模式客观预报）

征，特别是台风高空流出层、低空及海气边界层以及云 - 水 - 冰相互转化等微物理过程特征量，因此也就“弄不懂”台风精细结构特征变化及其对台风路径和强度等的影响、

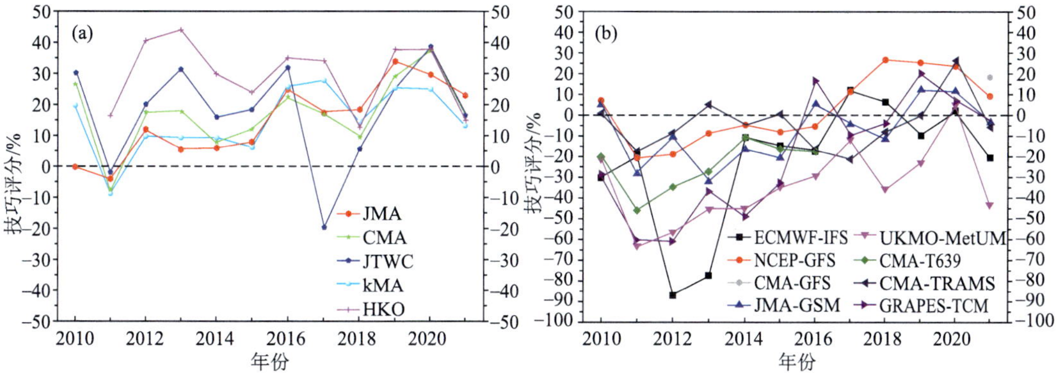

图 2.13 台风强度预报技巧评分逐年变化（a. 官方主观预报；b. 数值模式客观预报）

云微物理过程及其对台风强度和降水影响的物理机制等关键科学问题，最终必然导致数值模式的“报不准”（雷小途 等，2019a）。

由制约台风预报能力进一步提升的主要技术瓶颈 / 关键难点（图 2.14）可见，开展台风的直接观测仍是当今国际公认的获取台风结构特征、揭示台风活动机制并改进数值模式（初始场和物理过程参数化方案）从而最终提高台风预报能力的最佳途径（图 2.15）。

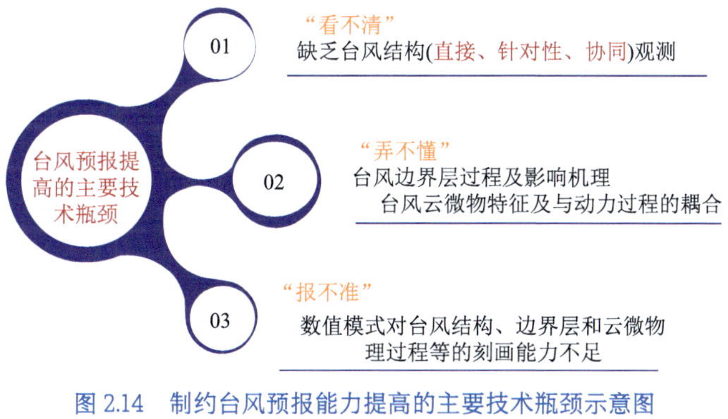

图 2.14 制约台风预报能力提高的主要技术瓶颈示意图

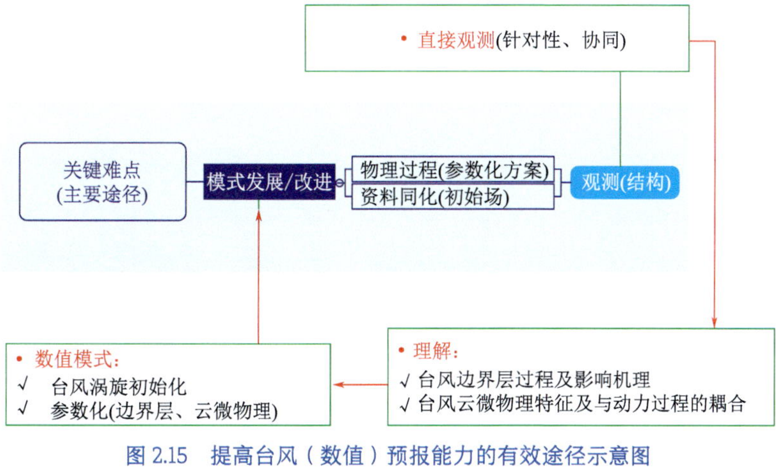

图 2.15 提高台风（数值）预报能力的有效途径示意图

第 3 章

美国飓风飞机探测及国际科学试验

上一章简要介绍了人们对台风结构的认知历程，揭示了不同历史时期台风预报技术发展与台风结构认知的内在联系，阐明了开展台风结构的直接观测是进一步提高台风数值预报能力的重要途径。然而，伴随台风的狂风、暴雨和稠密云层等，使得台风的直接观测，特别是对海上台风的观测非常困难，进展十分不易。本章简要概括了美国飞机探测飓（台）风（飓风是大西洋和东太平洋地区对热带气旋的统称）的发展历程及近年来著名的国际台风外场观测科学试验。

3.1　美国飓（台）风飞机探测

美国是世界上利用飞机开展飓（台）风直接探测最早、持续时间最长和作业范围最广的国家，在台风研究方面取得了十分丰富的成果，为推动台风学科的发展、改进台风定位和定强及业务预报能力的提升等做出了巨大贡献。Henderson（1978）概述了美国空军早期执行天气侦测任务的组织机构、任务类型、机载观测仪器、观测资料误差、观测资料使用，并从飞机及机载仪器性能、基地选址等对飞机观测的效率进行了评估。Martin 等（1993）对飞机观测在台风定位、定强及预报准确率提高方面的贡献进行了分析。Aberson 等（2006）回顾了美国 30 多年飞机探测飓风资料应用研究的成果。

3.1.1　始于“打赌”的首飞

第二次世界大战后期的 1943 年 7 月，一场飓风正朝美国得克萨斯州的休斯敦市袭来。位于休斯敦市附近的布莱恩美国空军基地，紧锣密鼓地赶在飓风前撤离其飞行教练机——单引擎螺旋桨的 T-6 飞机（图 3.1），正在基地接受仪器导航飞行法训练的英国飞行员对此不屑，并质疑美国飞机的性能和飞行员的驾驶技术及勇气。首席教官、美国空军上校 Duckworth 及其副驾（领航员）受到刺激，在酒吧里与之打赌，并于 27 日驾驶一架停放在基地的 T-6 教练机，直接强行冲进了飓风。得知他们安全返航，基地气象官员 Budyk 中尉为侦察飓风对基地的可能影响，接管了副驾，和 Duckworth 上校再一次成功飞进飓风并安全返航。两次飞行的成功，令 Duckworth 上校非常激动，不仅是因为赢得了赌注，证明了美国教练机的性能和自己上乘的驾机技术及勇气，更是因为第一次目睹了壮丽的飓风眼，Duckworth 上校是这样描述当时心情的“当我们闯入飓风眼区时，很庆幸我们的飞机居然完好无缺，我们还能看见太阳和海面，飓风眼看起来犹如一个巨大的倾斜的漏斗……”（Summer，1943）。

图 3.1　美国探测飓风的 T-6 教练机

这两次成功的飞行证明，飞机能够

安全进出飓风。也正是随行的这名气象专家，发现了用飞机探测飓风的可行性及其在气象上的价值，并由此拉开了美国飞机探测飓风的序幕。之后，美国空军将战略轰炸机上的火控系统去掉，安装上气象探测设备，改装成气象探测飞机，并成立第53空勤中队（绰号 Hurricane Hunters，飓风猎人）执行大西洋、加勒比海、墨西哥湾及东太平洋飓风的飞机探测任务，实时获取飓风内部风、温、压、湿等直接观测数据。美国海军（NAVY）、国家大气研究中心（NCAR）和国家航空航天局（NASA）等也自1944年起，先后开展了以研究为目的的飓风飞机观测（图3.2），并于1947年首次飞临大西洋飓风的对流层上层，开展飞机观测科学试验（Simpson，1954）。

图3.2　飞机探测飓风示意图

3.1.2　从试验走向业务化

1954年美国发生了严重的飓风灾害，强烈飓风 Carol、Edna 以及 Hazel 横扫美国东部各州，造成近200人死亡。1955年又有3个飓风袭击北卡罗来纳州，并造成严重灾害。连续两年的飓风灾害促使美国国会于1955年拨出专款用于资助美国国家海洋和大气管理局（NOAA）开展以预报预警为目标的国家飓风专项研究（NHRP），并自1956年成为飞机探测飓风的年度专项。经费纳入国家财政年度预算，由国会专款拨付，每年结算，多不退少补。

1962年起，美国国防部组织实施一项雄心勃勃的“人工影响飓风强度（STORMFURY）”试验项目。由空军第53中队尝试使用更坚固的螺旋桨 WC-130 飞机在飓风外围云带中播撒碘化银，期望对云带中的过冷水滴进行催化来激发飓风外围对流活动，减少飓风中心的高能入流，进而降低飓风强度。试验发现，3级及以上强度的飓风，其融化层（melting level）以上绝大部分是冰粒子而过冷水非常少，因此人工降低飓风强度的效果并不理想。随着1977年联合国关于《禁止为军事或任何其他敌对目的使用环境致变技术公约》的签订，STORMFURY 项目于1983年被废止（Willoughby et al.，1985）。

空军第53中队转而与 NOAA 联合，开展以飓风预报为主（兼职科研）的 NHRP 飓风飞机探测，并逐渐形成 NOAA 的国家飓风中心（National Hurricane Center，NHC）和飓风研究中心（Hurricane Research Division，HRD），分别根据飓风业务预报和科学研究需要设定飞机探测目标（包括遴选目标飓风及飞行路线等）。空军第 53 中队依托位于百慕大（大西洋）和关岛（太平洋）两个空军基地，分别对大西洋飓风和西北太平洋台风实施飞机探测（Simpson，1952）。每次探测飞行时，飞机上也会有相关的气象专家随行。实际上，已逐渐形成由 NOAA 气象专家与空军飞行员组成的飞机探测飓（台）风联合作业团队。使用的飞机也不局限于空军第 53 中队的 WC-130（1990 年后更新为 WC-130J，至 2005 年共有 10 架），还包括 NOAA 早期的螺旋桨飞机（WB-47、WB-50、DC-6 及 1977 年添置的 2 架 WP-3D（或称“P-3”））和 1996 年添置的 1 架喷气式飞机 Gulfstream-Ⅳ Jet（湾流 4 号，简称“G-Ⅳ”）（图 3.3 和表 3.1）（Aberson，2010）。

图 3.3　美国 NOAA DC-6（a）、WP-3D（b）、G- Ⅳ（c）和空军 WC-130（d）用于探测飓风的主要飞机

表 3.1　美国探测飓风所用飞机的主要性能参数

		WP–3D	G– Ⅳ	WC–130
飞行高度 /km		7.6	12.0	8.6
最大航程 /km		4100/6100（高空 / 低空）	7000	5250
最长航时 /h		8.5/10.5（高空 / 低空）	10	10
飞行速度 /（m/s）		170	240	186
飞机尺寸 /m	长度	34.2	26.9	29.3
	翼展	30.6	23.7	39.7
	高度	10.4	7.4	11.9
机组人员 / 人		18	10	5
所属		NOAA	NOAA	USAF
备注		螺旋桨式	喷气式	螺旋桨式

3.1.3 机载主要设备

机载气象探测设备是获取台风结构信息的重要手段。飞机上一般都会搭载测量飞机飞行高度处的温度、气压和水汽的仪器。20 世纪 50 年代，机组人员依赖目测法估计海面风速，并依托飞机惯性导航系统利用“双偏流测风法”估算飞行高度处的风速。由于数据存储、传输等技术的限制，飞机探测信息并不能较好地实时传输到预报平台。

20 世纪 70—80 年代，美国空军和 NOAA 飞机先后换装成 WC-130J 及 WP-3D，机上搭载了气象探测雷达（5.5 cm 和 3 cm 波长的多普勒雷达），分别位于飞机的尾部、机腹和机鼻，通过同时扫描获取飓风的水平和垂直结构。位于机腹及机尾、波长分别为 5.5 cm 和 3 cm 的两部雷达用于记录反射率信号，而位于机鼻的 3 cm 波长的雷达则用于帮助飞行员识别并避免湍流天气。1990 年前，NOAA 还对机载雷达系统进行了升级，加装了 Doppler 信号处理系统和精细雷达数据系统。随着 HRD 于 1982 年对下投探空仪（Omega Dropwindsondes，ODW）的成功研制和测试（图 3.4 和表 3.2），下投探空仪（下投后释放一顶小降落伞，缓慢降落，内置测量仪器对气象要素进行测量）也成为机载探测设备的标配，通常由飞机在 400 hPa 左右的巡航高度投掷。这一时期的飞机探测，能更准确地探测到飞机飞行高度处的风、温、压、湿等气象要素及飞行高度以下至海平面的风、温、湿廓线等（Burpee et al.，1996）。

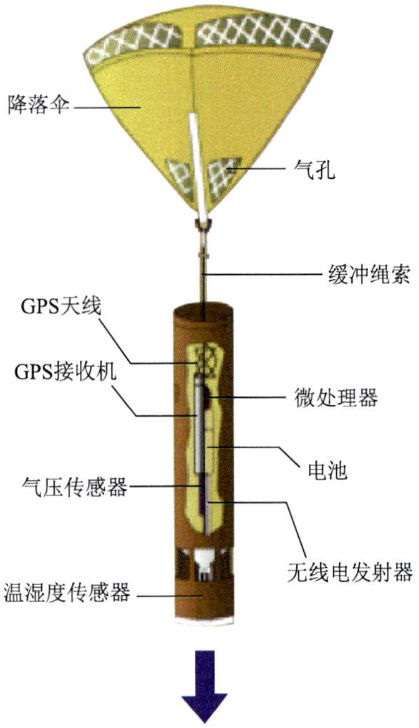

图 3.4 GPS 下投探空仪结构示意图

20 世纪 90 年代，NCAR 基于 GPS（全球定位系统）技术研发了性能更优的下投探空仪（简称“GPS 下投探空仪”），并自 1996 年取代 ODW 下投探空仪，搭载在空军的 WC-130J 和 NOAA 的 WP-3D 及其当年购置的 G-Ⅳ飞机上使用至今，其获取的压力、温度、湿度、风向、风速等数据（表 3.2）可通过 GPS 定位技术传回地面（Aberson et al.，1999；Franklin et al.，2003）。随着无线电及电子技术的进一步发展，更加具有扩展性、准确性、轻便型的新设备不断用于这一时期的飞机探测中，包括用于遥感晴空大气温度的机载红外辐射计（AIRT）、遥测海表风速和降雨的机载微波辐射计（SFMR）、多普勒测风激光雷达、无线电导航多普勒雷达（ELDORA）、置于机翼顶用于区分和测量水滴及冰粒子粒径的粒子测量仪以及下投用于探测海表及 300 m 以内海温的观测设备（AXBT）等（Aberson et al.，2006）。此外，HRD 在 20 世纪 90 年代初还开发了机载工作站，实现了在飞机上对飞行层观测资料（温度、露点、风速、风向、高度等）、机载雷达反射率、径向多普勒雷达速度以及垂直探空资料等各种飞机观测资料的实时处理。1992 年起，NOAA 利用静止卫星通信系统，实现了飞机探测资料向地面（NHC 及 HRD 等）的实时下传（每隔 15 min 传一次），并着手对机载多普勒雷达进行升级，改用更为先进的相控阵雷达技术（Griffin et al.，1992）。

表 3.2　GPS 探空获得的主要气象要素及性能指标

	观测范围	误差	分辨率
气压 /hPa	1080 ～ 100	± 1.0	0.1
温度 /℃	-90 ～ 60	± 0.2	0.1
相对湿度 /%	0 ～ 100	± 5.0	1.0
水平风 /(m/s)	0 ～ 200	± 0.5	0.1

另外，海上台风能产生很强的海面风应力和风应力涡度，并伴有巨浪，对上层海洋环流和温、盐度垂向结构都会产生显著影响。为揭示台风期间海洋特征的变化过程及其对大气（台风）的反馈作用，自 1996 年以来，美国科学家曾把大量浮标布放在台风可能频繁发生或接近大陆的热带海域，对相应的大气和海洋要素进行探测。通常在台风季节的初期进行浮标的布放，先后使用过的浮标包括漂流浮标、锚碇浮标及 AXBT（抛弃式温度深度计）、AXCP（抛弃式海流剖面仪）、中性浮子及 Argo 剖面浮标等。

早期普遍使用的是一种被称为“WOTAN”的微型测风浮标（Minimet）（图 3.5），该浮标上安装有测温热敏传感器、气压表和压力传感器、风速传感器（水听器 / 环境器械声传感器）以及风向传感器（罗盘和风向标）等，浮标水下部分深 15 m，整个浮标可随洋流漂移。由于海洋的特殊性，需要更可靠和耐用的仪器才能较好地在台风条件下开展海 - 气通量等的综合观测，为此成功研制了 EMAPEX 型浮标，这是一款 Argo 剖面浮标，每一次浮出水面的位置由 GPS 确定，可自动测量海洋上层 0～200 m 深度的海水温度、盐度和洋流速度等，并具有能空投以及快速、双向数据通信等特性，相当于一个缓慢漂移的配有温盐深仪（CTD）的锚碇浮标系统。为使布放的观测浮标能更有效地获得台风资料，还研制了专供飞机投放的浮标包装盒，并在计划观测的台风到来之前，利用飓风探测飞机（WC-130J、WP-3D 和 G- Ⅳ）实施布放任务（Niler，2003）。

图 3.5　Minimet 浮标示意图

3.1.4　飓风中的惊魂一幕

飞机探测飓风的业务化试验取得巨大成功，但在飓风中的飞行无疑是困难和危险的（钱传海　等，2012）。事实上，飓风内部强烈的对流 / 湍流对飞机机体结构以及通信和导航设备等的正常运行甚至安全构成严重影响，历史上确曾发生过飓风探测时机毁人亡的惨痛事件。1955 年的飓风“Janet”是该年大西洋上最强的飓风，它以 5 级飓风的强度登陆墨西哥东南部的尤卡坦半岛，共造成 687 人死亡。在“Janet”飓风袭击中美洲之前，美国派遣一架飞机飞抵飓风中心附近开展探测。飓风中的恶劣天气导致飞机失去控制，机上 7 名机组人员全部遇难，这也是迄今为止飞机探测飓风史上唯一一次机毁人亡事件。除此之外，也曾多次发生飞机不同程度受损和人员受伤等事件。

1989 年，NOAA 的 P-3 飞机在对飓风“雨果”探测时再遇惊险一幕。当时，在 NOAA 大本营的气象专家利用卫星云图对飓风进行定强分析，认为“雨果”是 3 级飓风。按以往经验，飞机可在 1500 英尺（约 457 m）高度进入飓风。然而，飞抵“雨果”时，机腹雷达突然不工作了，机组成员开始迷航。飞机此时正在风速 200 km/h 的飓风边缘飞行，没有任何民航飞机敢在这儿飞。20 min 后，机组工程师修好了机腹雷达，而这突如其来的情况，使人们没有足够的时间分析飓风。此时，巨大的螺旋气流导致强烈的雷暴，雨水“咚咚”地打着机身，窗外没有任何视线。强烈的风把飞机吹得不断侧滑，飞行员不得不和副驾驶员一起操纵驾驶杆，调整角度，保持飞机稳定。

大本营的气象专家开始接收到飞机探测的数据，发现“雨果”竟是 5 级飓风。同一时刻，机组成员、首席气象学家弗兰克・马克思（Frank Marks）也得出相同的结论。而飞机已进入飓风云墙，无法回头了，在这样的大风环境中，任何飞机企图横向转弯，都必会失控坠落。可怕的是，一阵猛烈的侧风袭来，3 号引擎突然着火，机组不得不将其关闭。现有动力不足以支撑飞机在如此强烈的风中飞行了。就在所有人绝望之时，“只听到‘砰’一声，突然就风平浪静了”，飞机钻进了飓风眼。

可就在这时，松了一口气的飞行员突然又发现，刚才强烈的湍流扯出了 4 号引擎的除冰带，他不得不再关闭一个引擎。此时，飞机离海面只有 1000 英尺（约 305 m），在海浪 60 英尺（约 18 m）高的海面迫降是不可能的，而在引擎动力明显不足的情况下，在此高度钻回飓风返航，无异于自杀。他们最后的“救命稻草”是在直径 20 km 的飓风眼中盘旋上升，飞到更高的、风力稍弱的高度离开。但必须掌握飞机损坏情况，以评估飞机是否能飞到足够的高度并能再次穿越 5 级飓风的云墙。幸运的是，当时一同执行探测任务的还有在更高航线上飞行的空军飞机 WC-130J。空军飞机接到求救后，从台风眼降低高度，与 NOAA 的 P-3 会师，并目测确认了 P-3 飞机除了除冰带外并无大碍（图 3.6）。

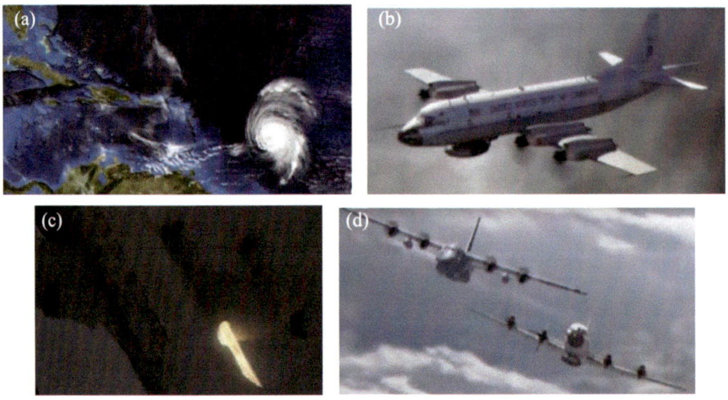

图 3.6　NOAA 的 P-3 飞机探测飓风“雨果”时遇险图片

（a. 飓风“雨果”的云图；b. 进入飓风时的 P-3；c. 第 3 号引擎着火的 P-3；d. WC-130J 飞抵飓风眼近距离目测评估 P-3 损失）

气象专家 Marks 不断计算着飓风眼移动的路径，以调整航线，飞行员则排掉了 1500 磅（约 0.7 t）燃油，以减轻质量使飞机能够爬升，但也使原先 9 h 的续航时间缩短为 4 h。最终，在 WC-130J 的协助下，找到飓风最薄弱的地方飞离飓风，顺利脱险。事后，气象专家仔细分析了机载数据，发现了以往从未被发觉的眼壁附近的中气旋现象，即眼壁附近有若干小型龙卷，而 P-3 正是不幸地钻进了其中一个。“为什么危险还一直在飞行？”多年后，Marks 回答道：“就是因为，每次钻进飓风中，都会有新的发现。”

3.1.5 无人机的使用

为规避有人飞机进行飓风探测时的风险，Langford 等（1993）探讨了用无人机投放下落式探空仪开展飓风观测的可能性，并展望了这种新的、低成本、超高飞行高度的无人机在丰富观测手段和提高飓风预报准确率等方面的巨大潜力。

澳大利亚较早开始研发气象低空无人机，代表机型是“Aerosonde”（气象侦察兵）及其改进型“MK- Ⅱ”和“MK- Ⅲ”。该序列无人机由澳大利亚 Aerosonde 公司自 1991 年开始研发，1997 年“Aerosonde”投入使用，1999 年和 2001 年先后推出改进型“MK- Ⅱ”和“MK- Ⅲ”。“MK- Ⅲ”翼展 2.7 m、起飞质量 13.6 kg（有效荷载 2.2 kg）、升限 5.5 km，能以 110 km/h 的速度巡航 30 h，且由 GPS 自动导航。由于比较轻便，该机可从车辆顶部发射（Holland et al.，2001）。

美国为了降低有人飞机探测飓风的成本和低空飞行的风险，在 2001 年实施的“对流与水汽科学试验”（The Convection and Moisture Experiment，CAMEX-4）中，于 8 月 19 日—9 月 9 日，使用澳大利亚产的“Aerosonde”进行了无人机低空气象探测的尝试，获取了近水面（约 300 m）的温度、湿度和风速等气象资料，可惜无人机并未飞入飓风环流（Rogers et al.，2006）。美国还曾于 2003 年计划在太平洋地区部署 15～20 架能探测台风的气象无人机。

2005 年 9 月 16 日，在“改进热带气旋强度预报的试验”（The Intensity Forecasting Experiment，IFEX）中，再次使用 MK- Ⅲ无人机成功飞抵“奥菲莉亚”（Ophelia）飓风眼区附近（图 3.7），并获取了低层（约 750 m 高）风场观测资料。2007 年在对飓风“诺埃尔”（Noel）探测时，使用 MK- Ⅲ无人机进行了超低空飞行，飞行高度仅为 82 m，并持续飞行了约 17.5 h。显然，在这个高度实施有人驾驶飞机的飞行探测风险

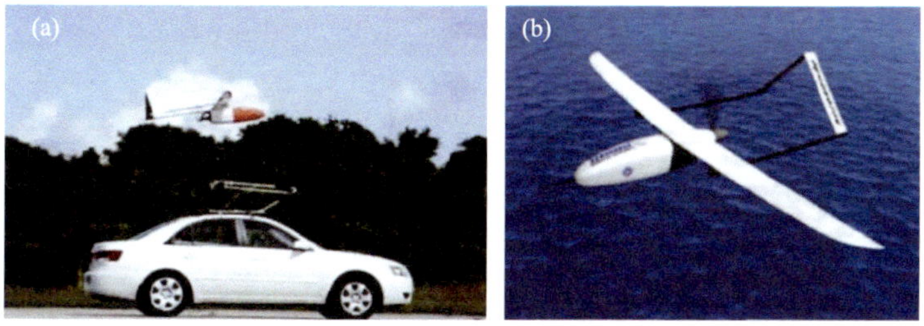

图 3.7 2005 年 9 月 16 日利用 MK- Ⅲ无人机进行飓风“Ophelia”探测时飞机起飞（a）和飞行时（b）图片

极大甚至是不可能实现的（Aberson et al.，2009）。除美国NOAA和NASA外，澳大利亚、日本、韩国及我国等多个国家的科研部门也曾使用该款无人机进行气象（包括台风）探测（雷小途，2015），如日本气象厅于2001年以冲绳为基地，使用螺旋桨式单发动机飞机（全长2 m，续航能力约为3000 km），对“桃芝”（0108号）台风实施了无人机探测试验，获取了台风中的风向、风速、湿度和温度等大量观测数据。

2009年，NASA获得了2架已不在空军服役的长航时高空“全球鹰”无人侦察机（巡航高度18～20 km，滞空时间>30 h，巡航速度750 km/h，探测航线长达15000 km），开始尝试使用“全球鹰”无人机进行飓风探测等方面的研究，并在随后获准使用“全球鹰”无人机远程调度系统，能从西海岸直飞大西洋的飓风（为节约航时，通常探测飓风的有人飞机都从东海岸起飞），因此可实施更多的飓风飞行探测，获得更丰富的飓风观测数据。

图3.8　2010年8—9月NASA利用“全球鹰”高空无人机探测飓风

2010年在NASA实施的“飓风生成和快速增强过程科学试验”（The Genesis and Rapid Intensification Processes，GRIP）中，使用“全球鹰”无人机对8—9月的5个飓风（“Frank”“Earl”“Pre-Karl”“Karl”和“Matthew”）进行了飞行探测（图3.8），记录到了飓风“Karl”在30 h内强度从23 m/s到56 m/s的快速增强等过程，所获取的大量飓风结构和环境场资料，被用于对飓风形成和增强机理（特别是飓风内中尺度系统及来自非洲撒哈拉大沙漠的沙尘对大西洋飓风增强过程的影响）等的研究。其中，8月28日对飓风“Frank”的飞行是“全球鹰”无人机首次用于飓风探测，无人机在飓风“Frank”中心的18 km上空沿东南—西北方向来回共飞越了5次，单程飞行约380 km，测得飓风的最大风速为97 km/h。

2012年，NASA与NOAA及生产“全球鹰”无人机的美国诺斯洛普·格鲁门公司（全球第四大军工生产商）合作，投资3000万美元对空军2架退役的“全球鹰”无人机进行为期3年的改造（图3.9），使其成为更适用于飓风下投探空的长航时高空气象无人机。新机型被命名为“超强风暴哨兵”（Hurricane and Severe Storm Sentinel，HS3），设计机身13.4 m、翼展35.4 m、有效荷载680 kg、升限20 km以上（飞行高度16.7～19.8 km）、续航时间30 h以上，能连续飞行17700 km，除风、温、压、湿探测仪器外，机上还安装有雷达、辐射计和探测云层结构、悬

图3.9　在“全球鹰”基础上改装的“超强风暴哨兵”（HS3）无人机

浮颗粒物或尘埃水平的激光测量仪等设备，也包括下投探空仪系统。同年，NASA 完成了 HS3 无人机探测飓风的首次试飞，随后又实施了 2 次飓风探测试验。

第一次试验是 2012 年 9 月 6 日从位于加利福尼亚州爱德华兹空军基地的美国航天局德赖登飞行研究中心起飞，携带了云物理激光雷达、扫描式高分辨率干涉仪和一个下投探空仪系统，完成对大西洋飓风“莱斯利”的云层和降水等 10 h 以上的探测后，于 7 日上午降落在瓦勒普斯发射场。第二次试验是 9 月 19 日从位于弗吉尼亚的惠洛浦航空基地起飞，携带高空单片微波集成电路探测辐射计、飓风成像辐射计等设备，进行了长达 28 h 的空中探测，并成功穿越了飓风“纳丁”的飓风眼，获取的观测资料用于对热带风暴形成和大尺度环境场作用的研究（Langford et al.，1993）。

美国还在 2010 年前后发展了一款“自杀式”无人滑翔机（Coyote），搭载至飓风探测飞机上，从高空释放，让其在飓风中自由滑翔（漂流）直至坠海，并完成探测（图 3.10）。2014 年 9 月 16 日在对飓风“Edouard”的探测中进行了首次试验，并获成功，Coyote 在飓风中共漂流了 68 min。

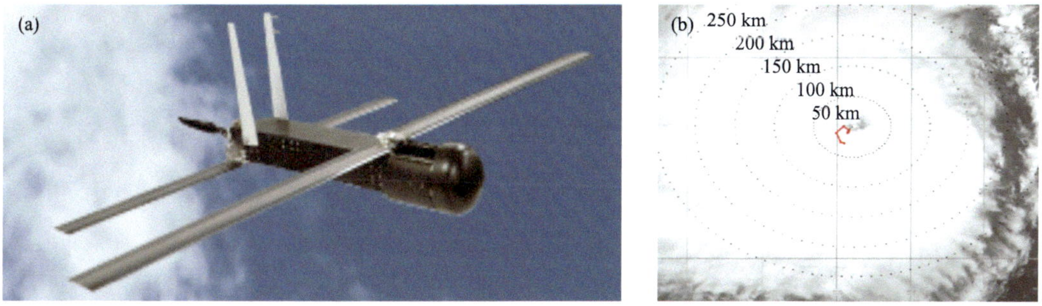

图 3.10 “自杀式”无人滑翔机（a）及其于 2014 年 9 月 16 日在飓风“Edouard”探测中的漂流探测轨迹（b）

当前，美国已初步形成了有人飞机和无人机组合、高 - 中 - 低空搭配的较完整的飓风立体探测飞机平台体系（图 3.11）。现阶段以有人飞机（WC-130J、P-3 和 G-Ⅳ）为主体，高空无人机 GH（HS3）和低空无人机 Aerosonde（MK-Ⅲ）及“自杀式”无人滑翔机（Coyote）为辅，并逐渐向高 - 中 - 低空均采用无人机平台的过渡（据悉美国现役的飓风探测有人机均已不再更新）。可以预计，有人飞机和无人机相结合开展台风飞机探测正在成为一种趋势。

3.1.6 飞行路线

飞机的飞行路线，对于飓风探测的成功及飞机的安全等至关重要。实际中，当飓风可能会影响某地（如大西洋飓风对美国本土、波多黎各、美属维京群岛及夏威夷等）时，根据业务预报或研究项目的需求，相关专家组（含预报员、科研人员、机组和后勤保障人员等）事先便会讨论并确定观测目标、观测团队、飞机及机载设备、飞行架次、飞行路线（含起飞时间、路线转折点、作业时长）等，并根据飓风的路径和强度变化等进行适当调整。

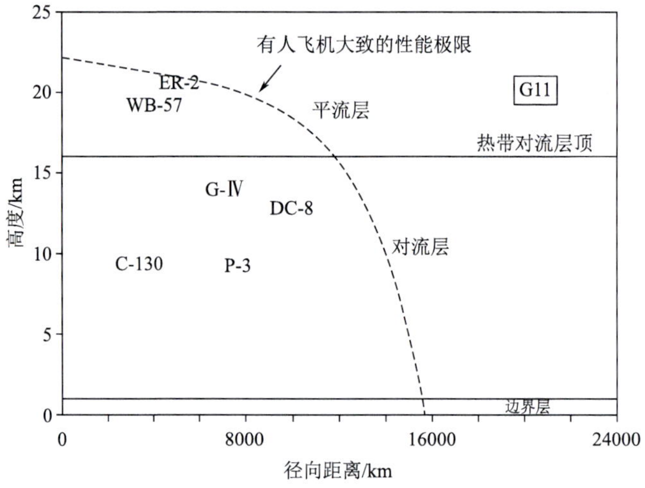

图 3.11　美国飓风探测飞机的飞行高度及其航程示意图

美国的飓风探测飞行路线主要有“4 字型”（single figure-4 pattern）、“蝴蝶型”（butterfly pattern）、“旋转 4 字型”（rotating figure-4 pattern）、“除草机型”（lawnmower pattern）和“箱体—螺旋线型”（box-spiral pattern）等几种类型（图 3.12）。当飞机穿越飓风时，会在风眼、眼壁等预定地区投下探空仪。

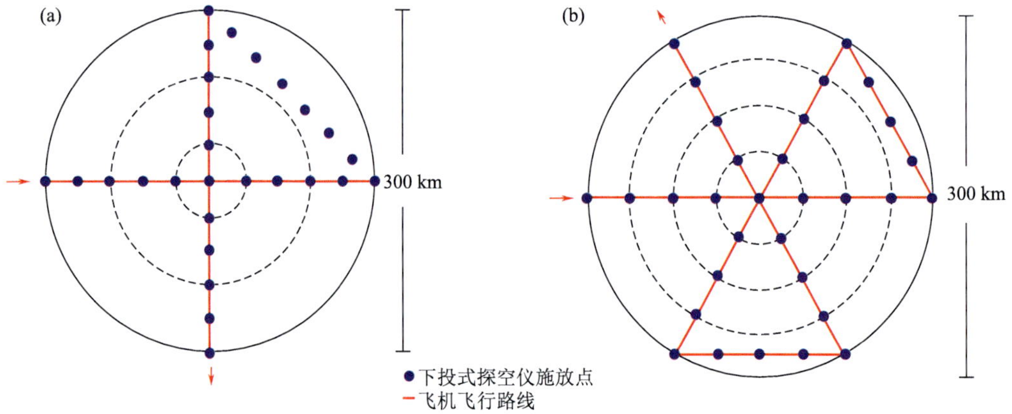

图 3.12　2004 年 9 月 12 日 NOAA 对飓风“IVAN”实施飞机探测时的飞行路线（a.4 字型；b. 蝴蝶型）

当然，根据飓风探测的特殊目标、飓风强度及离岸距离等环境条件，会设计针对性更强的飞行路线。如为了探测 1982 年飓风“Debby”的环境场，NOAA 于 9 月 16 日 00 时（世界时）利用 2 架 WP-3D 飞机，搭载下投探空仪（ODW），设计了“回型”飞行路径（图 3.13），以便利用 ODW 准确地捕捉对流层中层西风槽的位置和强度。该西风槽是影响“Debby”移动的主要天气尺度系统，同时 ODW 也识别出了位于飓风中心西北侧 500 km 外的西风槽北端的切断低涡，这对判断“Debby”的未来移动起到了非常重要的作用（Burpee et al.，1996）。

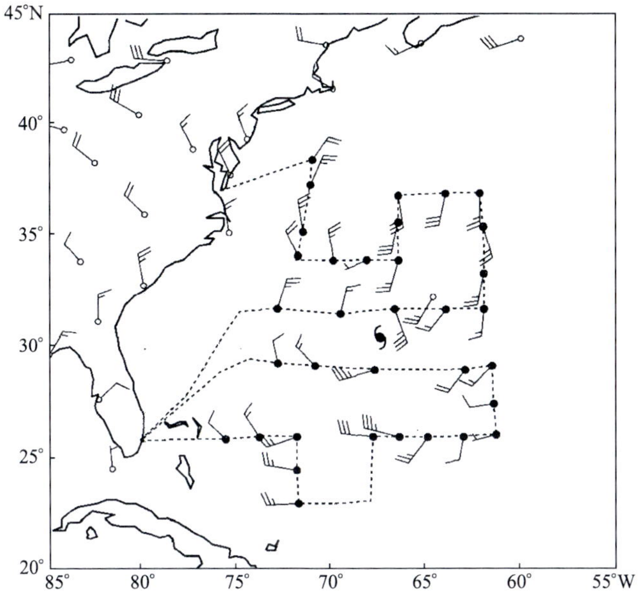

图 3.13 WP-3D 飞机对 1982 年大西洋飓风“Debby”实施的 500 hPa 环境风场观测
（虚线为 2 架 WP-3D 飞机观测路线，○代表陆基 / 岛屿无线电探空，●代表飞机下投探空）

3.2 著名国际台风外场观测科学试验

受美国开展飓风（飞机）直接探测的启发，全球受台风影响严重的国家和地区，也加强了台风影响期间的加密观测，并陆续开展更具针对性的台风外场观测科学试验（表 3.3），其中不少是通过跨国家和地区的国际合作实施的。

表 3.3 国内外主要台风外场观测科学试验

试验名称	牵头机构	试验目的	起止时间	试验区域	主要观测平台
TOPEX	ESCAP/WMO 台风委员会（日本牵头，中国大陆发起并参加）	业务预警，信息分发及共享	1981—1983 年	西北太平洋	飞机（下投探空）、地面及探空站（加密）
TYPHOON-90	苏联	台风移动过程中强度和路径变化的物理机制	1990 年 7—10 月	西北太平洋	观测船（探空）、浮标、多普勒天气雷达
SPECTRUM-90	ESCAP/WMO 台风委员会（中国香港天文台牵头，中国大陆参加）	弱环境引导气流或路径曲折时台风路径预报	1990 年 8—9 月	西北太平洋	观测船、浮标、海上石油平台、多普勒天气雷达、风廓线仪、地面及探空站（加密）、卫星

续表

试验名称	牵头机构	试验目的	起止时间	试验区域	主要观测平台
TCM-90	美国（NOAA）	台风移动特征	1990年8—9月	西北太平洋 东太平洋	飞机（下投探空）、浮标、多普勒天气雷达
FASTEX	美国（NOAA）	气旋生成的预报，成熟气旋的中尺度结构	1997年1—2月	北大西洋 东太平洋	飞机（下投探空+机载多普勒雷达）、观测船、浮标、卫星
WEMITE	美国（UCAR）	飓风工程	1998年	北大西洋	移动观测车、梯度塔、多普勒天气雷达
FCMP	美国（UCAR）	近岸飓风特征	1998年	北大西洋	移动观测车、梯度塔、多普勒天气雷达
NORPEX	美国（NRL、NCEP、NOAA）	利用目标观测改进冬季风暴的预报	1998年	北太平洋	飞机（下投探空）、静止卫星
WSR	美国（NOAA）	利用目标观测改进冬季风暴的预报	1999—2000年	北太平洋	飞机（下投探空）
ATCCIP	澳大利亚	热带气旋灾害影响和预警	1994年	澳大利亚	小型气象无人机、边界层风廓线雷达
CAMEX	美国（NASA）	飓风路径、强度及登陆影响	2001年	北大西洋	飞机（下投探空）、多普勒天气雷达、风廓线仪、地面站
CLATEX	中国（中国气象科学研究院）	下垫面地形对海岸带登陆台风结构、强度、路径转向、降水分布的影响	2002年	西北太平洋	多普勒天气雷达、风廓线仪、涡动相关系统、光学雨量计、铁塔、地面及高空（加密）、卫星
CBLAST	美国（NAVY）	模式对台风强度的预报	2003—2004年	北大西洋 东太平洋	飞机（下投探空+湍流探测仪BAT）、阵风探测仪、irnb水汽传感器及CO_2探测仪、海表温度探测仪、微波辐射计
DOTSTAR	中国台湾（台湾大学）	台风适应性观测研究、资料同化在台风模式预报中的应用	2003—2012年	西北太平洋	飞机（下投探空）
RAINEX	美国（NOAA）	眼和螺旋云带结构对台风强度的影响	2005年8—9月	北大西洋	飞机（下投探空+双多普勒雷达）、卫星
IFEX	美国（NOAA）	影响台风强度的关键物理过程	2005—2012年	北大西洋 东太平洋	飞机（下投探空）、天气雷达
T-PARC/TCS-08	美国（UCAR、NAVY）（中国大陆、香港天文台参加）	高影响天气（台风形成及结构变化）机理及预报	2008年8—9月	西北太平洋	飞机（下投探空）、观测船、浮标、多普勒天气雷达、卫星

续表

试验名称	牵头机构	试验目的	起止时间	试验区域	主要观测平台
TLAPFEX	中国（中国气象科学研究院）	登陆台风的边界层过程	2009—2013 年	西北太平洋	地面及探空站（加密）、多普勒天气雷达、风廓线仪、涡动相关系统、光学雨量计、铁塔、卫星
T-PARC/ITOP	美国（NAVY）（中国大陆、香港天文台参加）	海洋对台风的响应	2010 年 3—10 月	西北太平洋	飞机（下投探空）、观测船、浮标、卫星
PREDICT	美国（NCAR）	飓风生成机理及预报	2010—2011 年	北大西洋	飞机（下投探空）、浮标、卫星
HS3	美国（NASA）	飓风强度变化机理	2011—2015 年	北大西洋	飞机（有人 / 无人，下投探空）、浮标、卫星
HFIP	美国（NOAA）	台风（强度）数值预报	2011—2020 年	北大西洋 东太平洋	飞机（有人 / 无人，下投探空）
EXOTICCA	ESCAP/WMO 台风委员会（中国气象局上海台风研究所及香港天文台发起并牵头组织实施）	近海台风强度变化	2014—2021 年	西北太平洋	飞机（高中低空，有 / 无人，下投探空）、火箭弹（下投探空）、平流层飞艇、海上无人艇、波浪滑翔器、追风车、多普勒雷达、风廓线仪、雨滴谱仪、微波辐射计、地面及探空（加密）、铁塔、卫星

3.2.1 台风业务试验（TOPEX）

最早针对台风的国际合作科学试验，是联合国亚洲及太平洋经济社会委员会（UNESCAP）/ 世界气象组织（WMO）台风委员会于 20 世纪 80 年代实施的“台风业务试验”（Typhoon Operational Experiment，TOPEX）。早在 1977 年，台风委员会组织对亚太地区台风业务能力进行调研，中国参加了该调研并于 1978 年提议联合台风委员会的力量在西北太平洋（含南海）地区实施“台风业务试验”，得到多数会员的积极响应。经 2 年多（1979—1981 年）的准备，试验于 1982 年、1983 年实施，1983 年结束。台风委员会当时有 8 个成员（中国、日本、马来西亚、菲律宾、韩国、泰国、越南和中国香港）参加了该试验。

1980 年 6 月 25 日，组建由各参加会员代表组成的试验管理委员会，并在日本气象厅设立了试验指挥中心，具体负责试验台风的遴选、台风预报的国际会商、试验指令的发布、信息传递交换和试验工作的指导等。中国先后选派中国气象科学研究院和上海市及广东省气象局的张驯良、吴中海、董克勤、徐祥德、肖凯书等专家到指挥中心参与试验指挥工作，并在国内成立试验分中心和领导小组，下设试验办公室。

试验的主要目标是提高台风预报和警报能力，改进情报分发和交换等措施，使公众能对台风警报作出有效响应并采取必要措施。试验分为气象和水文两部分，前者主要是通过加密观测组成区域性的台风实时分析 - 预报 - 警报系统，后者主要是利用现场实测洪水和风暴潮等资料对水文预报结果进行实际评估进而改进相关的模式预报能力。

1981 年为预试验，选取 8111 号台风“Roy”为目标台风，中国自行选取了 2 个台风作为国内试验的目标台风，即 8107 号台风“Maury”和 8116 号台风“Clara”。1982 年和 1983 年为正式试验年，每年各选取 4 个目标台风进行试验，即 8211 号台风“Cecil”、8212 号台风“Dot”、8213 号台风“Ellis”和 8217 号台风“Arving”，以及 8305 号台风“Abby”、8309 号台风“Ellen”、8310 号台风“Forrest”和 8311 号台风“Geogia”。国家气象中心以及广西、广东、福建、浙江、上海、江苏、山东和辽宁 8 个省（区、市）气象局参与了该试验，重点是进行台风影响期间的地面和高空加密观测。试验期间，中国共进行地面加密观测发报 32562 站次、高空 1726 站次、雷达 3214 站次，并提供 3 种客观预报方法在指挥中心参加预报会商和性能检验。韩国、泰国和越南主要也是进行地面和高空加密观测，日本、马来西亚、菲律宾和中国香港则共享了海岛及浮标观测资料。美国当时虽不是台风委员会的正式成员，但仍依托关岛美空军基地，使用 WC-130J 及 WP-3D 飞机对试验目标台风进行了“业务”穿越台风中心的飞行探测。

试验取得圆满成功，于 1984 年 3 月在日本东京召开小结会后结束。TOPEX 试验的成功实施（图 3.14），加强了受台风袭击较严重的西北太平洋沿岸诸国和地区台风的联防和合作，极大提升了区域内台风业务预报能力，并对我国台风客观预报方法的迅速发展和这一时期全国台风科研协作研究的加强起到了显著的推动作用（陈联寿，2006）。

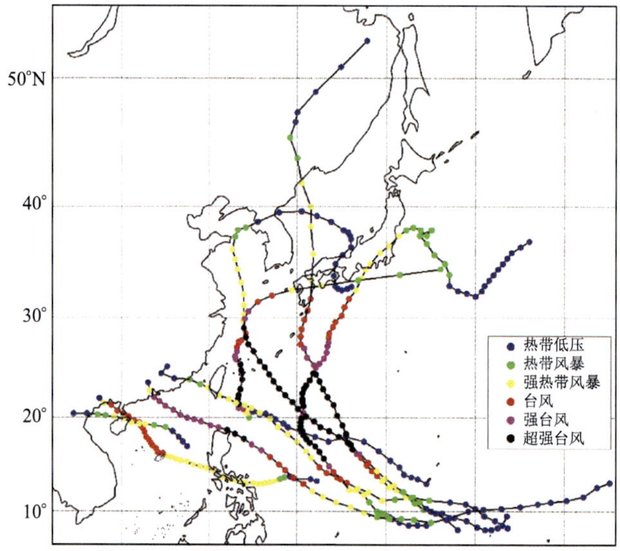

图 3.14　TOPEX 的目标台风路径

3.2.2 台风转向和异常运动的外场科学试验（SPECTRUM-90）

移动路径是台风预报和防台减灾的核心内容之一。虽然 TOPEX 试验的实施深化了环境场对台风移动引导作用的理解，并显著提高了亚太区域各国和地区的台风路径预报能力，但是在实际业务中，当环境场较弱时，台风路径经常呈现转向和打折等异常现象，很难预报。为此，1990 年，ESCAP/WMO 台风委员会再次启动了一个相关的国际合作计划，即“台风转向和异常运动的外场科学试验”（Special Experiment Concerning Typhoon Re-curvature and Unusual Motion，SPECTRUM-90）（图 3.15），旨在通过收集覆盖台风路径的观测资料，研究弱环境引导气流或路径弯折时的台风路径特征及形成机理，进一步提高台风路径预报的精度（Elsberry，1990）。中国以及台风委员会的大部分会员均参加了该项科学试验（范永祥，1996）。

SPECTRUM-90 试验设定的外场观测区域为（15°—30° N，120°—140° E）的海域。试验期间，共选取了 1990 年 8—9 月的 7 个目标台风，包括“Winona”（9011）、“Yancy”（9012）、“Abe”（9015）、“Dot”（9017）、“Ed”（9018）、“Flo”（9019）和“Gene”（9020）。其中，转向台风 4 个（“Winona”“Abe”“Flo”“Gene”），西行台风 3 个（“Yancy”“Dot”“Ed”）。另外，目标台风与另一个台风组成双台风的有 3 对，即“Yancy” - “Zola”（9014）、“Abe” - “Backy”（9016） 和“Ed” - “Flo”；受我国台湾地形影响的有 2 个（“Yancy”“Dot”）。特别地，“Yancy”台风集路径摆动（meandering）、突然北翘、突然西折、地形影响 和打转运动（looping）于一身，是一个很有研究价值的异常台风（Lam，1990）。

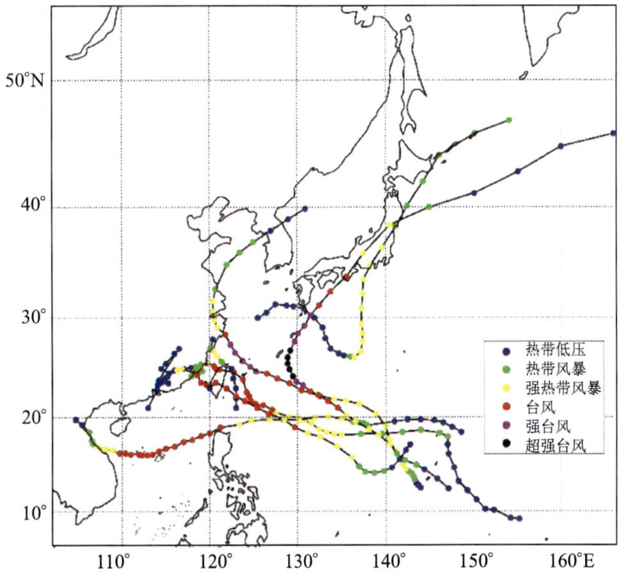

图 3.15 目标台风路径图

SPECTRUM-90 试验还与当时美国和苏联在西北太平洋实施的外场试验“热带气旋移动”（Tropical Cyclone Motion，TCM-90）和“台风”（Typhoon-90）相结合，进行协同观测、共享资料和技术交流等。试验使用的观测设备，除常规的地面及海岛观测站、高空探测、浮标及海上石油平台观测外，还使用了卫星、多普勒天气雷达及飞机、船舶和风廓线仪等非常规探测设备。其中，美国 TCM-90 的主要设备是飞机及其机载雷达和下投探空仪等，苏联 Typhoon-90 的主要设备则是 4 艘巡航舰探测船。

ESCAP/WMO 台风委员会、WMO 天气研究计划（World Weather Research Program，WWRP）及热带气旋研究计划（Tropical Cyclone Program，TCP）联合，分别于 1990 年 12 月、1991 年 11 月和 1993 年 10 月在日本东京和中国广州及上海召开 3 次专题技术交流会，对 SPECTRUM-90 和 TCM-90 及 Typhoon-90 试验的成果进行了系统总结，极大地丰富了人们对异常路径机制的理解，如环境场的突然调整、弱环境背景下“β 涡旋对”和台风非对称结构及岛屿和海峡地形的影响等，推动了台风数值预报模式，特别是台风 Bogus 技术的发展，促进了台风路径预报精度的提高（徐祥德 等，1998；Chen et al.，1995）。SPECTRUM-90 的目标台风观测资料，为我国随后开展的“八五”攻关提供了丰富的第一手观测资料。

3.2.3 观测系统研究和可预报性试验（T-PARC）

1990 年实施的三大外场观测试验及随后的资料分析研究，再一次充分展现了外场观测试验在新现象揭示、机理研究和预报技术发展等方面的巨大贡献，推动了全球范围内外场观测科学试验的发展。许多国家和地区纷纷组织实施各具特色的观测试验，特别是美国，1997 年 1—2 月实施了“锋面与大西洋风暴路径试验”（Fronts and Atlantic Storm-Track Experiment，FASTEX），该试验旨在改进锋面和热带气旋的中尺度结构的理解以及发生发展预报（WEMITE）（Joly et al.，1997）和“佛罗里达海岸监测计划”（Florida Coastal Monitoring Program，FCMP）试验（图 3.16），其主要目的是通过现场移动（追风）观测，收集和飓风特征有关的数据，并开展风工程方面的相关研究，以降低飓风对建筑物损害；还有 1998 年北太平洋试验（North Pacific Experiment，NORPEX），1999—2000 年冬季风暴监测试验（Winter Storm Reconnaissance，WSR），2001 年针对北大西洋飓风路径、强度变化及登陆影响的“对流与水汽试验”（the Convection and Moisture Experiment，CAMEX）等。

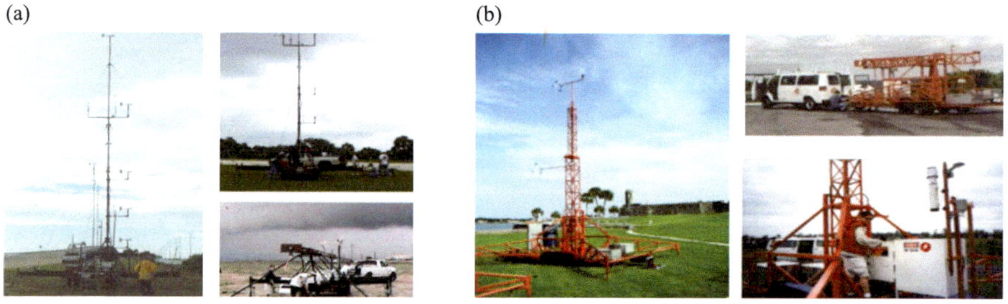

图 3.16 WEMITE（a）和 FCMP（b）试验的主要观测设备

这些科学试验的时间大都比较短，有些甚至不到 1 年。自 1963 年洛伦兹（Lorenz）

发现大气中的混沌现象以来，天气预报的不确定性和可预报性等引起了广泛关注。欧洲中期天气预报中心（ECMWF）和美国国家环境预报中心（NCEP）等先后建立了集合预报系统并制作概率天气预报产品，以反映天气预报的不确定性。为进一步打破可预报性的局限性和提高天气预报的准确率，2003 年 5 月 WMO 在第 14 届世界气象大会上决定设立一项为期 10 年的国际研究和发展计划——“观测系统研究与可预报性试验”（The Observing System Research and Predictability Experiment，THORPEX），并作为 WMO 天气研究计划（WWRP）的一部分。其主要目标，一是提高对全球及区域范围内高影响灾害性天气（high impact weather）发生、发展及可预报性因素的认识；二是推动发展交互式的天气预报系统，优化资料同化及集合预报系统，建立全球大集合预报资料数据库；三是研究短期（1～3 d）、中期（3～7 d）和长期（1～2 周），尤其是介于天气与气候之间中间地带（middle ground）的预报技术；四是发展一种方法评估预报技术改进对经济和社会的价值（智协飞 等，2010）。

THORPEX 的研究对象是全球性的，其中针对太平洋和亚洲地区的研究计划（THORPEX Pacific Asian Regional Campaign，T-PARC）重点关注的是包括台风在内的该地区灾害性天气（图 3.17），总体目标是了解影响该地区灾害性天气（含台风）的可预报性因子，研究适应性观测（adaptability observation）的对策和目标观测（target observation）对减小预报误差的作用，开展灾害性天气过程机理研究，发展和改进高分辨率非静力数值模式及其资料同化，改进集合预报系统。

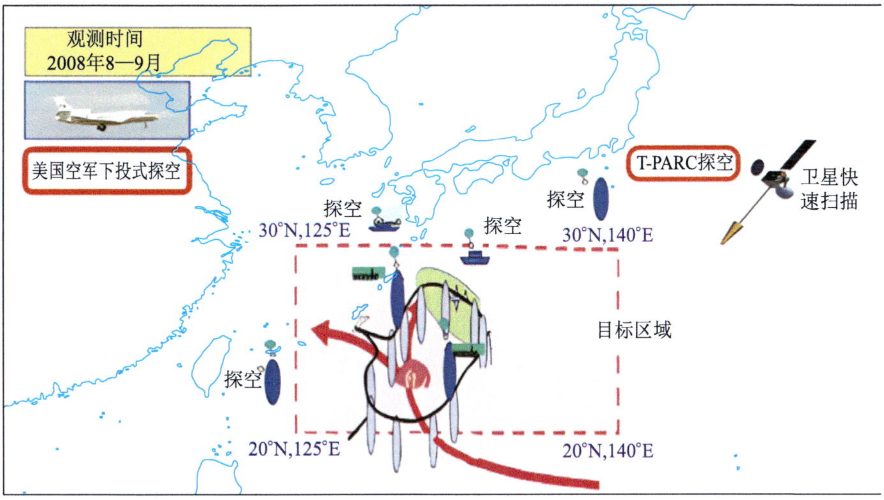

图 3.17 T-PARC/TCS-08 试验加强观测区及相关探测设备示意图

T-PARC 自 2008 年汛期，由 THORPEX 在北美、亚洲和欧洲设立的 3 个区域委员会协作实施，其中对台风的试验主要是采用施放漂流气球（drifting-sonde）的探测方式研究台风转向和变性等过程的机理。期间，美国于 2008 年启动了另一项针对太平洋地区台风结构变化的外场科学试验（Tropical Cyclone Structure-2008，TCS-08）（Elsberry et al.，2008）。在此基础上，于 2010 年实施 TCS 第 2 期，并增加台风强风条件下的海 - 气相互作用及其对台风结构和强度变化的影响、海洋对台风的响应等内容，试验代号 ITOP（Impact of Typhoon on the Ocean in the Pacific）。实际中，T-PARC 和 TCS-08 及 ITOP 是合作进行试验的。其中，T-PARC 和 TCS-08 试验共对 2008 年 8—9 月的 “Nuri”“sinalku”“Hagupit” 和 “Jangma” 台风进行了飞机下投探空等外场观测及相应的研究，重点关注的是台风的形成、结构和结构变化、台风的转向运动、台风的变性（extratropical transition，ET）及其下游效应（down stream impact）。T-PARC 和 ITOP 试验则主要对 2010 年 3—10 月的 “Omais” 和 “Malakas” 台风进行了包括飞机下投探空及浮标等在内的外场观测和相关研究，重点关注的是台风条件下的海 - 气相互作用等边界层过程。

此外，与 THORPEX 有关联的台风外场观测科学试验，还有美国在大西洋实施的 TOST（THORPEX Observation System Test）。试验主要研究内容是台风与中纬度相互作用对台风变性过程的影响，试验在美国东海岸实施，并在试验中首次由数值模式预报确定外场观测的目标区域。

3.2.4 主要涉及台风强度变化及登陆过程的科学试验

进入 21 世纪以来，各国和地区一方面加强观测试验的国际合作，另一方面开展了不少各具特色的台风外场观测科学试验，并逐渐加强了边界层及内核结构对台风强度变化的影响、近海及台风登陆过程等的关注（廖菲 等，2013）。

2003 年在北大西洋和东太平洋区域实施了 “海 - 气耦合边界层交换试验”（Coupled Boundary Layer Air Sea Transfer Experiment，CBLAST）。该试验旨在通过外场观测，加强对台风条件下的海 - 气边界层通量及近海地形对飓（台）风路径转折和强度变化影响研究。该试验由美国海军研究院主持，HRD、空军研究中心（AFRC）和国家环境卫星情报局（NESDIS）参与，对 2003 年 9 月的 3 个飓风（“Fabian”“Isabel”“Juan”）实施了飞机观测和相关研究（Chen et al.，2007）。2005 年美国实施了旨在加强对飓风内核和雨带相互作用理解的 RAINEX（The Hurricane Ranband and Intensity Change Experiment）试验。该试验利用飞机对北大西洋 3 个飓风（“Karrina”“Ophelia”“Rita”）作了实时探测，并研究了飓风内核（inner core）与外雨带相互作用及其对飓风强度变化的影响。

其他相关科学试验还有美国 2005—2012 年在北大西洋和东太平洋实施旨在提高对飓风强度变化理解及改进飓风强度预报的 IFEX（the Intensity Forecasting Experiment），2010—2011 年在北大西洋实施旨在加强对飓风生成的理解并提高飓风生成预报水平的 PREDICT（the Pre-Depression Inverstigation of Cloud system in the Tropics），2011—2015 年在北大西洋和东太平洋实施的旨在改进数值模式并为 NHC 提供更好的指导产品的 HFIP（Hurricane Forecast Improvement Program），在北大西洋实施的旨在增进对飓风强度变化机制理解的 HS3（Hurricane and Server Strom Sentinel）；澳大利亚实施的 “热带气旋海岸影响计划”（Australia Tropical Cyclone Coastal Impact Program，ATCCIP），其科学目标是对热带气旋的海岸影响进行量化，研究在全球变暖背景下热带气旋对海岸地区灾害影响的潜在变化趋势并发展相应的防灾措施和技术方法，旨在发现减轻登陆热带气旋对沿海地带影响的途径；日本在冲绳岛建立观测基地（图 3.18），并利用风廓线雷达开展了台风环流的观测研究（钱传海 等，2012）。

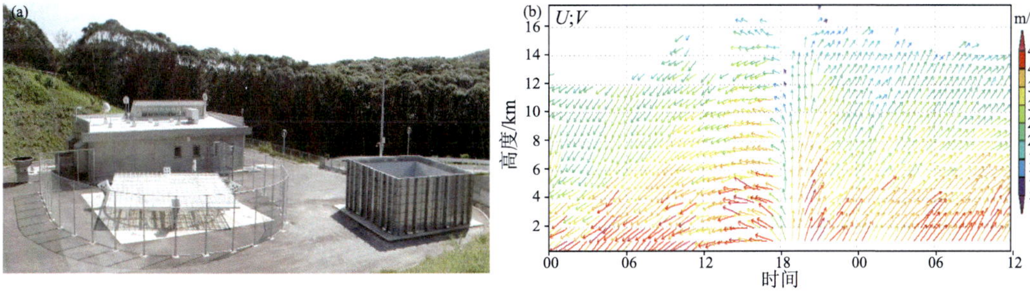

图 3.18 日本冲绳观测基地的风廓线雷达（a）及观测的高度 - 时间合成风速（b）

美国路易斯安那州立大学台风中心自制了一套移动式监测系统，能较好地克服台风环境下的强风和恶劣天气影响，在墨西哥湾、大西洋沿岸开展了长达 10 年的观测工作，成功地对 2005 年“Katrina”飓风进行了“追风”观测，积累了飓风登陆过程中近地面气象要素变化特征方面较多的观测结果（Howard et al.，2005）。近年来，中国台湾地区的台湾台风与降水研究中心联合台湾中央大学，利用移动式天气雷达参与了“SoWMEX2010”观测试验，分别于 9 月 1—2 日和 19—20 日对“狮子山”和“凡亚比”台风登陆点附近区域进行了观测，揭示出台风登陆过程中低层有很强风速。美国海军研究院（Office of Naval Research）于 1962 年建立了一个海上移动平台（FLoating Instrument Platform，FLIP）。FLIP 是全球最早的海洋气象观测平台，主要用于波浪高度、海水温度和海洋气象要素等的测量。此后，Martha’s Vineyard Coastal Observatory（MVCO）建造了新一代海上平台观测系统（Air-Sea Interaction Tower，ASIT），可以用于测量海 - 气界面的 CO_2 交换以改进气候模式。2001—2003 年开展的 CBLAST 计划，是利用在 Martha’s Vineyard 南部近海地区的 ASIT 观测平台，主要测量低风速情况下海 - 气界面动量、热量、水汽的垂直输送，采用的观测手段包括涡动相关系统和梯度观测系统。2004 年，由美国伍兹霍尔海洋研究所（Woods Hole Oceanographic Institution，WHOI）、宾夕法尼亚州立大学（Pennsylvania State University，PSU）和 NCAR 科学家发起的“海洋水平阵列湍流研究”（Ocean Horizontal Array Turbulence Study，OHATS）计划，也是利用 ASIT 海上观测平台开展观测研究，使用设备包括超声风速仪、激光水位仪等，旨在利用观测资料研究不同大气稳定度条件下波浪对大气湍流的影响。

这一时期，中国也积极开展台风外场观测研究（陈联寿 等，2004；陈联寿，2006，2010）。2002 年中国实施了“登陆台风科学试验”（China Landfalling Typhoon Experiment，CLATEX），利用移动拖车对登陆台风“黄蜂”进行台风边界层外场观测及相关研究；2007 年起建立外场观测基地，搭建近岸梯度观测塔，装备移动观测车等，对我国东南沿海登陆台风实施“追风”观测；2003 年中国台湾地区对近海台风实施了为期 10 年的“台风追风试验”（Dropwindsonde Observation for Typhoon Surveillance near the Taiwan Region，DOTSTAR），利用飞机在台湾岛附近的台风外围进行适应性下投探空观测，并应用于数值模式的资料同化，有效提高了台风数值模式的预报性能（Wu et al.，2005）；2012 年起中国香港地区利用飞机对南海台风实施业务化飞机探测台风试验（Lei et al.，2017）。

此外，2014 年 ESCAP/WMO 台风委员会再次启动国际合作科学试验“亚太近海台风强度变化科学试验”（Experiment of Typhoon Intensity Change in Coastal Area，EXOTICCA），试验由中国气象局上海台风研究所和香港天文台联合牵头实施，首次使用了火箭 / 导弹下投探空等新型探测设备，依据目标观测敏感区进行了多平台协同探测试验（雷小途 等，2017）。

3.3 外场观测资料的应用及主要贡献

台风外场观测所获得的“额外的”直接观测资料，特别是机载雷达回波和下投探空的风、温、压、湿等垂直廓线资料，增加了台风结构及其环境场的丰富信息，有助于较准确地确定台风的位置和强度，并对台风与环境场相互作用、台风结构及强度变化、台风条件下的海 - 气相互作用及其相关的台风动热力学研究、台风数值预报的发展等具有重要支撑作用。

3.3.1 定位定强

在开展飞机对台风的探测之前，人们普遍认为台风是一个“圆形的轴对称涡旋”，其风速从地面到高空（当时认为台风能伸展到约 400 hPa 的高度）基本相同，台风数值预报也多局限于“理想的”二维模式（idealized two dimensional model），如一层正压模式等。

长期以来，由于缺乏对台风眼区附近海平面风场的有效探测，台风定强十分困难。为此，人们利用机载下投探空仪提供的眼区高分辨率垂直风廓线资料，统计发现台风中心附近海平面风速与飞机巡航高度（约 700 hPa）风速之比约为 0.9，并据此对台风进行定强（Henderson，1978）。美国 NHC 对飓风的定强业务做了规定，如果没有飞机观测以外的其他额外实测资料，飓风中心附近海平面最大风速（1 min 平均），按飞机巡航高度（约 700 hPa）所测 10 s 风速极值的 90% 估算，并据此确定飓风的强度（Gray，1979）。此外，飞机穿越台风的飞行观测，极大地提高了台风风场等精细结构的客观刻画能力，并据此保障了寻找台风涡旋中心位置（台风定位）的准确性。实际中，中国等西北太平洋区域各国（及地区）主要业务机构的日常台风业务定位和定强，大都得益于美国对太平洋台风的飞机探测，可惜这种探测从 1987 年 8 月起因故停止。

值得注意的是，美国在决定停飞西北太平洋台风观测业务之际，美国气象学会下属的热带气象和热带气旋委员会在 1987 年 4 月举行的一次会议上成立特别小组，从技术层面对“是否停飞北大西洋飓风的探测业务”进行专题讨论和研究评估，得出的结论认为，从全球范围来讲，气象卫星理应是开展台风探测最有效的手段，不断改进的卫星资料反演分析技术在台风定位和强度估计方面非常行之有效，但若能获得关键区域、关键时段和关键层次的飞机直接探测资料，仍能对卫星分析结果做出有效的订正，而正是这些“额外的”飞机探测资料有时会对台风预报产生重要影响（Gray et al.，1991）。因此，即便美国自 1987 年起停止了位于关岛基地的西北太平洋台风飞机探测业务，也未曾舍得停止或减少对北大西洋和东北太平洋的飓风飞机探测，甚至不断升级或购置新型飞机及相关机载探测设备，确保该项业务的持续稳定发展。

3.3.2 预报改进

Aberson 等（2006）在回顾 P-3 飞机投入飓风观测 30 年应用研究成果时指出，正是由于 P-3 飞机探测所获得的各类观测资料，极大地丰富和更新了先前对于飓风运动和结构的描述及理解。所获得的资料包括微观尺度的，也包括天气尺度的，这些资料的实时应用和研究成果的转化，提高了人们对飓风的运动、结构及强度变化、对流活动等演变规律的认识，促进了飓风的路径、强度和降水等预报能力的提升。

此外，卫星资料因覆盖较广的空间和时间范围，在数值天气预报模式中的同化应用对台风预报水平有明显的提升作用。外场观测资料与之不同，在台风预报方法方面的研究和应用，特别是在数值模式中的同化应用，也是提高台风预报能力的重要有效途径。

Shoemaker 等（1990）评估了西北太平洋台风飞机探测资料对 JTWC（2000 年 1 月由关岛迁至夏威夷）台风路径预报误差的影响，发现增加飞机探测资料后，24 h、48 h 和 72 h 台风路径预报误差比没有飞机探测时分别减小 10%、17% 和 20%。Burpee 等（1996）应用当时的 3 个业务指导模式（VICBAR、GFS 和 GFDL）对 1982—1993 年 HRD 实施的 18 次飞机探测（WP-3D）资料进行了效益评估，结果表明，机载下投探空观测所获得的对流层中低层资料极大地改进了模式的飓风路径预报，12～60 h 路径预报误差减小 16%～30%，相当于 NHC 过去 20～25 年业务预报所取得的累积进步。自 1997 年 NHC 利用喷射机（G-Ⅳ）从对流层高层进行下投探空以来，相关机载 GPS 下投探空资料的应用，进一步大幅提高了模式对大西洋飓风的预报能力，至 2002 年 24～72 h 路径预报误差平均降低 19%～30%（Aberson et al.，1999；Aberson，2010）（图 3.19b）。Pu 等（2008）基于 WRF 数值试验指出，下投探空的风和湿度廓线数据对台风路径预报的提高作用最为关键（Qu et al.，2002），在同化卫星观测资料的基础上，再同化下投探空的风和湿度资料将会再提高 10%～20% 的台风路径预报精度（Wu et al.，2007b），不过改善程度依不同模式而表现不同，其中 ECMWF 模式的效果最佳，可达 20%～40%（Weissmann et al.，2011）（图 3.19a）。

Zhang 等（2011）应用集合卡尔曼滤波方法（EnKF）对 2008—2010 年 NOAA 在北大西洋飓风季节实施的 61 次飞行任务（P-3）所获取的高分辨率雷达资料进行了同化，结果不仅改进了飓风路径的预报，而且还对飓风强度的预报有明显提高，24～120 h 预报误差比同期 NHC 的官方强度预报偏低 20%～40%。Gray 等（1991）分析指出，飞行高度约 400 hPa 的探测资料有利于准确描述台风移动的引导气流（通常在 850～200 hPa 高度范围内），而机载下投（尤其是间隔 1.5～3 h）的探测资料，则能更精细地刻画台风的垂直结构，从而提高台风的预报能力（Aberson，2002）。Qoosaku 等（2007）对日

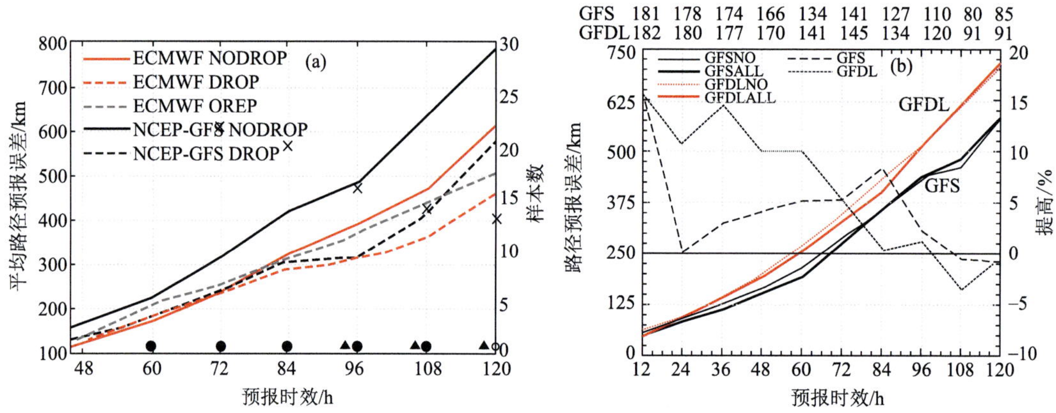

图 3.19　下投探空资料对数值模式台风路径预报误差的影响（ECMWF OPER 表示有下投探空的 ECMWF 台风平均路径业 务预报误差，“×”表示用于计算平均路径误差预报个数；ECMWF NODROP 表示没有下投探空；DROP 表示有下投探空；GFSNO 表示没有探空；GFSALL 表示增加探空及其他资料。图上 GFS 和 GFDL 是探空资料样本数）

（a. ECMWF 及 NCEP-GFS，取自 Weissmann 等（2011）；b. GFDL 及 GFS，取自 Aberson（2010））

本在 2005 年 6 月 T-PARC/TCS-08 试验期间在西太平洋地区进行的 30 个机载下投探空（投掷高度为 9～11 km）资料进行了应用评估，结果表明，下投探空数据同化进入模式后，不仅改进了台风路径和强度的预报，而且降低了模式对热带西太平洋地区的风速预报误差，为 1～3 m/s。

3.3.3　目标观测

飞机探测台风的成本高、风险大，每次飞行的距离和投放的探空仪等都是有限的，提高探测效益的关键是在控制成本和降低风险的基础上，充分利用和科学安排飞行探测作业。美国等国家和地区通过几十年的实践，在目标飓风遴选、飞机航线设计和航程控制等方面积累了丰富经验，并制定了飞机探测作业流程和规范，最大限度地在确保飞行安全的情况下进行更长航程和更多下投探空等观测。

数值试验表明，在台风不同部位下投探空观测资料，对数值模式的同化预报效果表现不一。同化台风外围的下投探空资料，对改进台风路径预报有正效果；同化眼区的下投探空资料对路径预报效果并不明显，但却有利于台风强度预报。在台风登陆或路径突变前，下投探空数据的同化对数值模式的路径预报有很好的作用，但如果在路径发生变化后使用下投探空数据，则对台风路径预报的贡献微乎其微（Harnisch et al.，2010）。即对台风预报改进贡献明显的区域，因台风所处的发展阶段不同而异，而且因台风的不同而具有显著差别。Yamaguchi 等（2009）对 DOTSTAR 试验期间台风“康森”（0404 号）的飞机下投探空资料的同化研究发现，台风中心以西的 6 个下投探空资料，对数值模式的台风路径预报影响很小甚至几乎没有贡献；中心以东的 3 个下投探空资料，对数值模式的台风路径预报至关重要，也就是说，这 3 个探空所在区域为该时刻提高该台风路径预报的关键观测区（称为“目标观测区”或“观测敏感区”）。

当然，下投探空等飞机探测资料对数值模式的影响，还与数值模式本身关系密切。比如，较粗分辨率的数值模式，因不能很好地解析台风中心位置及眼区结构，导致模式无法利用眼区下投探空数据提高台风（强度）的预报能力。此外，即便是相同分辨率的不同模式，也因数值模式的物理过程和计算方案等的不同，导致下投探空等外场观测资料对数值模式预报能力改进存在显著差异。

因此，目标观测区不仅与台风本身有关，还取决于拟使用的预报方案（数值模式）。以提高数值模式的台风预报能力为目的的外场观测，首先必须找到与该模式相适应的目标观测区，只有在对台风模式预报影响最大的（敏感）区域，投放探空仪或开展相应的外场观测，获取该区域的详细观测资料，才能有效改进台风模式的预报，使飞机探测等外场观测发挥最大作用。针对某一天气事件，确定影响模式预报的敏感区并在敏感区实施外场观测，这便是近年来国际上蓬勃发展的目标观测（targeted observation）或适应性观测（adaptive observation）。

早在 1997 年实施的 FASTEX 中，首次尝试了包含目标观测在内的外场试验（Snyder，1996；Emanuel et al.，1998）。在早期目标观测研究中，敏感区识别一般是基于对天气图上重要上游天气结构位置的客观分析而得到。这种方法在美国中纬度天气预报应用中取得了成功，并成为确定台风观测敏感区的初级方法。但随后的研究表明，由于天气图分析方法不能反映能量在天气尺度和次天气尺度之间的交换过程，因此有时并不能准确识别出敏感区，需要基于数值的客观识别敏感区的方法。

近年来，目标观测的研究不断进步，众多台风外场观测试验的实施促进了一些识别敏感区方法的发展及在实际应用中的检验。Aberson（2003）利用 NCEP 集合预报系统提供的深层（200～850 hPa）平均风变化（DLM）分析初始条件不确定性和误差的可能发展方向，由此确定影响台风预报的敏感区。除 DLM 外，目前在台风探测中广泛应用的敏感区方法还有集合变换卡尔曼滤波（ETKF）、奇异向量（SV）、伴随敏感性引导向量（Adjoint-Derived Sensitivity Steering Vector，ADSSV）和条件非线性最优扰动（Conditional Nonlinear Optimal Perturbation，CNOP）方法等。ETKF 方法是利用集合预报的成员扰动估算增加观测后预报误差协方差的减小量，通过逐个格点比较确定影响预报的敏感区。SV 方法是在一定范数的限制下，求解扰动的切线性增长算子及其伴随算子乘积的奇异值，找到最大奇异值对应的奇异向量即为该段时间内增长最快的扰动，最先被用于集合预报，Palmer 等（1998）、Buizza 等（1999）首先将其应用于目标观测区的确定，并被 THORPEX 选定为识别敏感区的主要方法之一。ADSSV 技术是 Wu 等（2007a）基于共轭模式敏感引导向量提出的针对台风的目标观测技术，可以确定环境引导气流的敏感区。CNOP 方法是我国学者穆穆等（2005）、Mu 等（2009）在 SV 基础上提出的在一定约束条件下寻找通过非线性发展导致最大预报误差的初始扰动方法。

DLM 方法的优点在于简单方便，直接根据集合预报的 DLM 结果确定影响台风预报的敏感区，但仅考虑了观测时刻 DLM 分析的不确定性，没有考虑这种不确定性从观测时刻至预报时刻的传播与发展。当误差增大并传播至检验区时，观测时刻 DLM 大的区域的确是影响预报时刻台风结果的敏感区域，但误差也可能减小或没有传播至检验区域。在这种情况下，改变 DLM 大的区域的分析值对预报时刻的台风并没有影响。

ETKF 方法的优点在于可以定量估算增加观测后预报误差协方差的减小量，而且不需要伴随模式，计算量小，但集合预报的变化与预报、分析误差的变化之间存在系统性差异，易导致敏感区域的判断错误。SV 和 CNOP 方法只考虑了观测时刻扰动中发展最快并传播至检验区域的那部分扰动，不足之处在于其应用需要向前模式和伴随模式，计算量大，但它抓住了快速发展的那部分误差，不会出现虚假敏感区域的现象。此外，ETKF、SV 及 CNOP 方法的应用都有一定的约束条件，即都以干能量矩阵为基础，并假设扰动线性发展。ADSSV 方法的特点在于直接将敏感区域的确定与台风运动相联系，也就是与预报时刻的环境引导气流相联系，但其应用仍需要伴随模式，计算量大，此外也有一定的约束条件，即伴随模式的线性和干物理过程的假设。

台风的目标观测思想在 T-PARC 及以后的试验中受到广泛关注。实际中，针对目标台风及预报模式，利用上述一种或若干种方法，识别出需要增加观测资料的关键"敏感区"，引导机组人员飞抵"敏感区"开展相关观测。HRD 利用多种（先后包括 DLM、ETKF 和 ADSSV）方法确定观测敏感区，DOTSTAR 与 HRD 等合作自 2005 年起主要采用 ADSSV 方法识别台风周围的环境场敏感区，并据此设计探测飞机的飞行路线，均取得了较好的效果。例如，2003 年 NOAA 实施了 13 次目标观测试验，使 NCEP 全球模式（AVN）48 h 内的台风路径预报准确率平均提高了 18%～32%（Wu et al.，2007b），2004—2006 年的敏感区飞机观测资料改进了 AVN 模式的 36～60 h 路径预报达 20% 以上。Wu 等（2007b）用 5 个模式对 DOTSTAR 的目标观测资料进行了同化预报效果评价，结果显示，NCEP、FNMOC 和 JMA 全球模式 72 h 内的台风路径预报误差分别减小了 14%、14% 和 19%，区域 WRF 模式减小了 16%，5 个模式中仅 GFDL 没有明显改进（3%）。这一结果再次展现敏感区因模式而异的特点以及外场观测方案设计的重要性。

为充分发挥外场观测的作用，达到最大程度改进预报的目的，必须首先确定影响模式预报的观测敏感区，并有针对性地进行观测，也就是目标观测。观测方案设计问题也就是目标观测问题，其前提是确定与预报模式相适应的观测敏感区，并据此设计飞行路线。一个完整的观测方案，包括科学设定观测目标、观测线路、观测科目，以及观测数据的实时采集和传输、观测数据的质量控制、观测数据的实时显示与分析、观测数据的同化应用、观测资料的影响评估研究、观测资料的后续分析与研究等。观测方案的设计，对提高观测效益和台风预报准确率起着关键作用。NOAA 已建立了较成熟的飞机探测飓风的观测方案及作业流程，并建立了基于集合卡尔曼滤波方法（EnKF）等的飓风预报模式系统，实时同化机载高分辨率雷达等飞机观测资料，自 2011 年飓风季节起实时为 NHC 预报员提供指导产品（Zhang et al.，2011）。

第 4 章

中国台风外场观测实践

第 3 章章简要介绍了美国飞机探测飓风的发展历程，以及国际上著名的台风外场观测科学试验情况，展示了美国主导的飞机下投探空等外场观测对台风定位定强、台风活动科学问题研究及提高台风预报能力等的重要性和有效性。我国是世界上台风灾害最严重的国家之一，平均每年约有 9 个台风（含热带低压、热带风暴及以上强度的热带气旋）在我国大陆登陆。然而，受观测平台性能等影响，迄今为止，我国尚未开展飞机探测台风业务，有计划的台风外场观测科学试验始于 2002 年，起步也相对较晚。本章对 21 世纪初我国在台风外场观测领域开展的标志性实践进行简要的回顾和概括。

4.1 中国登陆台风科学试验（CLATEX，2002 年）

在我国，较为系统的台风外场观测始于 2002 年由中国气象科学研究院组织、广东省气象局等参与实施，陈联寿任首席科学家的中国登陆台风科学试验（China Landfalling Typhoon Experiment，CLATEX）。试验结合 20 世纪国际台风研究的热点，设置的主要科学目标是通过实施外场直接观测，获取登陆台风边界层的第一手观测资料，据此分析了解登陆台风边界层特征及海岸带不同下垫面地形对台风结构、强度和近海路径偏折等突变现象的影响，这种突变往往会引起预报失误。

4.1.1 拖车观测系统

试验基地设在频受台风袭击的广东省阳江市海陵岛，考虑到 7—8 月是台风登陆海陵岛及邻近地区的高发时段，因此试验时间确定为 2002 年 7—8 月，并依据历史登陆台风的气候特征确定了 48 h 和 24 h 的外场观测监视海区，还制定了遴选目标台风的标准（criterion）及实施外场加强观测计划（Inten-sive Observation Program）的指令等。除常规的卫星及试验基地附近的自动站、地面气象站和探空加密观测外，试验还使用周边（阳江、湛江等）的多普勒雷达和风廓线仪等，并配备了超声风温仪、风廓线仪、光学雨量计和梯度观测塔（杆）等先进的探测仪器装备。其中，超声风温仪等设备由拖车（台风追踪观测全挂车）运输至移动试验场（观测点），并在目标台风来袭前完成安装（图 4.1）。

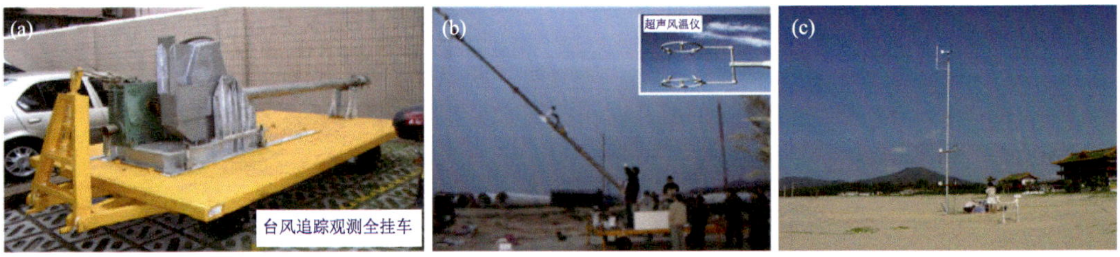

图 4.1　台风观测拖车（a）及其伸缩观测杆（b）和位于海陵岛的梯度观测（c）

果然，0214 号台风“黄蜂”（Vong Fong）于 2002 年 8 月 19 日进入试验区域并被选定为目标试验台风。“黄蜂”于 8 月 15 日在南海东沙岛附近的洋面上生成，生成后向偏北方向移动，17 日途经中沙群岛时折向西北，但强度变化不大，19 日 14 时（北京时）增强为强热带风暴，移动速度加快并十分接近海南岛，此后沿雷州半岛以东海面向北西北方向移动，19 日 20 时 40 分在广东省湛江吴川市登陆，登陆地点位于海陵岛西约 100 km（图 4.2）。登陆前“黄蜂”的移速有所减慢但强度还在增加，登陆时“黄蜂”中心附近最大风力 11 级、阵风 12 级，登陆后“黄蜂”的移速再次加快但强度迅速减弱，于 20 日 08 时消亡（停止编号）。在“黄蜂”台风登陆过程中，广东省西南部和中部偏西地区普降大雨到大暴雨，局部特大暴雨，共造成海南、广东和广西等地直接经济损失 24 亿元（人民币）之多。

按计划，对目标台风“黄蜂”实施了外场观测，综合应用了海陵岛试验基地及周边的地面和探空加密观测系统，并启用了风廓线仪、车载流动型大气剖面仪、多普勒声雷达、风温湿度梯度观测、超声风速仪、光学雨量计、铁塔大气边界层风和温度的观测等大气边界层观测系统。其中，载有大气剖面仪等设备的拖车，结合台风登陆地点的实时预报结果，提前将设备运抵广东省吴川市以东约 10 km 处的吉兆海滩，并架设了临时（移动）观测点（图 4.2）。该移动外场观测点位于“黄蜂”台风登陆点东北约 40 km，观测点南面是海，其他三面为高约 10 m 的建筑物，主要观测仪器离地面 15 m，观测到“黄蜂”台风登陆前后超过 40 m/s 的阵风。

图 4.2　台风观测拖车从广州至吴川的轨迹

4.1.2　试验主要成果

这是中国首次对一个登陆台风的边界层实施外场观测试验，也是中国首次较完整地获取了一个登陆台风边界层高分辨率垂直结构的直接观测资料。利用这次针对“黄蜂”台风的外场观测资料，我国科学家开展了大量的诊断分析、机理研究和数值试验等（梁建茵 等，2003；闫敬华 等，2003；宋丽莉 等，2004；张光智 等，2004；张胜军 等，2004；蔡凝昊 等，2009），取得了一些有价值的结果。首先，“黄蜂”在登陆前数小时，风廓线仪测得在“黄蜂”中低层垂直速度竟高达 2 m/s，登陆后逐渐减弱。其次，“黄蜂”登陆前风速分布出现了明显不对称，强风出现在登陆点的右侧。强南风与地形在登陆点东侧形成了地形辐合。强风在登陆前数小时出现，在外场 10 m 梯度塔（杆）上测得阵风极值超过 40 m/s。“黄蜂”刚登陆时，风廓线仪测得在 1500～2000 m 高度上平均风速极值高达 28 m/s，但很快在 100 m 处降为 18 m/s。再次，光学雨量计的观测结果显示，“黄蜂”登陆前在海陵岛 1 h 的雨量高达 100 mm，但登陆后急剧减小。雨量资料还显示，“黄蜂”在登陆前出现活跃的中尺度对流系统活动。最后，最有意思的现象是风廓线仪信噪比资料显示，“黄蜂”在登陆前湍流竟发展高达 5 km，但登陆后数小时很快就回落到 1000～1500 m。“黄蜂”动量通量在登陆前几小时达到最大，登陆后很快减弱，这与湍流发展过程一致。另外，“黄蜂”登陆前后有近海加强的现象，登陆前超声风温仪只测得少量的显热通量，但有较强的潜热通量。这种潜热通量与“黄蜂”的近海加强可能存在一定联系。

除“黄蜂”外，CLATEX 试验还对 0205 号台风“威马逊”、0212 号台风“北冕”及 0218 号台风“黑格比”3 个台风进行了遥感和常规加密观测。通过对 CLATEX 试验资料的分析，我国科学家对登陆台风的边界层结构及其动量湍流通量输送等特征有了新认识。例如，首次揭示了台风登陆时湍流（turbulence）发展迅猛，边界层竟可抬升到 5 km 左右，但次日即可恢复到原位；登陆台风边界层潜热向上传输对近海台风加强有重要作用等（陈联寿，2006）。

4.2 台湾地区台风飞机下投探空观测试验（DOTSTAR，2003—2012 年）

台湾是中国频受台风袭击的地区之一，台风监测及预报技术研究受到台湾地区科学家的高度关注。2002 年 8—9 月，台湾大学等科学家赴美国飓风研究中心（HRD）进行为期 2 个月的大西洋飓风飞机探测训练。2003 年启动了为期 10 年的“台湾地区台风飞机下投探空观测试验”（Dropwindsonde Observation for Typhoon Surveillance near the Taiwan Region，DOTSTAR），由台湾大学牵头组织台湾地区的气象局、高校、民航局等单位联合实施，首席科学家为台湾大学吴俊杰教授，并得到美国 HRD 和国家环境预报中心（NCEP）等机构的技术支持，日本气象厅及英国和德国相关科研和业务单位也派科学家参与了试验。试验的主要目标是针对 72 h 内可能侵袭台湾地区的台风，以机载 GPS 下投探空为主对台风周围的环境大气实施观测，增进对台风活动的动力学理论的理解，提高台湾地区台风路径预报准确率（吴俊杰 等，2003；Wu et al., 2004）。

4.2.1 探测飞机及飞行方案

试验租用了汉翔航空公司的 ASTRA 飞机，并由汉翔航空公司机组人员及台湾大学等单位的科学家组成联合团队执行飞行观测（图 4.3）。该飞机由以色列航空航天工业公司（IAI）制造，是双引擎喷气式飞机，并经美国湾流公司改良，主要用于投放机载 GPS 下投探空仪。

2003 年 5 月 23 日、6 月 13 日和 6 月 24 日完成了 3 次测试飞行后，DOTSTAR 试验于 2003 年 9 月 1 日对 0313 号台风“杜鹃”成功实施了首次飞机观测。这是 1987 年美国停止关岛基地的台风飞机观测业务以后，16 年来西北太平洋重现飞机测台身影。

图 4.3 DOTSTAR 试验机组人员（a，绿衣 - 机组人员、橙衣 - 科学家）、ASTRA 飞机及下投探空仪（b）

当台风移近我国台湾并可能在 72 h 内登陆台湾地区时，即确定为试验拟开展观测的目标台风。选中目标台风以后，DOTSTAR 试验随即启动飞行观测，将搭载有垂直大气探空系统（AVAPS）设备的 ASTRA 飞机直接飞到台风周围 4300 英尺（约 1.3 km）的高度，并投掷下投探测仪（吴俊杰 等，2003）。

出于飞机安全及试验主要关注环境场对台风路径预报影响的目标，DOTSTAR 试验的 ASTRA 飞机主要用于台风环境场观测，飞行航线尽力避免通过台风中心 100 km 内的区域（即眼墙区域）。机组人员还利用卫星电话实时与地面人员讨论航线上的对流发展情况，若有强对流出现则随时调整航线。此外，虽然 ASTRA 飞机的飞行时数可达 6.5 h，但单次作业飞行时长控制在 5～6 h（不超过 6 h）。图 4.4 显示了 DOTSTAR 试验对 2010 年 10 月 17 日第 13 号台风“鲇鱼”所进行的下投探空观测示意图，该次观测共投掷 16 枚下投探空仪，从第一枚探空仪落入海洋到最后一枚落入海洋，前后共历时 4 小时 6 分钟。

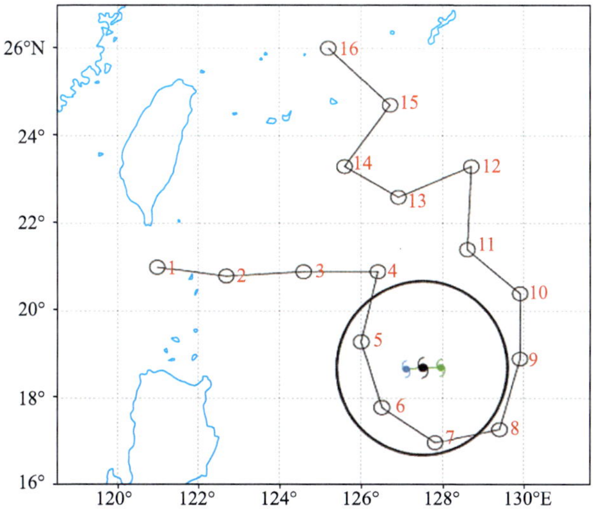

图 4.4 DOTSTAR 对 2010 年 10 月 17 日台风“鲇鱼”所进行的飞机观测示意图（黑色台风符号对应 2010 年 10 月 17 日 08 时（北京时）台风中心位置，绿色符号对应第一枚下投探空仪落入海洋时台风中心位置，蓝色符号对应最后一枚下投探空仪落入海洋时台风中心位置，红色数字 1～16 为各探空仪编号）

下投探测仪自投掷后约 20 min 坠入海洋，在 20 min 的降落时间内，以每分钟 120 次的频率将探测到的台风周围关键区域的温度、湿度、气压和风速等大气环境结构数据，在飞机实时接收并加工处理后及时传回至地面的台风数值预报模式中（图 4.5），用于台风移动路径的模拟和预测（吴俊杰 等，2003）。

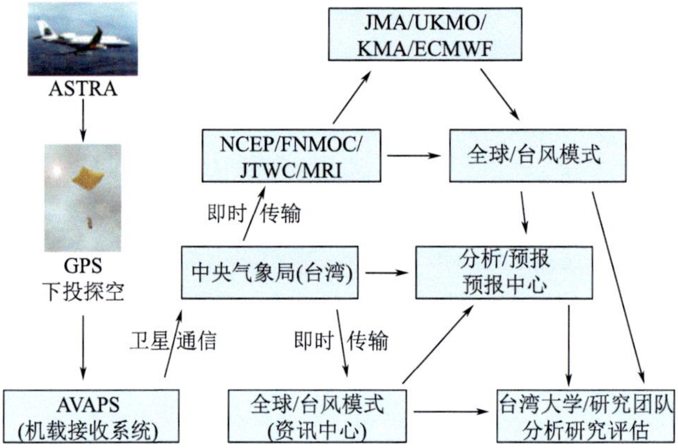

图 4.5　中国台湾 DOTSTAR 飞机观测资料流程（NCEP- 美国国家环境预报中心；FNMOC- 美国海军数值预报与海洋中心；JTWC- 美国联合台风警报中心；MRI- 日本气象厅气象研究所；JMA- 日本气象厅；UKMO- 英国气象局；KMA- 韩国气象局；ECMWF- 欧洲中期天气预报中心）

4.2.2　试验主要成果

从 2003 年计划实施至 2012 年台风季节结束，DOTSTAR 试验共针对西北太平洋的 49 个台风实施了 64 个航次的飞机观测任务，并成功投送 1051 枚下投探测仪。其中，于 2008 年和 2010 年还先后参加了 T-PARK（THORPEX Pacific Area Regional Campaign）的 TCS-08（Tropical Cyclone Structure-2008）和 ITOP（Impact of Typhoon on the Ocean in the Pacific）等国际合作观测项目，并与日本、德国的 Falcon 和美国的 P3、C130 等飞机共对 6 个台风进行了联合飞机观测。

数值试验结果表明，在台风不同区域投掷下投探空仪所获取的资料，同化进数值模式后对模式的台风预报改进作用不尽相同，存在所谓的敏感区。为充分高效利用有限的飞行资源及时效，DOTSTAR 试验引入目标观测策略（targeted observing strategy），预先识别出关键的敏感观测区域，并结合飞机航程及航空管制等，设计确定飞机最佳投掷下投探空仪的位置。初期，DOTSTAR 分别利用深层平均风变化（deep-layer mean wind variance，DLM）、集合变换卡尔曼滤波（ensemble-transform kalan filter，ETKF）和奇异向量（singular vector，SV）方法确定目标台风的敏感观测区域。2005 年，DOTSTAR 试验发展了 ADSSV（adjoint-derived sensitivity steering vector）敏感区识别技术，当年起便综合利用 DLM、ETKF、SV 和 ADSSV 等 4 种技术确定敏感区域（Wu et al., 2007a）。

DOTSTAR 试验的敏感区下投探空观测资料，在被 ECMWF 和 NCEP 等不同模式同化后，对模式预报结果的改进效果不尽相同（图 4.6）。进一步研究发现，不同模式的观测敏感区也不尽相同，即观测敏感区不仅取决于目标台风个例本身（不同台风及同一台风但不同时刻的观测敏感区均不相同），而且还因模式而异（Wu et al., 2009）。

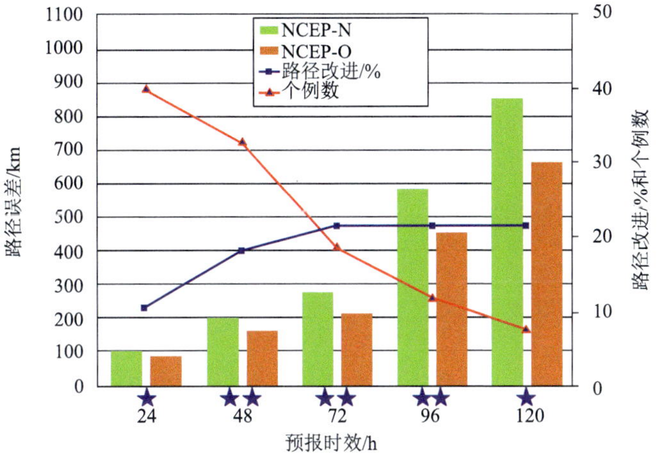

图 4.6 DOTSTAR 2003—2009 年所获得的下投探空资料对台风路径预报的影响（NCEP-O：同化飞机下投探空资料，NCEP-N：未同化，★、★★分别表示通过 90%、95% 的置信水平）（Chou et al., 2011）

飞机观测费用不菲，单次飞行 4～6 h，投掷下投探测仪 20 枚（每隔 150～200 km 投放一枚下投探空仪），花费约 70 万元，但对预报能力提高的效果显著。研究表明，针对台风的飞机下投探空观测，是改进台风路径和强度数值预报的有效途径之一。从 10 余年的观测结果看，DOTSTAR 试验的飞机下投探测，对于 5 d 之内的台风路径预报，平均可降低 10%～20% 的误差（Wu et al., 2007b；Chou et al., 2011），对 72 h 之内的台风路径预报，则能降低约 26.5% 的预报误差（减小约 78.6 km）。

另外，下投探空资料也已成功用来验证及校正卫星与雷达等遥感资料。Chou 等（2010）使用 2003—2007 年 DOTSTAR 试验中 457 枚下投探空仪所观测的资料与卫星反演风场进行比较，结果显示，在所有可以校验的资料中，卫星反演的风速误差约为 2.6 m/s，而风向误差为 17°。研究也指出，QuikSCAT 卫星在风速小于 17 m/s 环境下反演的风场精度较高，因此可以用于分析确定台风大风半径及台风结构的观测依据。预期这些卫星反演风场误差特性有助于洋面大范围卫星反演风场在数值模式中的同化应用，并提升台风路径、强度与结构演变的模拟预报能力。

综上所述，DOTSTAR 试验是美国自 1987 年停止对西北太平洋地区台风的飞机探测作业后，对台湾附近（以东）台风进行的首个飞机探测试验。为期 10 年的 DOTSTAR 试验，取得了丰硕的科研和业务应用成果，所获资料被同化到数值模式后能较明显地改进台风路径的预报能力，也使台湾地区成为国际上飞机观测台风的一支重要力量。

4.3 低空无人机观测试验（L-UAV，2005 年起）

有人飞机探测台风成本太高，如 DOTSTAR 试验的单次飞行租用飞机及下投探空就花费约 320 万元新台币（约 70 万元人民币）。此外，有人飞机探测台风，特别是在台风条件下的低空飞行，存在较大的机毁人亡的风险。事实上，DOTSTAR 试验的飞机只是在台风核心区域的外围飞行，未能获取台风内部，特别是台风眼和云墙区域的观测资料，因此对台风强度预报的贡献较为有限。鉴于此，低空气象无人机及其在台风探测中的应用受到广泛关注（Weathereford et al.，1989；雷小途，2015）。

无人飞机（unmanned aerial vehicles，UAVs）也称无人机（或无人航空器、遥控驾驶航空器），通常是指无人驾驶的由无线电遥控设备控制，或由预编程序操纵的非载人飞行器。无人机具有成本低、效费比高及昼夜可用等诸多有人驾驶飞机所不具有的巨大优势，用无人机替代有人飞机执行高风险作业任务，已是当今国际航空领域的一个重要发展方向。随着无人机技术的发展，利用无人机进行台风探测已逐渐成为可能和趋势。在“改进热带气旋强度预报的试验”（The Intensity Forecasting Experiment，IFEX）中，美国利用“MK- Ⅲ”型无人机对飓风进行了低空飞行探测，并获成功。2005 年 9 月 16 日，无人机飞入“奥菲莉亚”（Ophelia）飓风并获取了飓风在近水面（约 300 m）的风、温、压、湿等气象观测资料。2007 年又利用无人机对飓风“诺埃尔”（Noel）进行超低空飞行探测，无人机的飞行高度仅为 82 m，并持续飞行了约 17. 5 h（Aberson et al.，2009）。显然，在这个高度实施有人驾驶飞机的飞行探测风险极大。此外，自 2012 年美国开始尝试使用“全球鹰”高空无人机，对台风进行下投探空等探测，正逐渐形成“有人 - 无人搭配、高 - 低空协调”的飓风飞机探测平台体系。

4.3.1 基于 Aerosonde 型无人机的试验

我国紧随国际无人机应用的科技发展前沿，积极探索和实践无人机在台风探测中的应用，并取得显著进展。2001 年，中国台湾大学科学家利用澳大利亚产的“Aerosonde”型无人机，成功地飞入了“海燕”（0121 号）台风的环流圈内，距台风中心最近仅 150 km，测得了气压、最大风速和温度等气象要素，我国成为继澳大利亚和美国之后，较早开展无人机探测台风试验的国家（地区）之一。

事实上，严格意义上的首例利用无人机成功穿越台风中心的飞行，是由中国台湾科学家在 2005 年完成的。2005 年 10 月 1 日，中国台湾科学家利用澳大利亚产的“MK-Ⅲ”无人机成功穿越了“龙王”（0519 号）的台风眼。无人机于 1 日 13 时（世界时）从中国台湾最南端的鹅銮鼻起飞，约 16 时成功飞入台风眼，高度约 3 km；16 时 30 分—17 时 30 分，无人机在台风眼内 1～3 km 高度处盘旋约 1 h，并借此完成对台风眼 1～3 km 的垂直探测；约 18 时无人机从 3 km 高度一面爬升一面穿出台风，至 19 时 30 分爬升到 4 km 高度处穿出台风眼，随后逐渐滑降至 19 时 50 分落入海面（图 4.7）。

整个过程，无人机在台风核心区域持续飞行了近 10 h，并获取了飞行高度（3 km）

处台风云墙内的最大风速等观测资料，测得的 10 min 和 1 min 平均风速分别达 58.6 m/s 和 62 m/s（Lin，2006；Lin et al.，2008）。据此，拟合得到了“龙王”台风切向风的径向分布（图 4.8）。

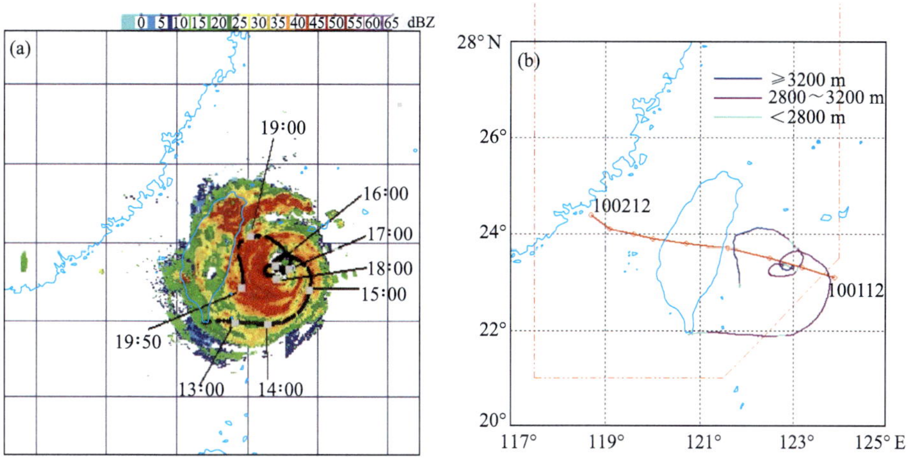

图 4.7　2005 年 10 月 1 日无人机穿越“龙王”台风眼的飞行轨迹（a. 填色为 16 时的雷达反射率，飞行轨迹上的数字为时间（世界时）；b. 台风移动路径，飞行轨迹的不同颜色代表不同的飞行高度）

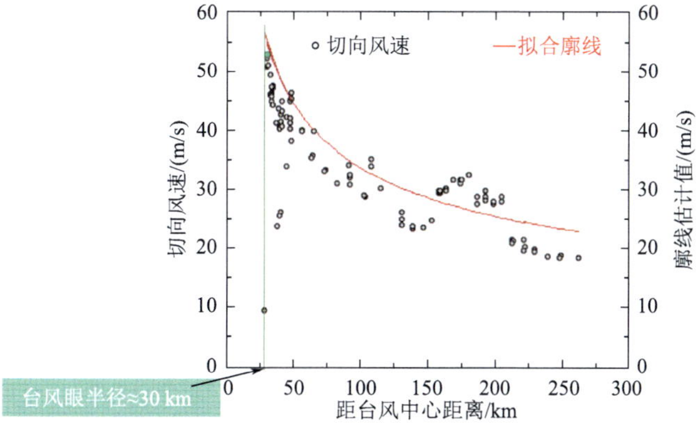

图 4.8　依据无人机探测拟合的“龙王”台风切向风的径向分布

4.3.2　国产无人机“海选”测试

2008 年，中国气象局气象探测中心在浙江省台州市沿海组织实施了国内首次低空无人机探测台风的比较试验（Experiment of Low-altitude UAV，L-UAV），旨在测试我国自主研发的低空无人机是否具备开展台风飞行探测的能力。来自国内的多家无人机研发机构和生产厂商参加。6 月 24—25 日对“风神”（0806 号）台风进行了演练性探测，7 月 18 日和 9 月 15 日分别对“海鸥”（0807 号）和“森拉克”（0813 号）台风进行了探测试验。有的飞机有去无回且探测资料也没能传回，有的飞机虽有去无回但却实时传回了探测资料，有的飞机虽安全回来了但却没有传回探测资料，幸运的是有一架次飞机

图 4.9 “晨鸟”无人机

不仅安全返回而且传回了探测资料。

在 7 月 18 日实施的试验中，由“东恒宇”公司研制的“晨鸟”无人机（图 4.9）成功地飞入“海鸥”台风，距台风中心最近约 108 km，并在台风环流内持续飞行了 4 h，获取了约 500 m 高度台风近水面的温度、气压、相对湿度、风速、风向及海拔高度等观测资料，而且飞机安全回收。在整个试验中共完成了 3 次 7 h 的连续飞行测试、4 h 大雨条件下飞行测试，完成了对“海鸥”和“森拉克”台风的探测试验并获取了完整的温度、湿度、气压、风速、风向资料（李杨 等，2009）。

“晨鸟”无人机是由“东恒宇”公司研制生产的与“Aerosonde”类似的一款小型低空长航时气象探测无人机，飞机长约 1.75 m、高 0.71 m、翼展长 2.9 m、最大起飞质量 15.5 kg、有效载荷（含载油）5 kg、升限 5 km、最大平飞速度 120 km/h（巡航速度 95 km/h）、最大续航 12～20 h、最大航程 1200～1800 km，采用车载发射、机腹滑降着陆、GPS 导航和无线电及卫星（“北斗”或“铱星”）通信方式。该款无人机在台风等复杂天气条件下的探测精度：温度＜ 0.3 ℃（−70～+50 ℃）、相对湿度＜ 4% RH（1% RH～100% RH）、压力＜ 0.8 hPa（400～1080 hPa）、风速＜ 2 m/s（风速＞ 5 m/s 时）、风向＜ 5°（风速＞ 5 m/s 时）。

2008 年，中国气象局气象探测中心还利用“晨鸟”进行了无人机下投探空试验。无人机携带下投探空仪起飞，到达飞行高度后，通过地面控制系统发出下投指令，下投探空仪上的 GPS 定位后，释放构件打开，下投探空仪离开无人机，以 8 m/s 的速度下降。地面接收系统收到下投探空仪发回的每秒一组的温度、湿度和风向风速数据。此次试验是低空释放试验，目的是验证释放机构、预加电装置、下投探空仪和减速伞是否达到设计要求。试验达到了预期目的，为后续高空释放试验和台风探测奠定了良好的基础。

4.3.3 适应性改造

“晨鸟”等采用车载发射方式起飞的无人机，起飞需要借助所搭载车辆在 1～2 km 的平直道路上加速达到飞机起飞的初始速度。考虑到我国东南沿海多丘陵，符合条件的道路多距海岸较远，而且大都平行于海岸，作业时飞机不得不转向才能飞向海上的台风，因此不可避免地会浪费飞机的不少飞行航程。鉴于此，2013 年中国气象局上海台风研究所与“东恒宇”公司合作，完成了对“晨鸟”无人机起飞方式的改造，即采用弹射方式，只需一个弹射架，能方便架设在海岸边并直对飞行目标区域，最大限度地利用飞机的有限航程资源。2014—2015 年，利用改造后的“晨鸟”无人机对东海近海台风进行了试验。其中，对 1509 号台风“灿鸿”实施的飞行探测试验中，飞机在 400 m 左右的巡航高度进行了约 43 min 的飞行探测，观测到了 50 m/s 的最大风速。图 4.10 为无人机弹射起飞架及飞机探测“灿鸿”台风时的飞行轨迹及测得的风速。

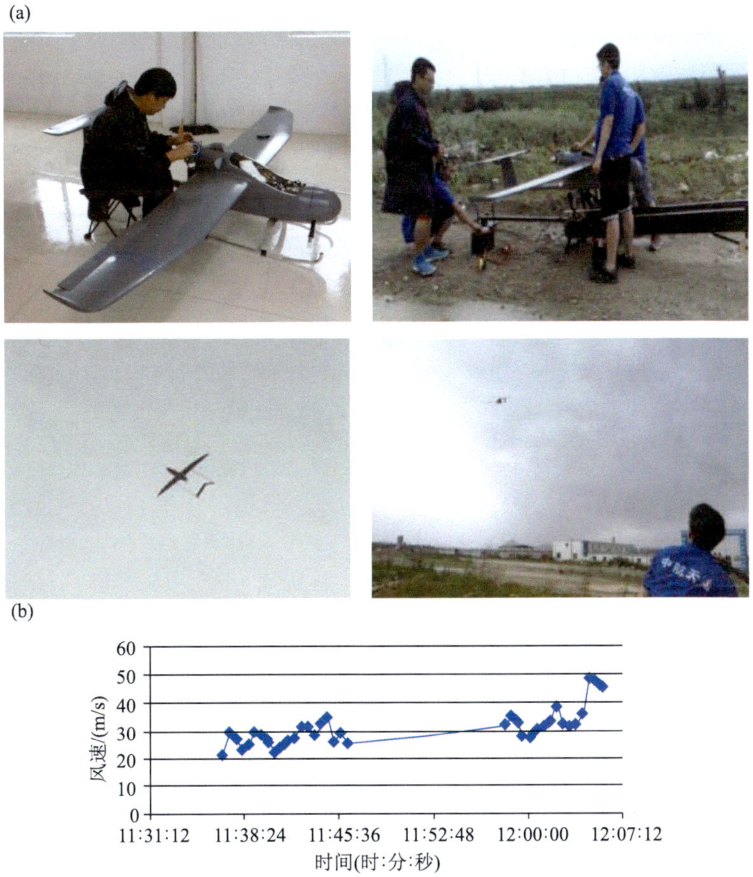

图 4.10 “晨鸟”无人机弹射起飞架（a）及对“灿鸿”台风探测的测风数据（b）

此后，随着我国无人机平台制造技术的发展，中国气象局上海台风研究所、气象探测中心等在我国自主制造的多款低 - 中 - 高空无人机基础上，进行了探测台风的适应性改造，并结合国家相关重点研发项目组织实施了多型多款高 - 中 - 低空无人机的台风探测试验，取得了成功。

4.4 沿岸“追风”观测（ECTC，2007 年起）

台风登陆是防台减灾工作中的一个特殊节点。登陆前后台风结构因下垫面的显著改变而发生变化，并引起路径、强度及风雨分布等的相应变化，有时甚至是突然变化。加之登陆前后伴随台风风暴潮增水等因素，极易致灾。实际业务中，登陆点、登陆时间及登陆强度等预报，在防台减灾工作中具有特别重要的价值。民政部门对受灾地区的救济，也主要是依据登陆点确定的。

近年来，随着新媒体技术的发展，每逢台风来袭，电视台、广播电台和报社等纷纷派出“追风”记者义无反顾地冲向台风袭击和抗台抢险一线，“直播”台风来袭时的惊涛骇浪、疾风骤雨和“风平浪静、晴空万里”的台风眼及众志成城抗台救灾等壮观场景，在第一时间向大众全方位、立体化地呈现台风登陆前后的相关情况。“气象频道”还专门组建了由气象专业人士为技术指导的“追风报道组”。出镜记者“脸被台风吹变形”和“我太难了，根本站不住”等用自己的身体告诉大家台风的威力，让报道富有现场感、直观地揭示台风的风力之大，并提醒社会公众“无事别出门”。这种“自虐式报道”在冲上“热搜”的同时，客观上也很好地传播了台风科普知识，增强了公众防台减灾的自觉性和科学性（王宇，2019）。此外，“追风”记者的台风滚动直播，特别是进入台风眼的相关报道，对于台风登陆点及登陆时间和登陆强度等的确定具有重要参考价值（罗中云，2008）。当然，更具科学价值的台风观测资料，还得依靠专业气象探测设备及团队。

4.4.1 “追风”观测车的组装及试验

受财政部国家级科研院所科研基础条件修缮购置专项资金项目支持，中国气象局上海台风研究所于 2006 年启动并完成台风移动观测车的组装。对“依维柯”面包车进行了底盘整体抬升，车前端增加了负重 9000 磅（约 4082 kg）的保险杠，加上车载气象观测设备等后自重约 4 t（是原车的 4 倍），使车辆具备一定的“爬坡过坎”的越野和“不倒翁式”的抗风能力。在此基础上，还加装了液压千斤顶和 10 mm 钢筋绳拉索，使车辆能抗 9～11 级风，基本具备外场探测台风的条件。车载的主要气象探测设备有美国进口的 Mark Ⅱ型 GPS 微型探空仪（GPS Sounde）、声雷达风廓线仪（Sodar Wind Profiler）、雨滴谱仪（Raindrop Spectrometer）、W-900 便携式自动气象站（Automatic Weather Station）、德国进口的 Applied Technologies 公司的“A”型三维超声波风速仪（Ultrasonic Anemometer）及便携式 MP-3000 多通道微波辐射计（Microwave Radiometer）等当时世界上最先进的观测仪器，并在车顶安装了实景摄影头（Realtime Video-monitoring Syetem）及射程超过 500 m 的照明灯（图 4.11）。这是我国第一辆专业

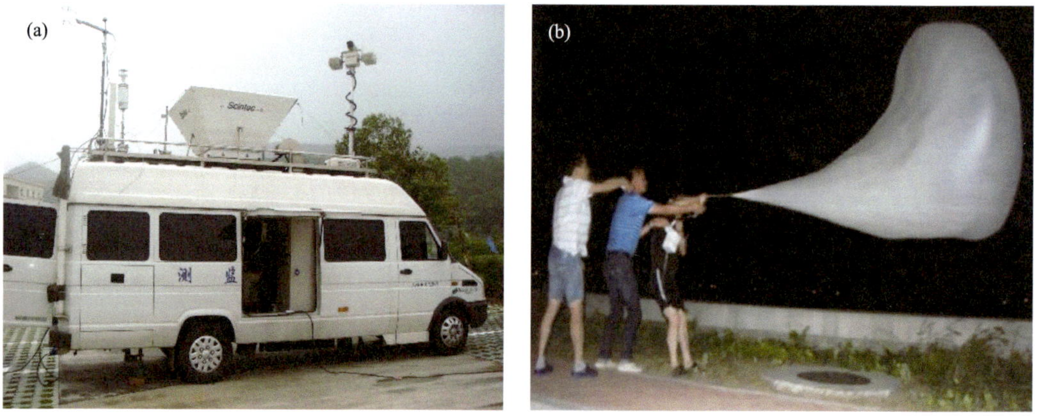

图 4.11 第一代台风移动监测车（TMV-I）及便携式微波辐射计（a）、追风现场施放 GPS 探空（b）

的“追风”观测车，即第一代台风移动监测车（Typhoon monitoring vehicle，TMV-I）。

2007年台汛期，TMV-I投入使用，实施了台风沿岸“追风”观测试验（Experiment of Chasing Typhoon in Coast Region，ECTC），并成功捕获了“韦帕”超强台风（0713号）登陆前后较完整的边界层和风温湿廓线等观测资料，其中微波辐射计等先进观测设备还是首次在我国台风观测研究中得到应用。“韦帕”于2007年9月15日15时（北京时）在西北太平洋130° E以东、15° N以南洋面形成，随后一路向西北方向移动，强度逐渐加强。17日02时强度达到台风级别，17日20时和18日05时分别发展成强台风和超强台风，18日20时移至台湾北边的东海南部海域，强度减弱为台风级并维持到9月19日02时30分在浙江省苍南县霞关镇登陆（登陆时中心附近最大风力14级，风速45 m/s）。登陆后强度迅速减弱，19日11时减弱为热带风暴，20日停编。受“韦帕”影响，福建和浙江东部沿海、上海等地出现了8～11级、阵风13～15级的大风，台湾、福建、浙江、上海、安徽、江苏、山东等11个省（市）出现了暴雨或大暴雨，浙江、江苏、福建、山东、安徽和上海6省（市）出现不同程度的灾情，直接经济损失约79.7亿元。

在“韦帕”台风移至台湾东部海域的时候，上海中心气象台等预报该台风将在福建北部至浙江中南部登陆，中国气象局上海台风研究所决定利用TMV-I对“韦帕”台风实施“追风”观测试验。“追风”团队驾驶TMV-I“追风”观测车，于17日下午由上海启程，期间，主要交通道路均因台风预警而被封，于17日夜间抵达预定观测目的地（预测“韦帕”台风的登陆点以北约200 km的象山境内）。在“韦帕”台风登陆浙江省苍南县霞关镇前后，“追风”团队共成功施放了10个GPS探空气球，平均3 h施放一次，车载风廓线仪、超声风速仪、自动气象站和便携式微波辐射计等探测及现场实景影像资料在试验期间不间断、实时传回上海本部（上海台风研究所及上海中心气象台的科研业务平台），总时长逾80 h。“韦帕”台风“追风”观测试验的成功，也验证了微波辐射计等先进观测设备在台风观测中的适用性，并避免了传统探空仪因气球飘移导致探空廓线并非严格意义上的本地等问题（赵兵科 等，2009）。

由于实际台风活动的不确定性等原因，对台风路径、强度和风雨分布等的预报不可避免地存在误差。提高对台风活动规律的认识和减少预报误差，是开展台风外场观测的初衷和目标，但并非每次“追风”都能得偿所愿，特别是初期，经验不足，真所谓万事开头难。“追风”团队的第一次追风经历并不顺利，按照原本的预报路径，2007年第7号台风“帕布”将在2007年8月8日登陆福建，紧随其后的是台风“蝴蝶”。“追风”团队驾驶“追风”观测车（TMV-I）从上海出发驱车逾1000 km，提前3 d赶到了福建南部的漳浦。团队成员心中大喜，觉得胜利就在前方。谁知风云突变，8月8日凌晨1点，台风“帕布”在我国台湾省恒春登陆，强度迅速降低，车载风廓线仪的连续风速探测资料也显示风速正逐渐减小。很快，“帕布”被紧随其后的0708号“蝴蝶”台风“吃下”（并入“蝴蝶”），而台风“蝴蝶”在“吃下”台风“帕布”后突然转向广东，与“追风”团队无缘。

所幸没过几天，2007年第9号台风“圣帕”接踵来袭，心有不甘的“追风”团队决定再次南下，将观测点选在了距离海边仅1 km的福建省崇武镇。在百姓早已撤离的空旷城镇上，只有“追风”团队忙碌的身影。天空渐渐开始下起雨，很快便倾盆如注，狂风呼啸，雨水横冲直撞，队员的视线也变得模糊不清，“说真心话，不害怕是假的，毕竟大家都是第一次而且也深知台风的猛烈”。可是台风一来，所有人都在各自岗位上咬牙坚持着，没有一个人退缩，“大家啥都不顾，豁出命一样，那情景看了，你就会被深深打动”，现场观测指挥赵兵科研究员如是说。最终大家看着各种观测设备在台风中正常工作，所获观测资料及时传回上海本部，脸上都露出了笑容。这是“追风”团队真正观测到的第一个台风（胡敬，2016）。

随着“追风”实践经验的积累，“追风”方案设计等不断得到完善，“追风”团队不断壮大。例如，台风条件下施放气球并非易事，气球受台风低气压及风的影响易被下压并碰地破裂，加之气球的现场充灌气及运输氢气和制氢等的安全需要，“追风”团队及时吸纳宝山高空探测专家夏卫祖并由其掌管“追风”的 GPS 探空。夏卫祖不负众望，琢磨出一套独特的在台风环境下充灌气球及施放气球的经验方法。在充灌气球过程中，为使气球不被大风吹爆，一般需要两人配合，分别紧握气球的顶端和末端不能松手，否则气球极易被大风吹爆或触地而破；施放时要充分利用台风中风的阵性特点，当风相对小一些或感觉有向上的拉力时，紧握气球末端的队员要顺风助跑并果断施放探空气球。

再如，为节约现场选点时间，事先在浙闽沿海进行踩点，确定几个可供“追风”观测车停放和加固及有利于车载观测设备正常工作（电磁环境和施放探空气球等）的场地，以及近距离比较安全的场所。自 2008 年起，每次“追风”团队出发前，必须为每位队员购买保险，并按照“安全第一、科学观测”的理念，当“追风”观测车扛不住台风袭击时，人员必须第一时间撤离到安全场所（拔腿就跑，3 min 内抵达安全场所）；如有时间，可拔出存有观测资料的磁盘后再跑；如再有时间，可关闭观测设备（电源）后再跑。事实证明，上述措施行之有效，自 2008 年开展准业务化的“追风”观测以来，人员和车辆及车载设备等均安然无恙，并成功参与和完成了国家重点基础研究发展计划项目“台风登陆前后异常变化及机理研究”（2009CB421500）等台风外场观测任务（端义宏 等，2014）。一次次艰苦卓绝的“追风”事迹，广受业界好评，被媒体广为报道，“追风”团队也多次受到中国气象局和上海市相关部门的表彰。

同一时期，中国气象局广州热带海洋气象研究所也装备了一辆气象移动观测车（在“依维柯”基础上进行改装），开展了针对登陆华南（主要是广东省）台风的外场“追风”观测，参与并完成国家重点基础研究发展计划项目“台风登陆前后异常变化及机理研究”（2009CB421500）等针对华南（广东）登陆台风的外场观测任务（端义宏 等，2014）。

4.4.2 “追风”观测车的升级及应用

受限于抗风能力等原因，对于登陆时较强（11 级以上）的台风，基于“依维柯”改装的“追风”观测车是不敢贸然进驻台风登陆点附近进行观测的。鉴于此，中国气象局上海台风研究所于 2014 年对“追风”观测车进行了升级，第二代“追风”观测车

（TMV- Ⅱ）是基于“北方奔驰”大卡车改装而成的（图 4.12），可抗 12 级以上的大风，并加装了一个大容量的副油箱，可在野外自行发电，供车辆和所有车载设备连续工作 3 d 以上（如可加油，则可长期自发电和连续工作）。

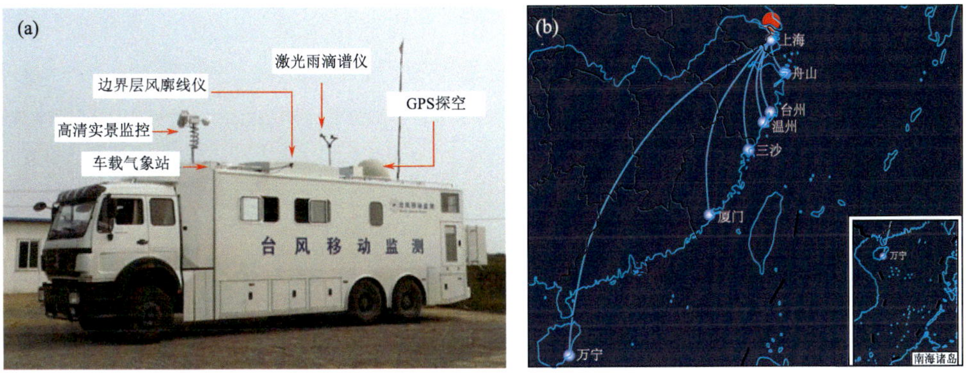

图 4.12　第 2 代“追风”观测车（TMV- Ⅱ）（a）及“追风”足迹（b）

TMV- Ⅱ除实施上海台风研究所组织的准业务登陆台风外场观测外，还参与并完成了国家重点基础研究发展计划项目“上层海洋对台风的响应和调制机理研究”（2013CB430300）、公益性行业（气象）科研专项经费项目“近海及登陆台风强度变化科学试验预研究”（GYHY201406010）、国家重点研发专项“近海台风立体协同观测科学试验”（2018YFC1506400）和联合国亚太经社会（UNESCAP）/ 世界气象组织（WMO）台风委员会的国际合作项目“亚太近海台风强度变化科学试验”等台风外场观测任务，并多次远赴海南参与和完成多平台协同的台风目标观测试验（雷小途 等，2019b）。

4.5　外场观测基地建设（2008 年起）

由于台风移动的不确定性，实际预报（特别是 3 d 后）的误差不可避免。众所周知，2008 年前后，我国台风路径 24 h 预报误差平均在 100～120 km 甚至超过 120 km，72 h 误差则更大，超过 300 km。因此，从确定实施“追风”观测到观测现场架设和调试好车载观测设备，最多也就只有 2 d 左右的时间。实际中，“追风”观测车从上海出发，也只能对登陆华东（闽浙沪）沿海的台风实施“追风”观测。如需赴华南沿海开展“追风”观测，特别是赴海南还需赶在台风影响（预警发布）前搭乘轮渡过琼州海峡，通常需要提前一周从上海出发。此外，在受台风袭击期间，临时移动“追风”观测车，调整观测场地，存在非常大的安全风险。因此，“追风”观测实际上是“守株待兔”式的，即依据预报事先将“追风”观测车驻扎在相应的观测场地，而非真正地“追”着台风进行观测。

4.5.1 基于目标的基地选址

为缩短“追风”观测车赶往观测场地的时间，最大限度地在有限时间内抵达理想的观测场地，中国气象局上海台风研究所于 2008 年启动了登陆台风野外观测基地的建设，即在台风登陆频繁的浙闽沿海，建立“追风”观测车补给站（驻地）。在中国气象局、上海市气象局和福建省气象局以及福建省宁德市特别是霞浦县、三沙镇及三澳村政府等各方的支持下，在上海台风研究所的艰苦努力下，完成了基地选址、征地、招投标和施工等各项建设任务，前后历时 10 年有余，于 2019 年在福建省宁德市霞浦县三沙镇三澳村沿海（图 4.13），建立了台风“追风”观测基地——中国气象局华东台风野外科学试验基地。

该基地选址于浙闽交界处，一是因为该地登陆台风较多，且台风登陆前受台湾岛影响较小，因而登陆时台风强度较强，是我国登陆强台风比例较大的区域；二是两省交界的该地，气象业务观测站网密度（特别是高空探测）相对较低，即便是台风登陆期间的加密观测一天也只有 4 次（分别是北京时 02、08、14 和 20 时）；三是因为该地还是东海近海及登陆台风（路径）预报的观测敏感区。

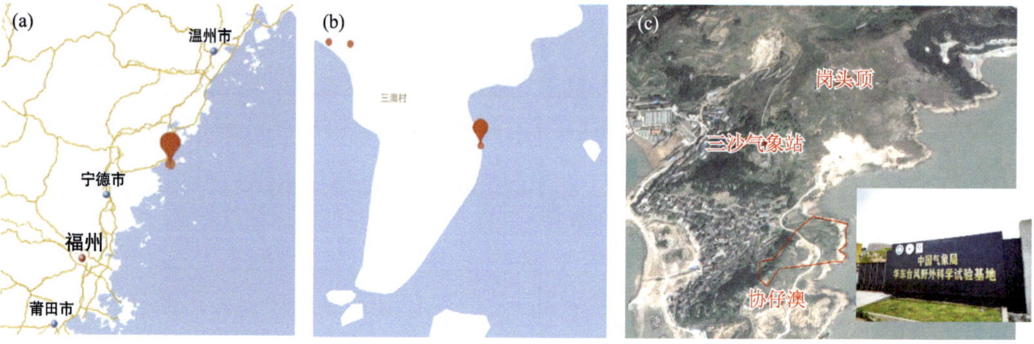

图 4.13　中国气象局华东台风野外科学试验基地区位图

基地装备的先进观测设备主要有美国应用技术公司的 STR-3A 超声风温仪、Radiometrics MP3000A 微波辐射计、Vaisala MAWS-301 自动气象站、Vaisala GPS 探空、激光雨滴谱、涡动通量仪、3 个 70～100 m 梯度测风塔（自岸边至山顶垂直海岸分布）。基地外还有 2 个 100 m 高的梯度测风塔，一个位于海峡南端的福建省漳浦县赤湖镇境内的海岸附近，另一个位于基地附近距海岸约 8 km 的海上。基地外的这 2 个测风塔最初均为风能资源详查和利用而建，且在距地面约 30 m、50 m、70 m 和 90 m 附近的高度布设有 WindMaster Pro 三维超声风速仪，形成对近地层风的垂直梯度观测。幸运的是，这些测风塔具有相当的抗台风袭击能力（建造之时即有设计），如位于赤湖镇的梯度塔，在 2010 年一年内就经受住了 1006 号“狮子山”、1011 号“凡亚比”和 1013 号“鲇鱼”等 3 个登陆台风的袭击，而且捕获了这 3 个台风登陆过程中较完整的近地层风的垂直变化特征。

同一时期，广东省气象局在茂名市博贺沿海建立了海洋气象科学试验基地，该地是台风登陆我国东南沿海（除台湾和海南岛外）最频繁的地区（图 4.14）。该基地包括一个海岸观测站（北山观测站）、一个海岛 100 m 梯度观测塔及一个近海海上观测平台。

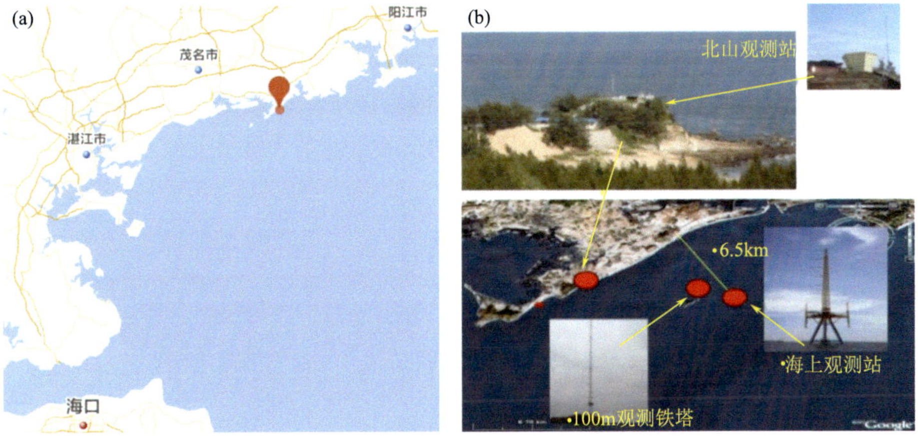

图 4.14　茂名博贺海洋气象科学试验基地区位图

其中，北山观测站布设了住友电工 WPR-LQ7 边界层风廓线仪、Radiometrics MP3000A 微波辐射计、荷兰 Kipp-zonen CMP22/CGR4 辐射表、WaMoS Ⅱ测波雷达、Vaisala MAWS-301 自动气象站及 Belfot M6000 能见度仪等先进观测设备。海上观测平台位于茂名博贺港南约 6 km 的近海，在该平台上安装了 5 层风温湿梯度观测系统、2 层涡动相关系统、Campbell CSAT3 超声风温仪和 Li-cor 7500 二氧化碳和水汽分析仪各 2 台、1 个红外海表温度探测系统、1 套六要素自动气象站和 1 套辐射平衡观测系统，并在海面以下架设了 3 层海温和盐度的梯度观测系统、多普勒流速剖仪（ADCP）和波浪仪各 1 套。海岛上的 100 m 梯度观测塔则布设了 4 层（10 m、30 m、70 m 和 100 m）风温湿传感器。

4.5.2　外场观测基地网点建设

为增加"追风"观测设备的驻点，提高实际观测时的响应能力，中国气象局上海台风研究所牵头与东南沿海相关省（市）气象局等机构联合，初步建立了"一站多点"式的中国东南沿海台风外场观测基地网。其中，以位于福建省霞浦县三沙镇境内的中国气象局华东台风野外科学试验基地（简称"三沙基地"）为主，以位于浙江台州境内的大陈岛试验站（依托常规的地面气象观测站，增设微波辐射计和雨滴谱等非常规观测设备）、浙江温州境内的平阳试验站、福建漳州近海的梯度塔、浙江舟山和福建东山海岸的观测点（适合架设"追风"观测车等设备并进行观测的场地，平时没有相应的观测设备）为辅的观测网点，主要用于实施针对东海近海及登陆华东台风的外场观测；针对南海及登陆华南的台风外场观测，则以位于广东茂名的博贺海洋气象科学试验基地（简称"博贺海气基地"）和位于海南西沙（永兴岛）的海洋气象科学试验基地（简称"西沙海气基地"）为主，以位于海南的万宁试验站、博鳌试验站及三亚观测点为辅。此外，依托上海台风研究所建立台风外场观测作业指挥中心，开展目标台风的遴选、观测目标区域的确定、多平台（多设备）的适应性配置、协同观测方案的制定、外场作业的组织实施（含多团队的组织、作业海空域及特种设备路证申请办理、作业区域安保等）、观测数据的接收及质控和分析应用等。

为充分挖掘外场探测资料在台风登陆过程机理认识及预报技术检验等方面的价值，加强外场观测对防台减灾实际服务的科技支撑能力，中国气象局上海台风研究所还先后与浙江省温州市气象局和福建省气象科学研究所联合建立了温州台风预报技术应用联合实验室及三沙登陆台风观测研究联合实验室。

4.6 台风登陆过程外场科学试验（TLAPFEX，2009—2013 年）

为提高台风登陆过程的预报能力，依托国家重点基础研究发展计划项目“热带气旋登陆前后异常变化及机理研究”（2009CB420500），2009—2013 年，中国气象局广州热带海洋气象研究所与上海台风研究所等在华东和华南沿海联合开展了“台风登陆过程外场科学试验”（Typhoon Landfall Process Filed EXprement，TLAPFEX）。

4.6.1 试验设计

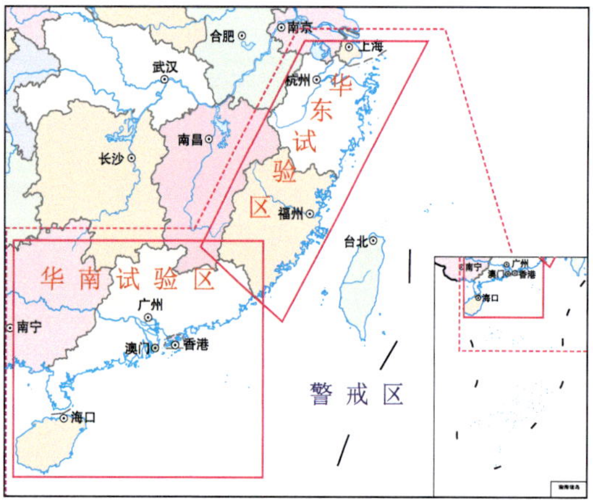

图 4.15　TLAPFEX 观测区域示意图

该试验依托中国登陆台风外场观测网的“三沙基地”和“博贺海气基地”设立东海和南海台风登陆过程的加强观测区（图 4.15），并充分利用气象业务观测网（含卫星、雷达、探空和地面气象站，以及沿海地区的风廓线仪、梯度观测塔等）、气象部门在近海布设的气象浮标以及上海台风研究所和广州热带海洋气象研究所装备的 2 台“追风”观测车，对登陆华东和华南沿海台风的登陆过程实施针对性的外场（固定 + 移动）观测（廖菲 等，2013）。

布设在近海的气象浮标上装配的观测设备主要有美国 R.M.Young 公司的 05103 型风向风速仪、61202 型气压传感器、050202 型虹吸式雨量计，美国 Rotronic 公司的 MP-101A 型湿度传感器，美国 Eppley 公司的 PSP 型短波 / 长波辐射表，美国 Enviro 公司的 400-SVS1 型能见度传感器，日本 Alec 公司的 Compact-CT 型温盐传感器、Compact-CLW 型叶绿素浊度计和 AEM-RS 型海流计及国产 SBY1-1 型波浪传感器等。

TLAPFEX 试验共获取了 2009—2013 年 16 个台风登陆过程中较完整的近海和近岸大气边界层风、温、湿梯度观测及海 - 气和陆 - 气通量观测资料。这 16 个台风包括 2009 年的“莫拉菲”（Molave）、“天鹅”（Goni）、“莫拉克”（Morakot）和“巨爵”（Koppu），2010 年的“灿都”（Chanthu）、“狮子山”（Lionrock）、“凡亚比”（Fanapi）和“鲇鱼”（Megi），2011 年的“洛坦”（Nock-ten）、“纳沙”（Nesat）和“梅花”（Muifa），2012 年的“苏拉”（Saola）、“海葵”（Haikui）和“启德”（Kai-Tek）以及 2013 年的“尤特”（Utor）和“苏力”（Soulik）。其中，不少目标台风在登陆过程中发生了异常变化现象，如台风“莫拉菲”发展快、移速快、风雨影响范围广，强热带风暴“天鹅”移动缓慢、路径曲折、影响时间长、累积降水量大；台风“莫拉克”路径复杂、移向和移速多变且结构不对称、维持时间长，降雨强度大、影响范围广和时间长，风暴潮增水高；台风“巨爵”移速快、强度变化快且在近海发生强度突然加强；台风“灿都”也在近海加强且登陆维持时间长、雨强风大、影响面广；强热带风暴“狮子山”路径复杂、移速缓慢、持续时间长、影响范围大；超强台风“凡亚比”强度发展快、路径曲折、影响范围广、致灾严重；超强台风“鲇鱼”台风强度维持时间长、移动路径和强度多变、生命史长，风大、强降水范围集中。

4.6.2 试验资料的应用

依据 TLAPFEX 试验获取的这 16 个目标台风登陆过程的第一手外场观测资料，“973”计划项目“热带气旋登陆前后异常变化及机理研究”（2009CB420500）对台风登陆过程的结构演变、强度变化、海 - 气和陆 - 气相互作用、海陆分布和地形的影响及台风数值预报技术等开展了较系统的研究。在台风登陆前后结构多源观测资料综合分析理论和方法，以及近海海 - 陆 - 气相互作用导致台风登陆前后路径、结构和强度异常变化的物理机制等方面取得重要进展（端义宏 等，2014）。例如，通过外场观测揭示了 0915 号台风“巨爵”等登陆过程中混合层高度（边界层的厚度）存在明显变化，在登陆前后可达 3～5 km，与 2002 年的“黄锋”试验结果基本一致；近海台风（0906 号“莫拉菲”和 1003 号“灿都”等）过境后，近岸海表温度（SST）下降幅度可达 −6 ℃（图 4.16），登陆前台风中心 300 km 范围内的海 - 气温差可达 −14 ℃；近海浅海区拖曳系数（C_d）随海平面 10 m 高度处的平均水平风速（U_{10}）变化曲线显著地向低风速区方向偏移，低风速（$U_{10}<6$ m/s）时 C_d 随 U_{10} 的增大而减小，在 U_{10} 处于 6～24 m/s 时 C_d 随 U_{10} 的增大而增大，当 $U_{10}>24$ m/s 时 C_d 随 U_{10} 的增大而减小（图 4.17），即 C_d 达到峰值时的风速（U_{10}）阈值显著低于深水区的约 30 m/s，这可能与水深变浅对波浪相速度的抑制作用及浅水区更易发生波浪破碎和飞沫等有关（廖菲 等，2013；赵中阔 等，2011；端义宏 等，2014），并据此拟合得到了浅水区 C_d 与 U_{10} 的关系式。

“热带气旋登陆前后异常变化及机理研究”项目，基于对 TLAPFEX 试验期间外场观测资料的分析及对台风登陆过程机制的研究，对中国气象局上海台风研究所基于 GRAPES 模式（由中国气象局自主研发的全球区域一体化分析预报系统，Global Regional Analysis and PrEdiction System）发展并于 2006 年投入业务使用的台风数值预报模式（GRAPES-TCM）进行了改进。主要包括对 GRAPES-TCM 模式中台风涡旋初始化的循环同化技术、大气辐射传输及对流参数化方案、近海边界层 C_d 参数等进行了改进和修订等，并进行了批量台风个例的比对测试（图 4.18）。

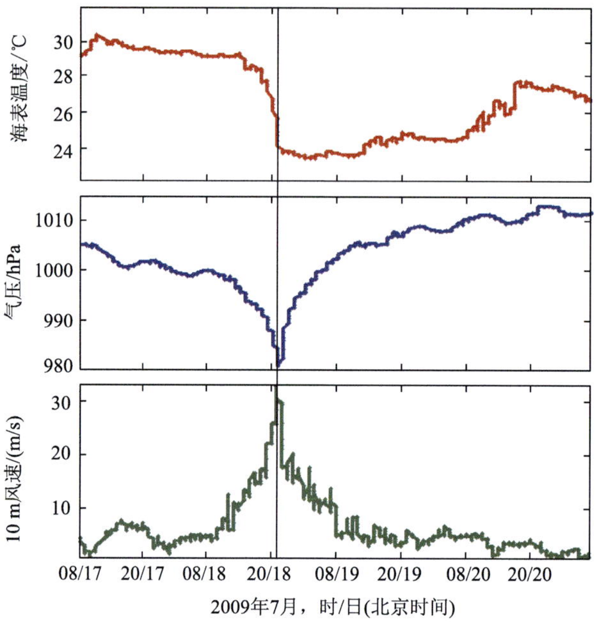

图 4.16 “莫拉菲”台风（0906 号）经过汕尾浮标时观测到的风速、气压和海表温度（18 日 20 时浮标距离台风中心 63 km，海表降温近 6 ℃）

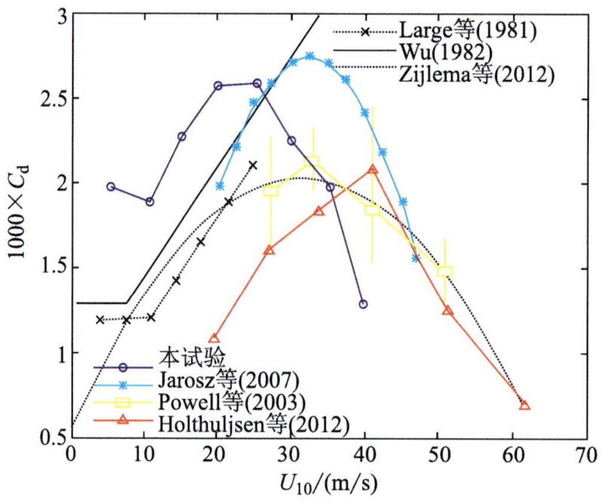

图 4.17 台风条件下海 - 气界面交换拖曳系数（C_d）与 10 m 高度处的平均风速（U_{10}）之间的关系曲线（TLAPFEX 试验针对浅海区域的观测）

该项目实施前（2008 年），GRAPES-TCM 模式 24 h（48 h）路径预报误差为 196.4 km（361.4 km），日本全球数值模式 24 h（48 h）路径预报误差为 122.2 km（193.3 km），即该项目实施前的 2008 年，GRAPES-TCM 模式路径预报效果与日本全球数值模式有相当大的差距。该项目实施后，GRAPES-TCM 模式路径预报水平逐渐接近甚至超过日本全球数值模式，如 2012 年，GRAPES-TCM 模式 24 h（48 h）路径预报误差为 91.8 km（215.7 km），日本全球数值模式 24 h（48 h）路径预报误差为 104.7 km（191.3 km），

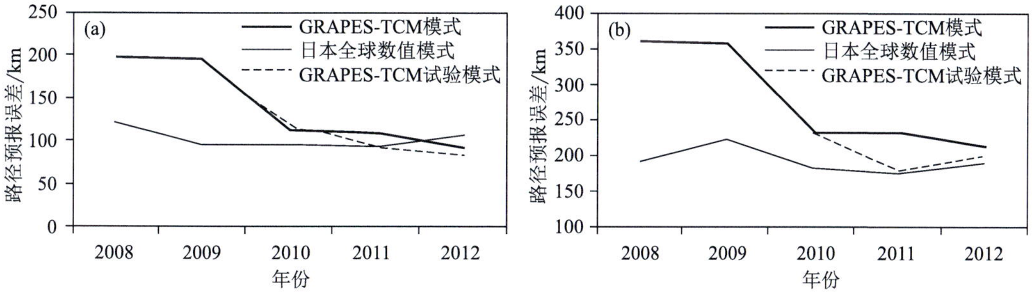

图 4.18 GRAPES-TCM 模式（粗实线）、GRAPES-TCM 试验模式（虚线）和日本全球数值模式（细实线）对 2008—2012 年西北太平洋台风路径预报逐年平均误差（a.24 h；b.48 h）

GRAPES-TCM 试验模式 24 h（48 h）路径预报误差仅为 83.8 km（200.5 km），说明该研究项目对登陆台风数值预报关键技术的研究和应用显著地提高了台风路径的预报水平（端义宏 等，2014）。

该项目还使用 OASIS-3 耦合器，实现了 GRAPES-TCM 模式和 ECOM_si（Estuarine Coastal and Ocean Model_semi-implicit）海洋环流模式、WaveWatch- Ⅲ 海浪模式（Tolman et al.，2002）之间的相互耦合，并实现了子模式间的通信及大气和海洋之间的通量交换。耦合模式表现出一定的对台风强度及海表温度等变化的模拟能力（端义宏 等，2014）。

4.6.3 有人飞机观测试验

TLAPFEX 试验期间，还于 2009 年实施了针对 0907 号台风“天鹅”的有人飞机观测，这也是我国首次尝试利用有人飞机开展的台风探测试验。试验通过 GRAPES-TCM 模式台风初始涡旋的构造和数值初值敏感性测试，确定飞机探测的目标观测敏感区，指导飞机的飞行观测（王晨稀 等，2011）。可惜，由于安全等原因，最终探测飞机仅仅在双台风（0908 号“莫拉克”和 0907 号“天鹅”）中间的外围区域进行了下投探空观测，没有抵达预先设计的台风目标观测敏感区。

即便如此，上述飞机下投探空资料及“博贺海气基地”和“追风”观测车等多种外场观测资料被同化到数值模式 GRAPES-TCM 后，仍然对模式的台风（路径）预报有显著的提高，这再次彰显了外场观测资料（特别是下投探空廓线）的意义和价值。

4.7 海峡两岸雷达资料无缝拼接试验（RDSSE-TS，2010—2012 年）

TLAPFEX 试验期间，还利用中国气象业务地基多普勒雷达的高分辨率探测资料，发展了适用于登陆台风的多普勒雷达风场反演技术 T-TREC（Tropical Cyclone

Circulation Tracking Reflectivity Echoes by Correlation）和 MGBVTD（Modified Ground Based Velocity Track Display）等，获得了目标台风登陆前后风场结构变化的反演资料，并开展了模式同化研究。结果表明，地基多普勒雷达的高时空分辨率观测资料及其反演的风场，对揭示台风登陆前后环流结构的变化特征具有重要作用，多普勒雷达（风场）资料的同化，能有效改善模式台风涡旋的初始结构，进而显著提高模式对台风过程的预报能力（Zhao et al.，2011）。

受地球曲率的影响，地基雷达的有效视程仅约 300 km。通常 T-TREC 方法仅对台风登陆前后 460 km 的雷达回波进行反演才有效，MGBVTD 方法则更主要适用于台风登陆前后 150 km 的雷达观测，二者组合也仅能解决距近海台风中心方圆 500 km 范围内的雷达监测和精细化反演问题，对距海岸（或岸基雷达）250 km 以外的近海台风环流则无能为力（端义宏 等，2014）。

4.7.1 台湾海峡地区台风活动及观测的特殊性

台湾岛（及台湾海峡地区）位于登陆和影响我国台风的主要通道上，是架设地基雷达等设备监测近海台风是否登陆或影响我国东南沿海的前沿阵地。同时，受台湾岛中央山脉及海 - 陆复杂下垫面地形等影响，途经台湾海峡地区的台风活动多发生结构、路径和强度等的异常变化。如图 4.19 所示，0716 号台风“罗莎”过台湾岛前后，结构出现明显的非对称变化特征，台风路径也在过岛时出现回旋打转现象。

图 4.19 0716 号台风“罗莎”过台湾岛前后的路径（a）及结构变化（b、c）

统计表明，有约 49% 的台风过台湾岛时，路径因结构变化而明显偏折，同时有约 9.8% 的台风过台湾岛时强度能保持甚至增强。此外，台湾岛地形对台风降水的增幅作用显著，台风过台湾岛及台湾海峡前后，降水的非对称性分布特征及其变化明显。

2009 年第 8 号台风“莫拉克”，于 2009 年 8 月 4 日凌晨（北京时）在西北太平洋洋面上生成。5 日凌晨加强为强热带风暴，下午加强为台风。在台湾东部近海停滞了 12 h 左右后，于 7 日夜间（23 时 45 分）在台湾花莲市沿海登陆，登陆时中心附近最大风力有 13 级（40 m/s）。登陆 7 h 之后穿过台湾岛，进入台湾海峡并呈直角向北转向，在台湾海峡滞留了 31 h 后，于 9 日下午（16 时 20 分）在福建省霞浦县沿海再次登陆，登陆时中心附近最大风力有 12 级（33 m/s）。9 日 18 时减弱为强热带风暴，10 日 02 时减弱为热带风暴，11 日 20

时在黄海海域减弱为热带低压，13 日 14 时停止编号。

“莫拉克”的移动路径复杂，在靠近台湾岛前移速较快，8 月 5 日 08 时—7 日 08 时平均移速为 21 km/h，靠近台湾岛东部海面时移速明显减慢，7 日 08 时—8 日 08 时平均移速为 12 km/h，进入台湾海峡后移速进一步减慢，平均移速仅为 7 km/h，国内外主要气象机构的实时预报路径均比实况偏北，误差较大（刘爱鸣 等，2011）。“莫拉克”台风在登陆台湾岛前后和在台湾海峡滞留期间移动异常缓慢，登陆台湾岛后到在福建再次登陆的时间间隔长达 37 h，而一般情况下台风登陆台湾后在福建再次登陆的平均时间间隔仅约 17 h。“莫拉克”台风移速异常缓慢，造成对其在福建再次登陆时间和福建暴雨开始时间的预报偏早。同时，由于“莫拉克”台风在台湾岛和台湾海峡滞留时间长，其环流对台湾岛、福建和浙江的影响时间也长，造成强降水持续时间长、累积雨量大。台湾岛以及福建、浙江均出现了创历史极值的雨量，特别是台湾岛南部连日大暴雨到特大暴雨，遭遇了 50 多年以来最强的一次降水天气过程，嘉义县阿里山乡累积雨量高达 2853.5 mm、屏东县尾寮山 2687.5 mm、高雄县御油山 2517 mm、台南县曾文 1943.5 mm，其中屏东县尾寮山、高雄县溪南、高雄县御油山等单日累积雨量分别高达 1402 mm、1301.5 mm 和 1283 mm，均超过 1997 年“安珀”台风在花莲布洛湾的 1222.5 mm 历史纪录，嘉义县阿里山乡及屏东县尾寮山两日总雨量均超过 2100 mm，也超过 1996 年“贺伯”台风在嘉义县阿里山乡降下 1986.5 mm 的历史纪录，如此之强的特大暴雨造成台湾中南部地区洪水暴发、泥石流等地质灾害泛滥，导致了极其严重的人员伤亡和财产损失（刘俊杰 等，2016）。“莫拉克”台风两次登陆前后的移速缓慢以及在台湾海峡近直角的北转，都属于异常路径。在“莫拉克”途经台湾海峡地区的同时，还有一个 0907 号台风“天鹅”与之共存（图 4.20）。如此罕见的台风路径和特大暴雨，难以做出准确预报（李波 等，2011）。

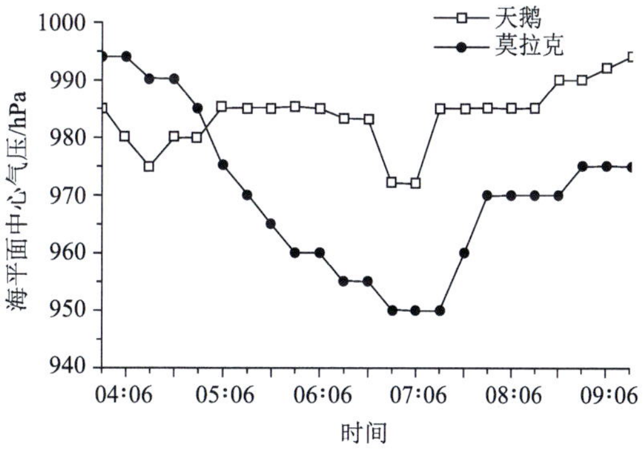

图 4.20　0907 号台风“天鹅”和 0908 号台风“莫拉克”的强度变化

4.7.2　两岸雷达资料的“无缝拼接”

为加强台湾海峡地区复杂地形对台风路径、结构和强度等异常变化的机理研究，提高台湾海峡地区台风路径和强度变化的监测及预报能力，中国气象局上海台风研究所与台湾大学合作，受国家自然科学基金委员会及财团法人李国鼎科技发展基金会联合资助，于 2010—2012 年开展两岸合作项目“海峡地区热带气旋结构和强度异常变化多尺度动力机制研究（40921160381）”的研究。项目的主要科学目标是揭示台风途经台湾海峡地区前后其结构和强度完整变化的精细特征，并从环境场、外围雨带、内核结构及复杂地形边界层过程等多尺度因子相互作用的角度，通过高分辨率数值模拟、诊断分析和伴随敏感试验等方法，加深对台湾海峡地区台风结构和强度异常变化动力机制的认识。

依托该项目，实施了“两岸雷达资料无缝拼接试验”（Radar Data Seamless Stitching Experiment on the Taiwan Strait，RDSSE-TS）。研制了在不改变两岸雷达各自业务运行制式情况下的资料无缝拼接技术，实现了台湾海峡地区两岸 8 部多普勒雷达业务探测资料的无缝拼接，涉及的 8 部雷达是汕头、厦门、福州和温州多普勒雷达，以及中国台湾的垦丁、七股、花莲和五分山多普勒雷达。

RDSSE-TS 试验对 2009—2012 年途经台湾海峡地区的 12 个典型台风个例开展了雷达拼接资料同化及其对台风路径、强度和降水等数值预报性能影响的比对分析。研究表明，提高数值模式分辨率是改进复杂地形区域模式模拟预报能力的有效手段之一。图 4.21 给出的是针对中国气象局上海台风研究所台风业务数值预报模式（GRAPES-TCM）的不同分辨率（15 km 和 9 km），进行台风强度模拟试验的结果。可见，分辨率提高后，模式对 0908 号台风“莫拉克”过台湾岛前后强度的模拟预报能力有一定程度的改进，路径也有明显的改进（图略）。

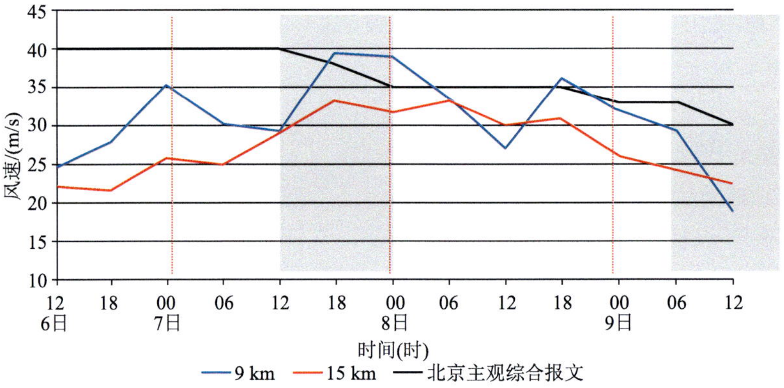

图 4.21　不同分辨率模式对“莫拉克”台风途经台湾海峡期间的强度模拟预报

0908 号台风“莫拉克”二次登陆福建期间，中国气象局上海台风研究所的移动观测车正好预先布设在福建省霞浦县沿海（几乎就在台风二次登陆点的位置）开展外场观测。利用移动观测车观测的 GPS 探空资料，对不同分辨率下（15 km 和 9 km）的数据模式模拟的登陆点附近风的垂直廓线情况进行比较（图 4.22），分析发现，提高模式分辨率后，台风环流内风的垂直廓线分布模拟更接近实况（Tang J et al.，2012）。

同时，随着分辨率的提高，模式模拟的降水量也随之增大。当分辨率高到一定程度后，极易在复杂地形区域产生虚假的重力波及相应的降水（图略）。

4.7.3　两岸雷达“无缝拼接”资料的应用

众所周知，模式初始场中是没有降水的，即初始场中的云水和云冰混合比均为 0，雷达资料的同化是弥补模式初始场中这一缺陷的有效手段。为此，将两岸 8 部多普勒雷达的“拼接”资料进行同化，以期改善初始场中的云水和云冰等取值，并对高分辨率数值模式虚假偏大的降水模拟有所改进。为佐证两岸雷达“拼接”的价值，开展了只同化台湾 4 部雷达（OLTW）、只同化大陆 4 部雷达（OLDL）和同时同化海峡两岸 8 部雷达（ALL）的试验（图 4.23）。

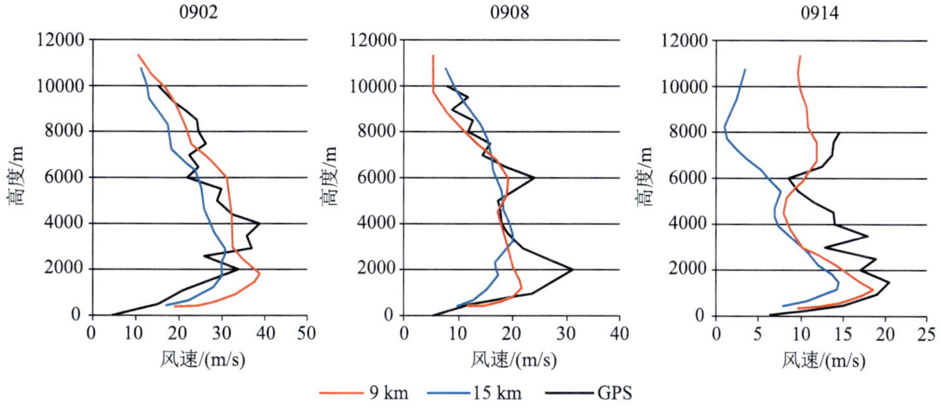

图 4.22 不同分辨率（15 km 和 9 km）模式对“莫拉克”台风的风廓线模拟与移动观测车 GPS 探空对比（a. 9 日 02 时；b. 9 日 08 时；c. 9 日 14 时，北京时）

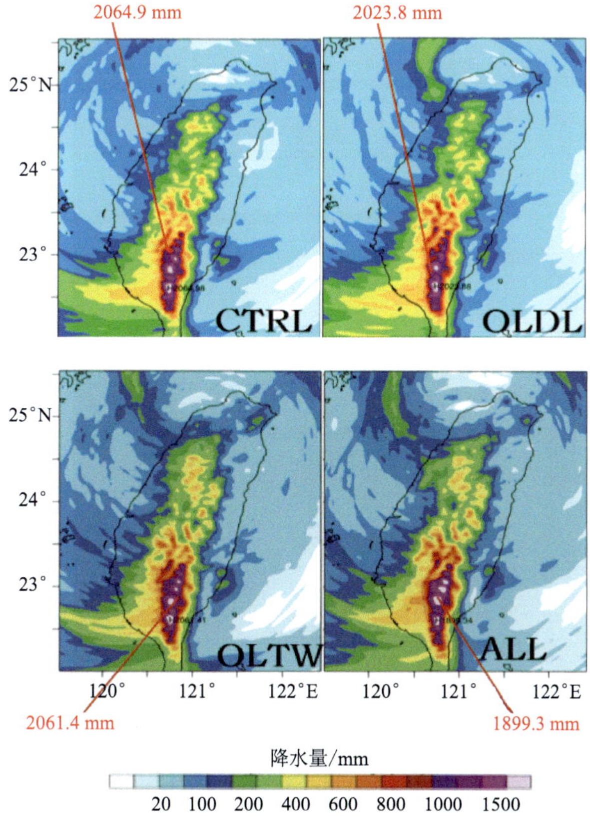

图 4.23 两岸雷达资料同化对高分辨率（1.5 km）模式台湾地区最大降水量虚高模拟的影响（CTRL- 未同化雷达，OLTW- 只同化台湾雷达，OLDL- 只同化大陆雷达，ALL- 同时同化大陆和台湾雷达，下同）

数值试验结果表明，对于台湾地区的降水，只同化台湾雷达资料，对虚高的最大降水量的模拟情况改善不大；大陆雷达资料的同化，能明显改善对最大降水量的虚高模拟，特别是两岸雷达同时被同化时，与实况非常接近（仅相差 3.5 mm，是实况的 0.18%）。同样地，同化台湾地区的雷达资料，对于改善海峡西岸（浙闽交界处）的强降水也极为有效（图 4.24）。

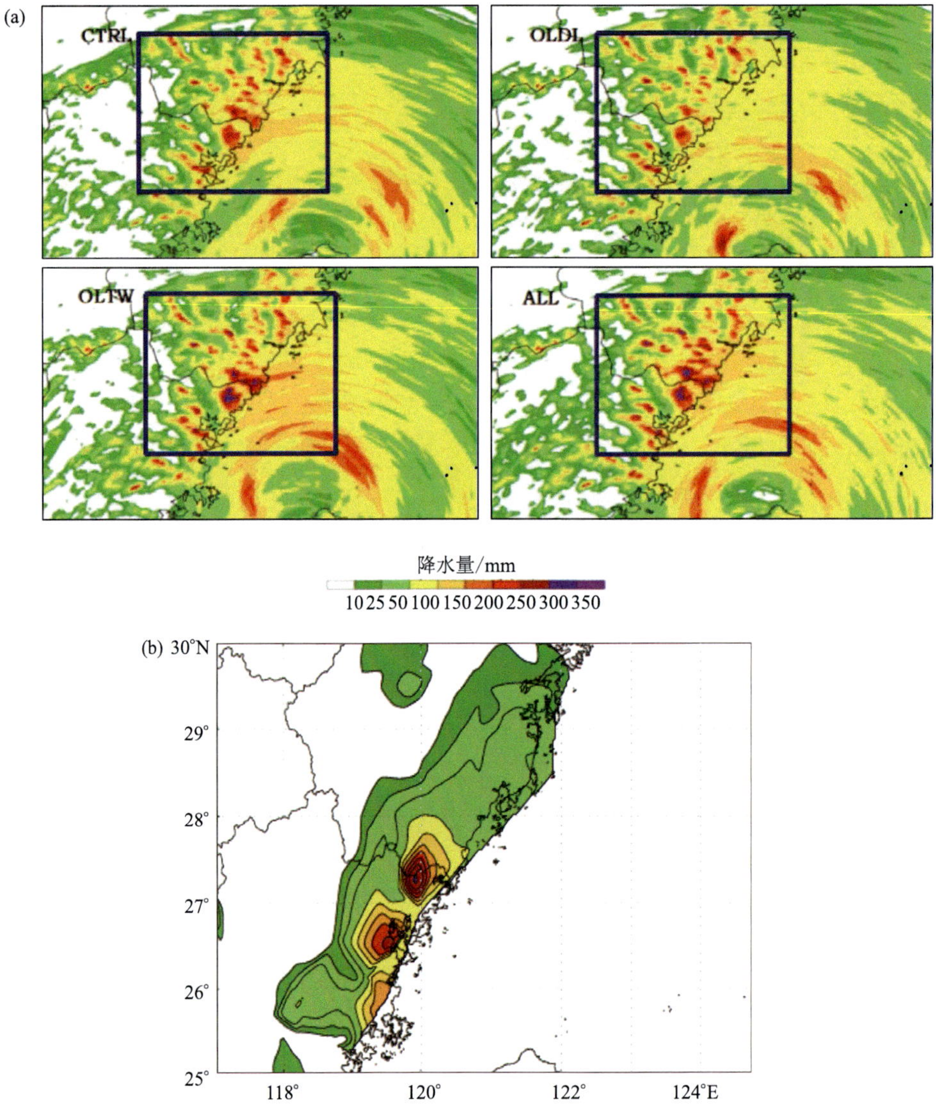

图 4.24　两岸雷达资料同化对高分辨率（1.5 km）模式浙闽地区（8 日 00 时—9 日 00 时）最大降水量模拟结果的影响（a. 模拟；b. 实况）

分析发现，两岸雷达拼接资料试验模拟的次级涡旋结构与实况更为接近，即在次级涡旋南侧出现一条清晰的雨带，该雨带类似于台风眼墙的雨带，该特征与雷达的反射率实况基本一致。另外，两岸雷达资料的同化还能较为准确呈现出次级涡旋南侧雨带与西南气流雨带之间的空隙区，正是该空隙区的存在才减弱了模式夸大的降水，使得试验的

模拟结果更为准确（图 4.25）

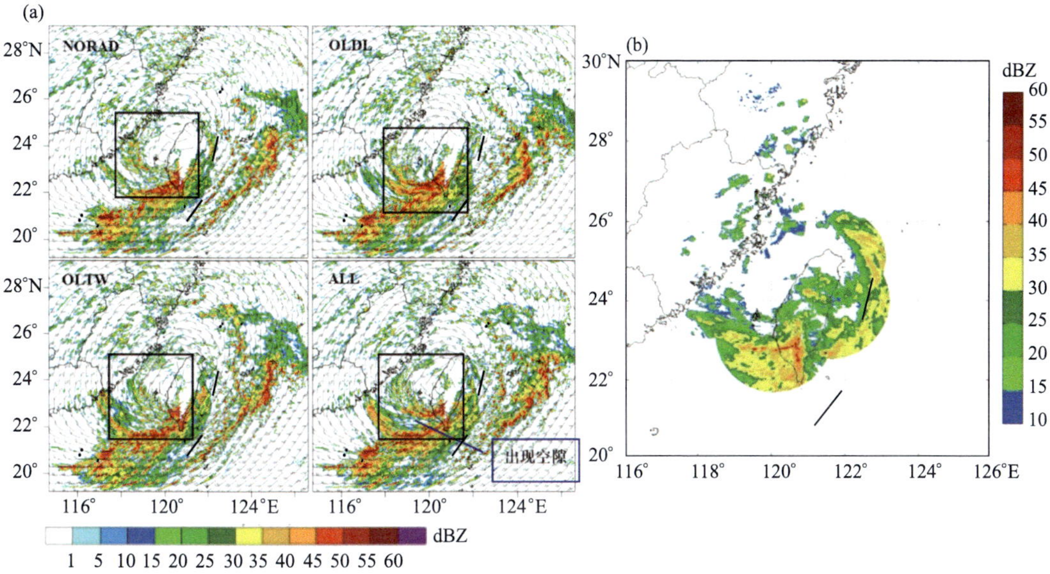

图 4.25　高分辨率（1.5 km）模式模拟的“莫拉克”台风过台湾海峡期间（8 日 08 时，北京时）的雷达反射率和风场分布（a. 模拟；b. 两岸雷达拼图）

图 4.26 给出的是典型台风“莫兰蒂”（0910 号）途经台湾海峡期间，两岸雷达组合反射率的“拼接”图。比较“莫兰蒂”台风登陆前后的“拼图”不难发现，该台风在登陆前后强度基本维持不变，在台湾中央山脉附近产生强回波反映了该地区由于台风环流和地形共同作用产生了地形雨（Zhao et al.，2012）。

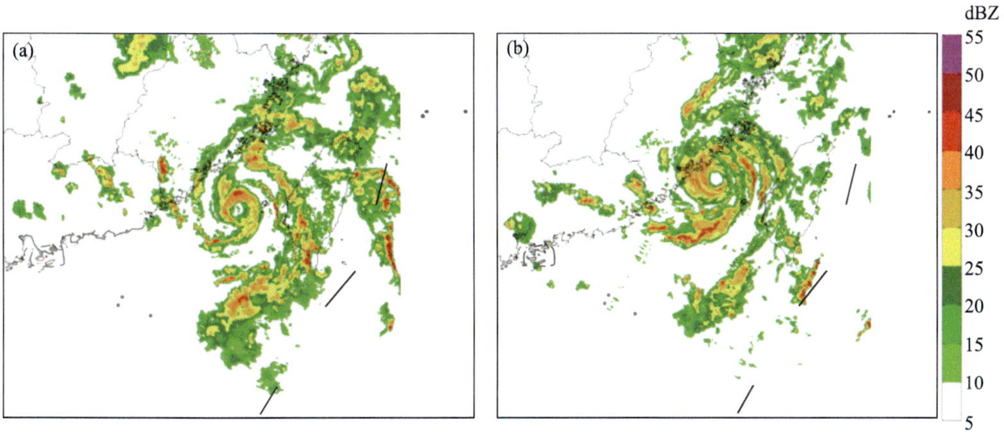

图 4.26　“莫兰蒂”台风途经台湾海峡时两岸雷达组合反射率拼图
（a. 9 月 9 日 14 时；b. 9 月 9 日 17 时，世界时）

两岸雷达“拼接”资料的同化，通过显著改善模式中的台风初始涡旋结构，并最终改进模式对台湾海峡地区的台风路径、强度、降水及台风过台湾岛时在台湾海峡产生的副中心等现象的预报能力。从两岸雷达资料（反射率和径向风）同化对模式初始场中

0910号台风“莫兰蒂”涡旋结构的影响来看，未同化两岸雷达时，风场和海平面气压场上的台风涡旋非常弱，环流很不清晰；同化后的台风低压涡旋结构则非常清晰，而且同时同化径向风和反射率的效果会更好（图略）。

综上所述，RDSSE-TS试验首次实现了两岸（各4部）雷达资料的“无缝拼接”，并利用台风业务模式对“拼接”效果进行了数值试验。结果表明，提高模式分辨率能有效改进模式台风结构的（再）分析质量，但是模式分辨率太高，降水预报会明显偏大；雷达资料的同化，能有效改善因模式分辨率提高而造成的降水预报偏大的现象；两岸雷达资料的“拼接”与同化，能有效改进台风过台湾海峡前后的位置及两岸地区的降水预报，同化台湾的雷达资料，不仅能改善台湾地区的降水预报，而且能改善大陆（台湾海峡西岸）的降水预报，反之亦然。

4.8 华东沿海台风探测特征分析

4.8.1 华东沿海地带台风风廓线特征的观测个例分析

利用2007年“韦帕”、2009年“莫拉克”、2010年“凡亚比”和2011年“梅花”4个台风的GPS探空数据，对我国华东近海和沿海地带的风廓线特征进行分析（方平治 等，2013）。首先求出梯度风速及其对应的高度，在此基础上利用指数律和对数律对风廓线进行拟合，并计算幂指数、地表风速和梯度风速的风速比，以及由对数律定义的常通量层高度等参数，对梯度风高度和常通量层高度进行比较。其次通过4个台风的平均风廓线对上述各参数进行计算，并和风廓线各参数的平均值进行对比。最后对梯度风高度以下风速沿高度偏离对数律的原因进行讨论（图4.27）。结果表明：

（1）华东沿海地带登陆台风平均风廓线的地表风速和梯度风速比值的平均值在0.2左右，明显低于Vickery等（2009）的研究结果。主要原因是随着台风经过台湾岛以及二次登陆，梯度风高度增加，梯度风速受地形的影响较小或保持不变；而地表风速由于复杂地形引起的摩擦大幅度减小，从而风速比值大幅度减小。需要特别指出的是，如果采用常通量层高度对应的风速，这里的风速比值与Vickery等（2009）的研究结果基本相当。

（2）华东沿海地带登陆台风平均风廓线的梯度风高度平均值为3000 m左右，常通量层高度平均值为200 m左右，两者之间存在明显差异。梯度风高度以下，随高度的增加风廓线逐渐偏离对数律，与Vickery等（2009）关于深海台风的研究结果存在明显差异。

（3）由于台湾岛的存在，梯度风速保持不变或变化不大条件下梯度风高度上升，同时形成和较大粗糙度相适应的陆地条件下的常通量层；随着台风进入台湾海峡，下垫面对应的粗糙度经历由大变小的过程，相应地，边界层底部的动量通量减小，风速变大，

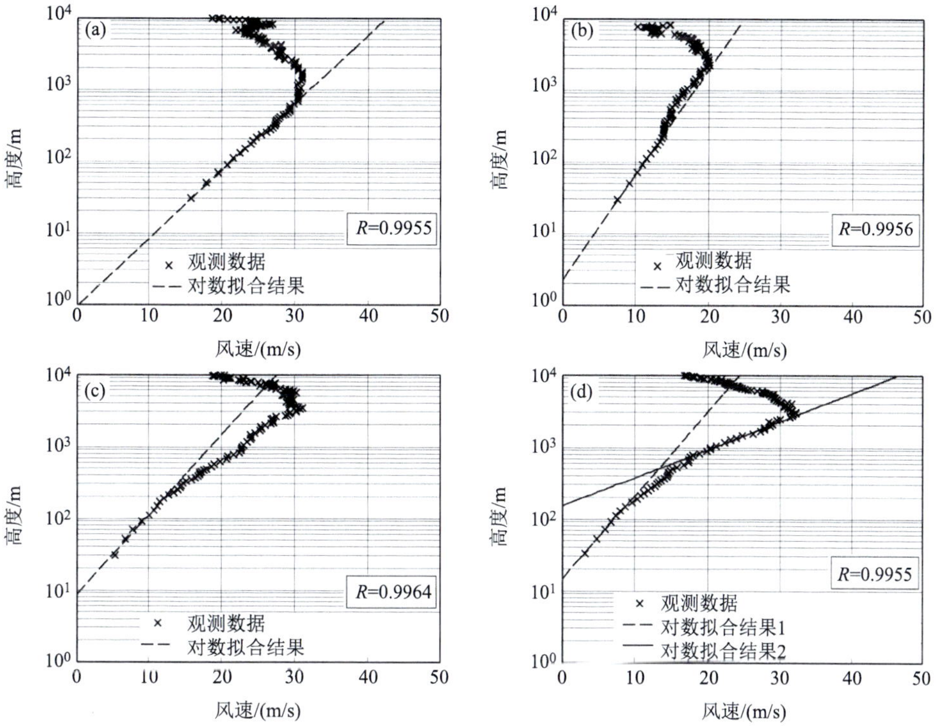

图 4.27 平均风廓线

（a.“梅花”台风；b.“凡亚比”台风；c.“韦帕”台风；d.“莫拉克”台风）

从而使风廓线沿高度方向逐渐偏离对数律。风廓线偏离对数律的原因需要进一步验证。

（4）对于在我国华东登陆，特别是受台湾岛影响较大的台风，单独的对数律已难以全面描述梯度风高度以下风速沿高度的变化规律，有必要同时引入指数律。

4.8.2 台风影响下福州地区风廓线特征

利用 2005—2009 年严重影响福州地区的 15 个台风，共 91 条风廓线，对台风影响下福州地区风廓线特征进行研究。由于包括台湾岛在内的陆地过程的影响，并考虑到福建省沿海地带的复杂地形，采用基于梯度风速和梯度风高度的指数律对梯度风高度以下的风廓线进行描述，在此基础上对幂指数以及 10 m 高度的地表风速和梯度风速的风速比进行计算。以台风中心到福州气象站的距离为参数，对风廓线各特征参数在台风登陆过程中的变化趋势进行分析（图 4.28）。结果表明：

（1）台风影响下福州地区风廓线的梯度风速小于 45 m/s，平均值为 23.60 m/s；梯度风高度低于 6 km，平均值为 2.90 km；幂指数主要分布在 0.1～0.7，平均值为 0.43；风速比主要分布在 0.3 以下，平均值为 0.12。

（2）幂指数和风速比与梯度风高度之间存在明显的函数关系，即随着梯度风高度的增加，幂指数减小，风速比增加。

（3）对于不同台风以及相同台风的不同风廓线，尽管梯度风高度变化很大，但风速比和幂指数的关系可以用指数衰减函数很好地拟合出来，这可能与梯度风高度和幂指数之间存在某种复杂的函数关系有关。目前尚不明确其他站点的数据是否有类似的指数衰减规律，以及所有的站点是否满足相同的指数衰减规律。该拟合关系提供了一种获得梯度风速和梯度风高度的可能方法。

（4）随台风中心到观测地点距离的增加，梯度风速减小、梯度风高度和幂指数增大；距离对风速比的影响很小，仅有减小趋势。

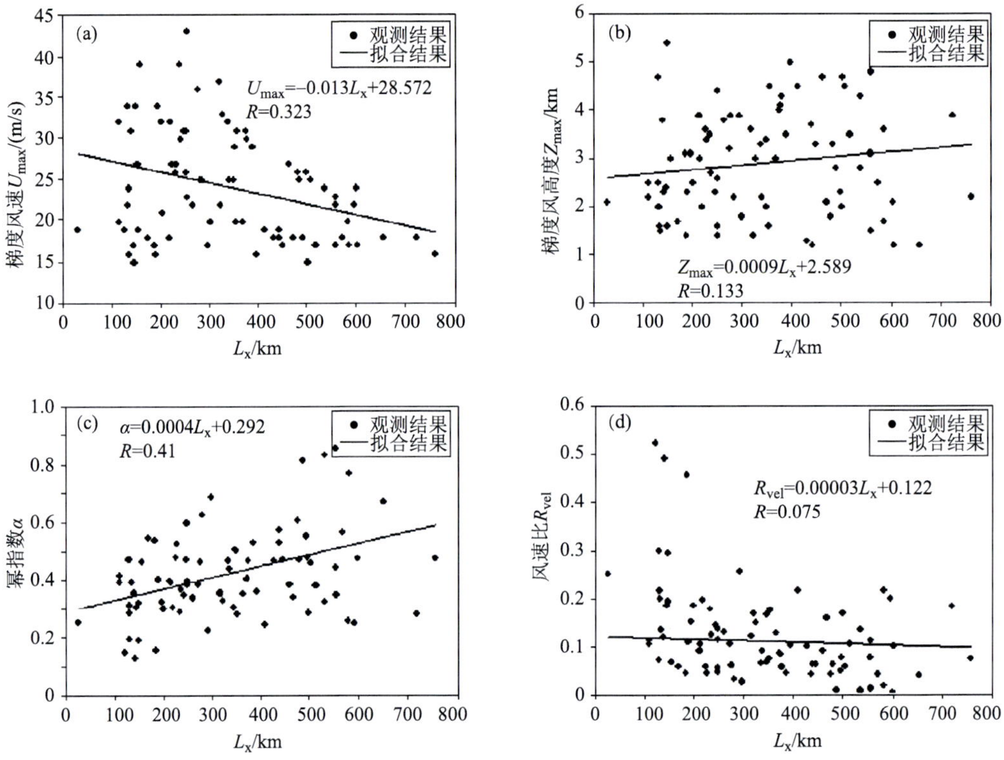

图 4.28　台风中心到观测地点的距离（L_x）对梯度风速（a）、梯度风高度（b）、幂指数（c）和风速比（d）的影响

4.8.3　中等到强风条件下近海拖曳系数随风速变化的观测分析

利用福建省漳浦县赤湖镇海岸位置处 100 m 风塔提供的 4 层风速观测数据，采用风廓线法，计算台风和非台风条件下海上来风的拖曳系数（方平治 等，2013）。由于地形复杂而非理想条件，必须对观测数据进行系统和严格的质量控制，涉及海拔高度对海上来风观测数据所代表高度的影响、风向对数据平稳性的影响、数据丢失及其补齐，以及对数律风廓线的精度等（图 4.29、图 4.30）。

（1）尽管观测风塔位于海岸附近，但内边界层的计算结果表明，该位置处海上来风（0°—225°）的下垫面在风速较大时（u_{10}>5.5 m/s）具有近海海面的特征。相应地，对于本章提到的海上来风，各观测层的高度应从海平面开始（考虑海拔高度 29 m），即各观测层的高度分别为 55.6 m、71.4 m、89.4 m 和 111.9 m。

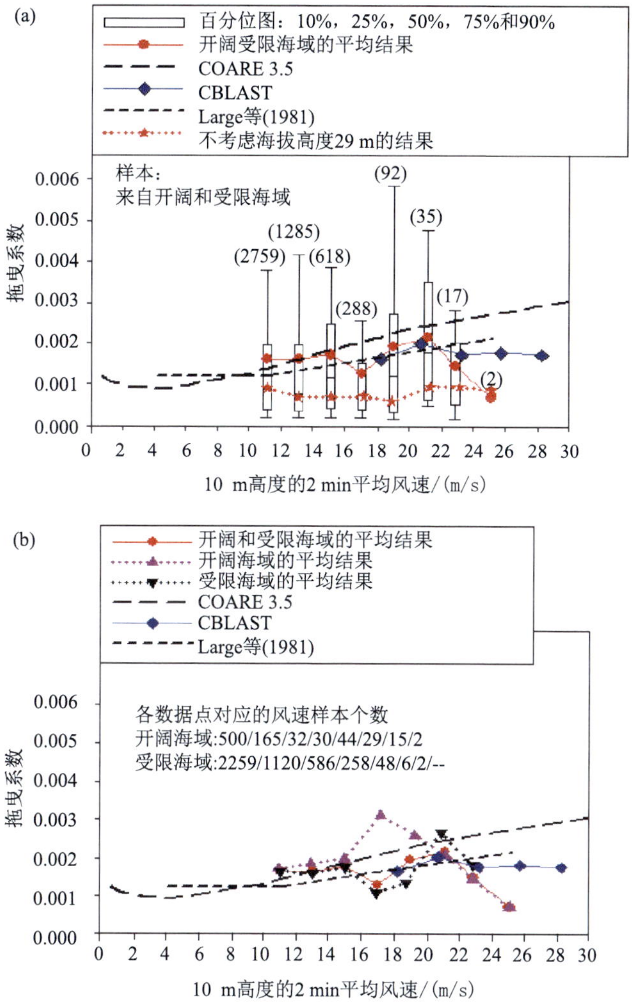

图 4.29 拖曳系数随风速的变化关系（图中 COARE3.5 表示耦合海气响应试验 3.5 版本，是目前国际主流使用的参数化方案，a 图括号中的数值表示样本个数，下同）

（a. 不区分开阔海域和受限海域条件下；b. 开阔海域和受限海域条件下）

（2）拖曳系数观测结果具有很大的离散性，包括了 10^{-6}～10^{5} 数量级。其中，10^{-4}～10^{-2} 的样本占总样本（24562）的 86.9%，和已有文献拖曳系数的量级主要为 10^{-3} 有明显的区别；10^{-1}～10^{5} 的样本占总样本的 8.2%，拖曳系数较大的原因主要与大气稳定性有关；10^{-6}～10^{-5} 的样本占总样本的 4.8%，这可能与海洋表面的超光滑状态有关。风速大于 20 m/s 的样本均由台风引起。

（3）总体而言，当风速大于 10 m/s 时，随风速的增大，拖曳系数增大，21 m/s 达到极大值；随着风速的进一步增大，拖曳系数减小。

（4）尽管所有样本条件下拖曳系数随风速的变化规律和目前模式中广泛应用的风速参数化方案比较一致，但涉及具体观测条件，变化规律大不相同。本章的分析结果表明，近海条件下，受海岸线的影响，海况和波龄与风向密切相关；在使用基于开阔海域海浪充分发展假设的拖曳系数风速参数化方案时，有必要考虑风向产生的影响。

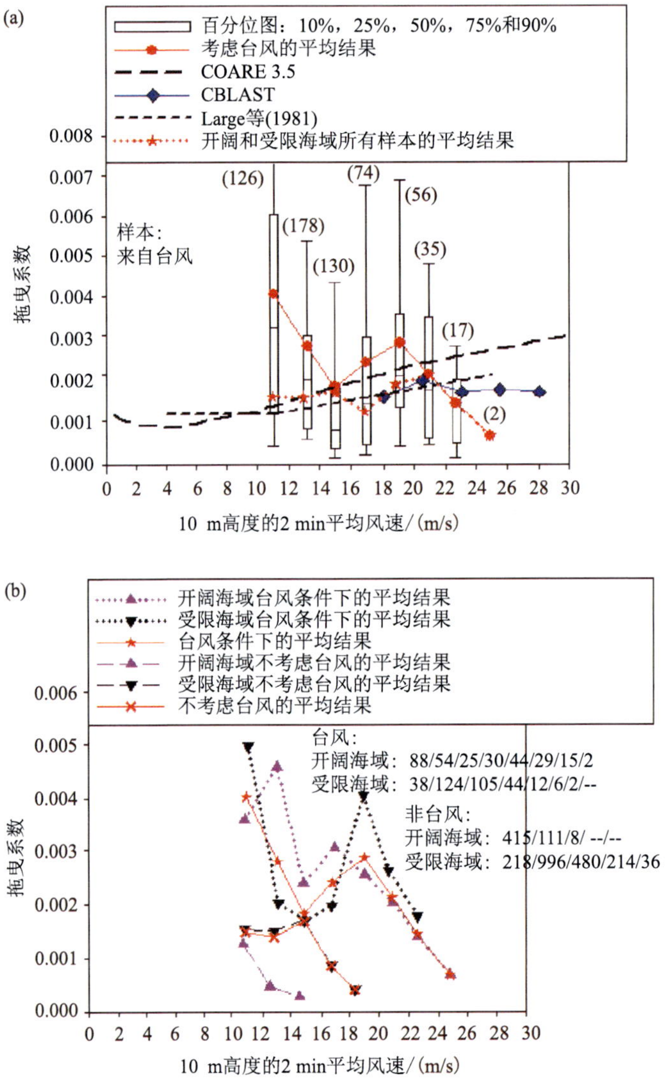

图 4.30　台风和非台风条件下拖曳系数随风速的变化关系

（a. 台风条件下；b. 台风和非台风以及开阔海域和受限海域条件下）

4.9　台风野外观测资料及数据库建设

自 2007 年上海台风研究所启动“台风野外移动观测计划”以来，在国家“973”计划和国家重点研发计划的项目支持下，上海台风研究所进行了一系列野外台风探测试验，同时也收集了大量的台风科学探测数据，主要包括 34 个台风的野外特种观测、常规观测、卫星资料和雷达资料，涉及台风中心和附近的大气廓线、地表属性、海表属性、降水、温度、水汽、大风等多个方面的要素。

另外，2009 年上海台风研究所开始建设位于浙闽交界处的华东登陆台风野外观测基地，并于 2019 年正式建成挂牌。该基地有 3 个不同高度的平台，布设了多种新型观测设备，开展了对近海和登陆台风的不间断持续观测。同时，与浙江及海南省气象局合作，形成了以浙闽交界处的野外探测基地为主站，浙江台州大陈岛、温州平阳及海南三亚为观测点的“一站多点”观测网，对华东及海南近海和登陆台风开展全方位监测，获取了大批珍贵资料。

4.9.1 台风野外观测个例清单及观测数据

截至 2022 年 10 月 20 日，上海台风研究所共观测台风 25 个（清单见表 4.1）；另结合其他合作项目合作方观测的台风 9 个，共收集到 34 个台风观测资料集，观测数据清单见表 4.2。以华东登陆台风野外观测基地为主形成的“一站多点”观测网探测资料清单见表 4.3。

表 4.1 野外台风观测清单

年份	编号和名字	观测时间	观测地点
2007	0709“圣帕”	8 月 18—19 日	福建省泉州市惠安县崇武镇，登陆点附近
	0713“韦帕”	9 月 18—19 日	浙江省象山，台风中心以北 200 km
2008	0808“凤凰”	7 月 29—30 日	福建省泉州市惠安县崇武镇，台风中心以南 70 km
2009	0908“莫拉克”	8 月 7—11 日	福建宁德，台风中心以南 50 km
2010	1011“凡亚比”	9 月 19—20 日	福建古雷镇，登陆点北边
2011	1109“梅花”	8 月 6—7 日	上海小洋山港，台风中心以西 150 km
2012	1211“海葵”	8 月 6—8 日	浙江嘉兴，内陆
2013	1307“苏力”	7 月 12—13 日	福建省宁德市霞浦县三沙镇，台风中心以北 80 km
2014	1416“凤凰”	9 月 21—23 日	浙江省台州温岭市东海塘，北上台风
2015	1509“灿鸿”	7 月 10—11 日	浙江省台州温岭市东海塘，台风中心以西 100 km
	1513“苏迪罗”	8 月 8—9 日	福建省宁德市霞浦县三沙镇三澳村，台风中心以北 200 km
	1522“彩虹”	10 月 3—4 日	海南省万宁市日月湾南，台风中心以南 80 km
2016	1601“尼伯特”	7 月 7—10 日	福建省宁德市霞浦县三沙镇三澳村
	1614“莫兰蒂”	9 月 14—15 日	福建省泉州石狮市永宁镇，台风中心以北 50 km
	1617“鲇鱼”	9 月 27—28 日	福建省宁德市霞浦县三沙镇三澳村
	1621“莎莉嘉”	10 月 17—18 日	海南省万宁市日月湾，登陆点附近

续表

年份	编号和名字	观测时间	观测地点
2018	1808“玛莉亚”	7月10—11日	福建省宁德市霞浦县三沙镇三澳村
	1810“安比”	7月21—22日	江苏苏州，台风影响区
	1812“云雀”	8月2—3日	上海临港，台风登陆东边20 km
2019	1909“利奇马”	8月8—10日	浙江舟山，台风登陆东边150 km
2020	2016“浪卡”	10月12—14日	海南琼海，台风登陆点附近
2021	2106“烟花”	7月24—25日	浙江舟山，台风登陆东边120 km
2022	2211“轩岚诺”	9月3—5日	上海浦东临港
	2212“梅花”	9月13—15日	上海浦东惠南镇，台风登陆影响区
	2216“奥鹿”	9月27—28日	海南琼海，台风北边逾200 km

表4.2 野外探测数据清单（只列野外特种观测）

年份	编号和名字	数据清单
2007	0709“圣帕”	移动GPS探空，杭州、衢州、洪家、邵武、福州、龙岩和厦门探空
	0713“韦帕”	移动GPS探空，杭州、衢州、洪家、邵武、福州、龙岩和厦门探空
2008	0808“凤凰”	移动GPS探空，微波辐射计观测；邵武3 d探空
2009	0908“莫拉克”	超声风速仪观测，微波辐射计观测，激光雨滴谱仪观测，GPS探空，车载风廓线雷达，车载自动气象站，梯度风塔
	0906“莫拉菲”	风廓线雷达，激光雨滴谱，梯度风塔
	0907“天鹅”	风廓线雷达，激光雨滴谱，梯度风塔，GPS探空，机载下投式探空资料，通量观测
	0915“巨爵”	风廓线雷达，激光雨滴谱，梯度风塔，GPS探空，微波辐射计
2010	1011“凡亚比”	激光雨滴谱仪观测，GPS探空，通量观测，测波雷达，车载风廓线雷达，车载自动气象站，微波辐射计
	1003“灿都”	风廓线雷达，通量观测，GPS探空，测波雷达，微波辐射计
	1006“狮子山”	风廓线雷达，通量观测，GPS探空，测波雷达
	1013“鲇鱼”	风廓线雷达，通量观测，GPS探空，测波雷达，微波辐射计
2011	1104“海马”	风廓线雷达，通量观测，GPS探空，测波雷达，海上浮标
	1108“洛坦”	风廓线雷达，通量观测，GPS探空，测波雷达，海上浮标
	1117“纳沙”	风廓线雷达，通量观测，GPS探空，海上浮标，测波雷达
	1109“梅花”	激光雨滴谱仪观测，GPS探空，车载风廓线雷达，车载自动气象站
2012	1211“海葵”	激光雨滴谱仪观测，GPS探空，车载风廓线雷达，车载自动气象站
2013	1307“苏力”	激光雨滴谱仪观测，GPS探空，车载风廓线雷达，车载自动气象站

续表

年份	编号和名字	数据清单
2014	1416“凤凰”	激光雨滴谱仪观测，GPS 探空，车载风廓线雷达
2015	1509“灿鸿”	激光雨滴谱仪观测，GPS 探空，车载风廓线雷达，车载自动气象站，微波辐射计，台州地面气象站
	1513“苏迪罗”	由于车进水，资料无
	1522“彩虹”	火箭下投式探空和微波辐射计观测
2016	1601“尼伯特”	激光雨滴谱仪观测，GPS 探空，车载风廓线雷达
	1614“莫兰蒂”	激光雨滴谱仪观测，GPS 探空，车载风廓线雷达，微波辐射计
	1617“鲇鱼”	激光雨滴谱仪观测，GPS 探空，车载风廓线雷达，微波辐射计
	1621“莎莉嘉”	GPS 探空，微波辐射计，雨滴谱，自动气象站
2018	1808“玛莉亚”	GPS 探空，风廓线，雨滴谱，自动气象站，70 m 梯度风塔
	1810“安比”	S 波段雷达，X 波段雷达，风廓线雷达，激光雨滴谱，探空
	1812“云雀”	S 波段雷达，X 波段雷达，激光雨滴谱，风廓线雷达，探空
2019	1909“利奇马”	车载自动气象站，车载雨滴谱，GPS 探空，车载风廓线雷达
2020	2016“浪卡”	车载自动站，车载雨滴谱，GPS 探空，车载风廓线雷达 滕盾无人机 TW328（20201012）– 风温压 南航无人机 FX30（20201012）– 风温湿压 爱尔达无人机 FH92（20201012）– 温湿压 华讯方舟 RF90（20201013）– 风温湿压 佐格无人机 UAV6000（测风雷达 20201012–20201013，云高仪 20201012–20201014） 9394 火箭探测 HK 飞机观测（20201012–20201013）– 风温湿压
2021	2106“烟花”	移动车（20210724–20210725）– 自动站，雨滴谱，GPS 探空，风廓线雷达，激光测风雷达（20210724–20210725）
2022	2211“轩岚诺”	车载自动气象站，车载雨滴谱，车载风廓线雷达，激光测风雷达
	2212“梅花”	车载自动气象站，车载雨滴谱，车载风廓线雷达，激光测风雷达
	2216“奥鹿”	车载自动气象站，车载雨滴谱，车载风廓线雷达，车载 GPS 探空，火箭下投探空

表 4.3 “一站多点”观测网探测资料清单

设备名称	型号	数量	观测时段	建设地点
对流层风廓线雷达	TWP16	1	2019 年至今	福建三沙台风基地
地基多通道微波辐射计	QFW–6000	1	2019 年至今	福建三沙台风基地
拉曼激光雷达	JD121–D300	1	2020 年至今	福建三沙台风基地
激光测风雷达	Windprint S4000	1	2019 年至今	福建三沙台风基地
梯度风塔（超声风温仪）	Windmaster pro	2	2019 年至今	福建三沙（岸边 70 m 塔 1 座，海上 100 m 塔 1 座）

续表

设备名称	型号	数量	观测时段	建设地点
激光雨滴谱仪	PARSIVEL2	9	2019 年至今	福建三沙台风基地、浙江台州大陈岛、温州平阳
微型测雨雷达	MRR-2	2	2019 年至今	福建三沙台风基地、浙江台州大陈岛
涡动通量仪	EC100	4	2019 年至今	福建三沙台风基地、浙江台州大陈岛、温州平阳
毫米波双偏振多普勒云雷达	SCRMP-04	1	2015 年至今	浙江台州大陈岛
微波辐射计	MWP967KV	1	2015 年至今	浙江台州大陈岛
100 m 梯度风塔（三维超声风速仪、强风仪、六要素自动气象站）	Windmaster pro、RM Young 18001、GMX600	3	2020 年至今	海南三亚
地基遥感水汽监测系统	GR25	16	2018 年至今	上海（5 个观测站）、浙江（5 个观测站）、福建（6 个观测站）

4.9.2 数据库建设

通过数据规范化整理、元数据提取，已初步形成了基于 34 个台风的多个观测数据集，数据总量近 18 TB，其中野外特种探测数据量近 1 TB，常规观测及卫星、雷达资料收集数据量近 9 TB，基地探测网观测数据量近 8 TB。以 SQL Server 2012 作为数据库管理系统，分二维表结构数据和文件系统数据共 2 类进行数据存放和管理。

4.9.2.1 元数据标准设计

参照气象数据集核心元数据设计台风野外探测资料元数据标准（表 4.4—表 4.12）。

表 4.4　元数据信息

序号	名称	定义	性质 / 约束条件	最多出现次数	数据类型	值域
1	元数据信息	定义有关资源的元数据的根实体	M	1	类	1.1–1.9
1.1	作者	对元数据信息负责的人名或头衔	M	N	字符串	自由文本
1.2	作者单位	对元数据信息负责的单位	M	N	字符串	自由文本
1.3	创建日期	元数据创建的日期	M	1	日期型	CCYY–MM–DD，GB/T 7408—1994
1.4	标准名称	执行的元数据标准名称	O	1	字符串	自由文本
1.5	版本	执行的元数据标准版本	O	1	字符串	自由文本

续表

序号	名称	定义	性质 / 约束条件	最多出现次数	数据类型	值域
1.6	主题	元数据描述的资源关键信息	O	1	字符串	自由文本
1.7	参考信息	元数据编制时的参考 / 引用信息	O	1	字符串	自由文本
1.8	元数据维护信息	有关元数据更新的相关信息	O	1	日期型和字符串	类似 1.3 和自由文本
1.9	发布方	元数据的发布方	O	1	字符串	自由文本

注：M（Mandatory）或 O（Optional）用于定义元数据字段的必填性或可选性；N 表示次数大于 1。

表 4.5 数据集本体信息

	名称	定义	性质 / 约束条件	最多出现次数	数据类型	值域
2	标识信息	唯一定义或描述该数据集（资源）的基本信息	使用参照对象的约束条件	使用参照对象的最大出现次数	聚集类	2.1–2.7
2.1	名称	数据集描述名	M	1	字符串	自由文本
	语言	数据集采用的语言	C/ 不用编码定义	1	字符串	GB/T 4880.2—2000
	字符集	数据集采用的字符编码标准的全名	C/ 不执行 GB2312，且不用编码定义	1	类	见字符集代码表
	摘要	资源内容的简单说明	M	1	字符串	自由文本
	数据集状况	资源的进展状况	O	N	字符串	自由文本
2.2	数据集负责方	资源负责单位相关信息	O	1	参考每一项	包括 2.2 所列内容
	负责人名	对资源负责的人的名称	O	1	字符串	自由文本
	负责单位名	对资源负责的单位名称	O	1	字符串	自由文本
	职责	对资源负责的人的职责	O	1	字符串	自由文本（技术联系人或数据集提供者或管理者）
	联系电话 / 传真	资源单位联系电话 / 传真	O	1	字符串	自由文本
	详细地址	资源单位详细地址	O	1	字符串	自由文本
	Email	资源单位联系电子信箱	O	1	字符串	自由文本
2.3	数据集引用信息	资源引用的资料等信息	O	1	字符串	自由文本

续表

	名称	定义	性质 / 约束条件	最多出现次数	数据类型	值域
2.4	数据集格式信息	资源格式信息	O	1	参考每一项	包括 2.4 所列内容
	数据类型	资源数据类型	O	1	字符串	1- 文本，2- 矢量，3- 栅格，4- 影像，5- 关系型
	软件名称及版本	浏览资源所用软件名称及版本	C/ 若数据类型为 2、3、4，则需说明	1	字符串	自由文本
2.5	学科分类关键词	用于描述学科的通用词、形式化词或短语	M	N	字符串	自由文本
2.6	数据集类型	资源的学科分类信息	M	1	参考每一项	2.6 各项
	分类标准	学科分类标准名称	M	1	字符串	自由文本
	类别名称	资源所属学科类别名称	M	1	字符串	自由文本
	类别代码	资源所属学科类别代码	M	1	字符串	自由文本
2.7	覆盖范围	包括数据集空间范围和时间范围信息	O	N	类	2.7 各项
2.7.1	空间范围描述	资源空间范围描述信息	O	1	参考每一项	2.7.1 各项
	地理范围描述	空间范围简要文字描述	O	1	字符串	自由文本
	最东经度	最东边界（用十进制度表示的经度，东半球为正）	O	1	实型	-180.0 ～ 180.0
	最西经度	最西边界（用十进制度表示的经度，东半球为正）	O	1	实型	-180.0 ～ 180.0
	最南纬度	最南边界（用十进制度表示的纬度，北半球为正）	O	1	实型	-90.0 ～ 90.0
	最北纬度	最北边界（用十进制度表示的纬度，北半球为正）	O	1	实型	-90.0 ～ 90.0

续表

	名称	定义	性质 / 约束条件	最多出现次数	数据类型	值域
2.7.2	时间范围描述	数据集的时间范围描述信息	O	1	参考每一项	2.7.2 各项
	起始时间	数据集信息描述起始时间	O	1	日期型	CCYY-MM-DD，HH-MM-SS，GB/T 7408—1994
	终止时间	数据集信息描述终止时间	O	1	日期型	CCYY-MM-DD，HH-MM-SS，GB/T 7408—1994

注：C（Conditional，条件必填），该字段的必填性依赖特定条件，只有满足条件时才需要提供，否则可忽略。

表 4.6　数据集限制信息

	名称	定义	性质 / 约束条件	最多出现次数	数据类型	值域
3	数据集限制信息	关于使用、访问、获取数据资源的限制信息	M	1	参考每一项	3.1–3.2
3.1	使用者注意事项	使用者注意事项	O	1	字符串	自由文本
3.2	访问限制	定义访问该数据集或元数据的权限	M	1	整型（共享级别）	0～4

表 4.7　分发信息

	名称	定义	性质 / 约束条件	最多出现次数	数据类型	值域
4	分发信息	描述该数据集发布或如何获取该资源的相关信息	使用参照对象的约束条件	使用参照对象的最大出现次数	参考每一项	4.1–4.2
4.1	数字化传输信息	描述从发布者那里获得该数据集的方式和媒介	O	1	参考每一项	4.1 各项
	网上资源定位符（在线）	资源在线 url	O	1	字符串	自由文本
	网上资源定位符（离线）	资源离线 url	O	1	字符串	自由文本
	发行格式	分发数据的格式说明	O	N	字符串	自由文本
	数据量	数据资源量级	O	1	字符串	数值
	发行版本	分发版本	O	1	字符串	自由文本

续表

	名称	定义	性质 / 约束条件	最多出现次数	数据类型	值域
4.2	介质信息	用于在介质上记录数据的方法	O	N	参考每一项	4.2 各项
	存储介质	资源存储介质说明	O	1	字符串	自由文本
	数据库管理软件、类型、版本	管理资源的软件信息	O	1	字符串	自由文本
	数据库服务器操作系统类型、版本	管理资源的服务器信息	O	1	字符串	自由文本

表 4.8　数据质量信息

	名称	定义	性质 / 约束条件	最多出现次数	数据类型	值域
5	数据质量信息	数据质量范围确定的数据质量信息	使用参照对象的约束条件	使用参照对象的最大出现次数	聚集类	5.1–5.2
5.1	数据源说明	描述数据源的信息	O	1	字符串	自由文本
	获取方式	数据获取方式	O	1	字符串	自由文本
	搭载平台	数据获取搭载平台	O	1	字符串	自由文本
	项目	获取该数据集的项目或课题名称	O	1	字符串	自由文本
	观测或统计频次	资源更新频次	O	1	字符串	自由文本
5.2	数据质量控制信息	描述数据质量控制的信息	O	1	参照每项	5.2
	说明	数据质量简要说明	O	1	字符串	自由文本
	处理过程	数据质量控制、处理采用的方式或方法	O	1	字符串	自由文本

表 4.9　数据集维护信息

	名称	定义	性质 / 约束条件	最多出现次数	数据类型	值域
6	数据集维护信息	描述该数据集更新范围和频率的信息	O	1	类	6.1
6.1	数据集维护信息	描述该数据集更新范围和频率	O	1	字符串	自由文本

表 4.10　参照系统信息

	名称	定义	性质 / 约束条件	最多出现次数	数据类型	值域
7	参照系统信息	数据集使用的空间参照系	O	1	参照各项	7.1
7.1	参照系统信息	数据集使用的空间参照系	O	1	字符串	自由文本

表 4.11　内容信息

	名称	定义	性质 / 约束条件	最多出现次数	数据类型	值域
8	内容信息	数据集主要内容说明	O	1	参照各项	8.1
8.1	内容信息	描述该数据集主要要素（参数）内容	O	1	字符串	自由文本

表 4.12　引用信息

	名称	定义	性质 / 约束条件	最多出现次数	数据类型	值域
9	引用信息	访问该数据集或元数据的限制	M	1	类	9.1–9.5
9.1	作者	数据集作者	O	1	字符串	自由文本
9.2	标题	数据集名称	O	1	字符串	自由文本
9.3	出版日期	数据集出版日期	O	1	日期型	CCYY-MM-DD，GB/T 7408—1994
9.4	版权所有者	数据集版权所有者	O	1	字符串	自由文本
9.5	版本	数据集版本	O	1	字符串	自由文本

4.9.2.2　表结构设计

除卫星、雷达等观测以文件系统进行存放，统一以记录序号、台风序号、时间或其组合作为主索引建立文件信息存储表外，其他所有特种观测资料根据观测频度逐条记录建立观测要素描述二维表，并逐条入库，同样以记录序号、台风序号、时间或其组合作为主索引。根据不同设备不同型号观测要素的差异分别单独进行属性字段定义，但所有表需包含属性字段，如表 4.13 所示。

表 4.13　数据表必需字段

字段名	中文名	数据类型	长度	精度	非空	默认值	备注
D_DATA_ID	数据编码	VARCHAR	10	0	否		
D_IYMDHM	入库时间	DATETIME					
D_RYMDHM	接收时间	DATETIME					
D_UPDATE_TIME	更新时间	DATETIME					
D_DATETIME	数据资料时间	DATETIME					
TFBH	编号	VARCHAR	30				

4.9.2.3　数据入库

依据表 4.6 中 3.1-3.2 设定标准，读取探测资料并进行常规空间和时间检查、奇异值剔除等基本质量控制后入库。

4.9.3　共享和服务

所有数据基于中国气象局热带气旋资料中心和台风科学数据共享服务网站分别开展面向公众和行业内部的共享和服务。同时，面向特定单位特定人员开展离线服务，服务单位和项目见表 4.14。2007—2022 年，以离线方式为项目用户提供的数据共享服务已达 5 TB。共享服务具备以下特点：

（1）数据获取便捷。在线获取数据无须等待邮件通知，无数据下载量限制。

（2）辅助信息全面。用户不仅能够了解到各数据集时空范围、时空分辨率、数据量、主要参数等必要信息，而且可以获得相关数据产品有关卫星平台、观测仪器、投影方式、数据处理过程、产品反演算法、数据质量状况的大致说明，以及部分数据集的参考文献等重要信息。

随着台风野外探测的深入开展，上海台风研究所将逐步提供更多的数据资源，共享服务的力度也不断加大，使气象及其相关领域科研工作者能够获得更便捷、更高效、更优质的台风科学数据和服务。

表 4.14　服务单位和项目清单

序号	服务资料	服务项目	服务单位
1	0907 号“天鹅”、0908 号“莫拉克”所有野外特种观测及常规观测、卫星、雷达资料	国家重点基础研究发展计划	南京大学
2	0906 号“莫拉菲”、0907 号“天鹅”、0908 号“莫拉克”、0915 号“巨爵”所有野外特种观测及常规观测、卫星、雷达资料	国家重点基础研究发展计划	中国科学院大气物理研究所
3	0908 号“莫拉克”所有野外特种观测及常规观测、卫星、雷达资料	国家重点基础研究发展计划	中国气象科学研究院

第 5 章

中国台风科学试验国际合作

上一章简要介绍了21世纪初中国在台风外场观测领域的有益实践，综述了中国在台风外场观测基地建设、观测设备装配、“追风”观测及效果验证等方面的主要进展。这一时期主要是追随美国等国际主流台风外场观测技术手段，而且针对的是登陆台风（或台风的登陆过程），总体处于模仿阶段。随着近年来我国经济社会发展和综合国力的增强，以及2008年北京奥运会和2010年上海世博会等的成功举办，中国的国际显示度和影响力明显增大。同时，随着我国先进制造业的发展，气象观测平台的研发能力得到快速提升。因此，自2010年起，我国在台风观测及预报技术研究领域加强了与国际的实质性合作，先后发起并承担了世界气象组织（WMO）的预报示范项目及联合国亚太经社会（UNESCAP）/WMO台风委员会的相关国际合作项目，得到科技部公益性（气象）行业专项、“973”计划和国家重点研发专项等的资助，进一步推动了台风观测平台的研制和改装、一系列登陆及近海台风外场观测科学试验的组织实施，在促进台风学科发展和预报技术提高等方面发挥了重要作用。本章对此进行简要概括，旨在传承和发展我国台风外场观测的业务化建设。

5.1 WMO登陆台风预报示范（WMO-TLFDP，2009—2021年）

2009年，第二届热带气旋登陆过程国际研讨会（International Workshop of Tropical Cyclone Landfall Process，IWTC-LP）在上海召开，中国气象局上海台风研究所承办了此次会议，并在会上向WMO提议实施“WMO登陆台风预报示范项目”（Typhoon Landfall Forecast Demonstration Project，WMO-TLFDP），为2010年5月1日—10月31日（正值台风汛期）在上海举办的第41届世界博览会（EXPO 2010）提供先进的台风预报和预警服务。2009年11月18—25日在韩国召开的WMO/CAS（大气科学委员会）会议批准该项目自2010年起实施，由中国气象局上海台风研究所、华东区域气象中心和WMO东京区域台风中心（RSMC-Tokyo）联合牵头，中国气象局国家气象中心、广州热带海洋气象研究所、中国香港天文台、韩国气象厅、美国国家海洋大气局的飓风研究中心（HRD）等十余家国内外科研业务机构参加。WMO要求项目加强对登陆台风预报可信度的研究，开展当前国际登陆台风预报性能的评估，为实际预报业务提供更有效的应用支撑，推进先进预报技术在WMO成员的业务转化和应用。WMO还决定该项目由WMO世界天气研究计划（WWRP）、热带气旋计划（TCP）和公共天气服务计划（PWS）联合支持和指导，并作为“WMO上海多灾种早期预警项目”的一个组成部分（Tang X et al.，2012）。

项目自2009年立项以来，一是收集全球各主要机构（欧洲中期天气预报中心、美国联合台风预警中心、WMO东京区域台风中心、中国香港天文台、韩国气象厅等共13家）自2010年5月以来对西北太平洋台风的实时预报产品（含台风路径、强度和风雨分布等），并建立了共享平台（项目网站，图5.1）。二是联合WMO预报性能评估专家小组，并通过ESCAP/WMO台风委员会的奖学金计划与亚太地区科学家联合，研制建立和完善了台风路径、强度、降水、登陆点及集合预报等预报性能评估技术体系，包括台风移动速度和方向的相对预报技巧、登陆命中率、路径预报误差与引导流的关系、路径预报积分偏差（track forecast integral deviation，TFID）及强度预报技巧、分级预报技巧、命中率（POD）和误报率（FAR）的联合图、强度变化趋势、数值模式预报误差与初始定强误差的关系、集合预报（EPS）的 BS 和 PRS、降水落区预报检验（model evaluation tools of distribution pattern，MET）等，评估指标体系及其算法等主要成果已被 WMO 相关技术手册收录并向全球推广（Yu et al.，2012）。三是基于 WMO 认可的评估指标体系及算法，评估了全球各主要业务机构对西北太平洋台风的预报性能，并将所有性能评估信息通过项目网站进行实时共享（图 5.2）。四是借鉴全国台风海洋专家工作组的工作机制（即由中国气象局上海台风研究所对全国台风业务预报方法的精度进行客观评估，并据此确定第二年准入全国台风预报业务的预报方法），自 2013 年起在 ESCAP/WMO 台风委员会一年一度的届会上发布《亚太地区台风预报性能年度评估报告》，并成为亚太台风委员会制定其战略发展目标及下一年优先工作计划的重要依据（Chen et al.，2013）。五是在此基础上，研制基于集合成员初期预报性能的优选集合预报技术，取得满意的试验效果，并已在业务应用中得到推广（Qi et al.，2014）。

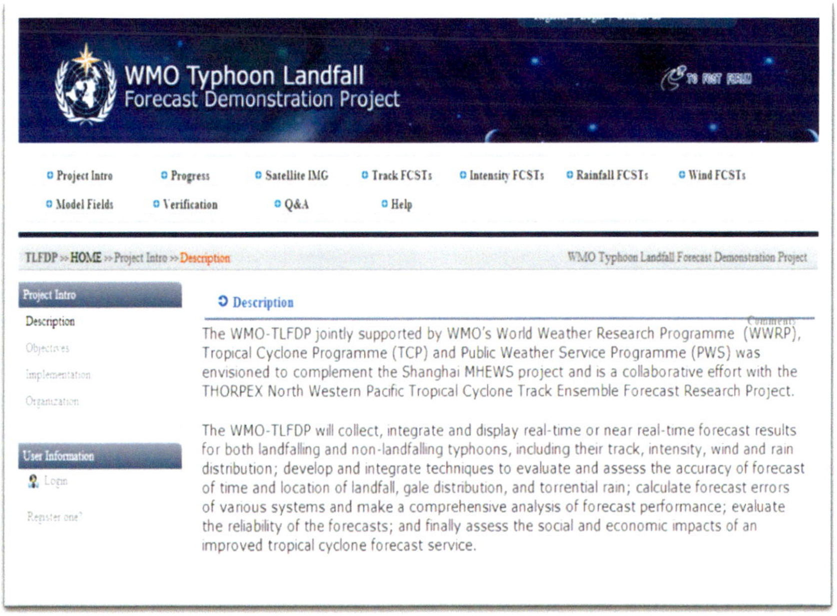

图 5.1 WMO-TLFDP 项目网站首页

WMO-TLFDP 立项之初的主要目的是为 EXPO2010 服务，原计划的执行周期为 3 年（2009—2012 年）。WMO/WWRP 及 WMO/TCP 分别于 2012 年和 2015 年在上海举办 WMO-TLFDP 成果小结及主要面向亚太地区预报员的培训会（图 5.3），对项目的执行效果及业务应用推广前景进行了评估，并据此两度决定延续，即继续由中国气象局上海台风研究所牵头实施第二期 TLFDP- Ⅱ（2013—2015 年）和第三期 TLFDP- Ⅲ（2016—2018 年）（雷小途 等，2015）。2018 年，WMO/WWRP 与 WMO/TCP 联合在上海举办与台风相关的示范项目联合研讨会（图 5.3），并再次批准上海台风研究所继续牵头组织实施第四期 TLFDP-Ⅳ（2019—2021 年）。

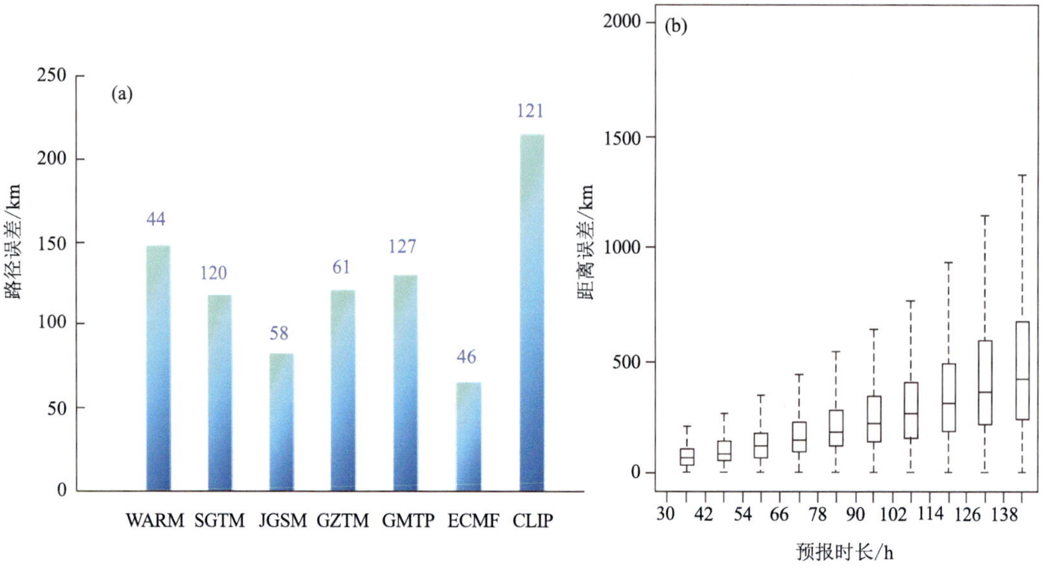

图 5.2　1110 号台风“苗柏”路径预报误差（a. 确定性预报；b. 集合预报误差箱式图）

（WARM：上海台风区域一体化模式；SGTM：上海 GRAPES-TCM；JGSM：日本数值；GZTM：广州数值；ECMF：欧洲中心 ECMWF-IFS 全球模式；GMTP：广西神经网络法；CLIP：路径气候持续法。a 图上方蓝色数字代表样本数）

图 5.3　2012 年 WMO-TLFDP 项目成果培训（a）及 2018 年 WMO 台风相关示范项目（TLFDP、UPDRAFT、EXOTICCA）联合研讨会（b）

项目实施期间，促进了 WMO 全球热带气旋预报检验中心的建设。自 2017 年起，WMO 委托中国气象局上海台风研究所和 WMO 东京区域台风中心（RSMC-Tokyo），联合筹建全球热带气旋预报检验中心（LC-TCFV），于 2019 年建成全球热带气旋实时预报数据库并发布首份全球热带气旋预报检验评估报告。

随着序列性的年度台风预报性能评估报告的发布，台风路径预报在近年来取得了长足进步（24 h 预报年均误差已从 15 年前的约 200 km 大幅度减小至当前的约 70 km）的事实令人鼓舞。然而，台风强度及降水预报的性能，却进展十分缓慢甚至少有进步。为此，中国气象局上海台风研究所、南京大学先后于 2013 年前后联合国际知名科研业务机构发起并分别牵头组织实施了针对近海台风强度变化的科学试验（EXOTICCA）和针对登陆台风降水预报的科学试验（UPDRAFT），均被 WMO 列为研究型示范项目。

5.2 亚太近海台风强度变化科学试验（EXOTICCA，2013—2021 年）

WMO-TLFDP 项目是由中国发起并牵头组织实施的第一个 WMO 涉及台风领域的示范项目，EXOTICCA 则是由中国发起并牵头组织实施的第一个 UNESCAP/WMO 台风委员会的科学试验类国际合作项目（后被列为 WMO 的示范项目），对推动我国台风观测研究及相关联的观测平台研制、数值模式关键技术的改进及扩大国际影响和参与台风国际治理等发挥了积极作用。

5.2.1 设立亚太台风委员会的交叉国际合作项目

自 1987 年美国停止对西北太平洋台风的飞机探测后，用于业务预报及预报性能检验的台风强度“实况”的获取变得并不容易。实际业务中，通常利用 Dvorak 方法基于卫星云图的形态变化对台风进行定强，该方法的效果很大程度上取决于业务人员对 Dvorak 方法的使用技巧，特别是对台风云形模态的主观判断。事实上，不同业务人员利用 Dvorak 方法基于同一云图确定的台风强度差别很大，特别是在台风比较弱（或没有明显的台风眼）的阶段。图 5.4 给出的是各主要业务机构对 2013 年 11 月 8 日 08 时（北京时）前后 1330 号台风“海燕”的定强（CI 指数）结果，可见差异十分显著。此外，由于 Dvorak 方法并不解析台风云墙内的中尺度对流等特征，因而将不可避免地产生误差。尽管近年来星载微波辐射计资料得到广泛应用，但仍未能根本性地解决台风定强中的这一问题（Rogers et al., 2006; 2013）。

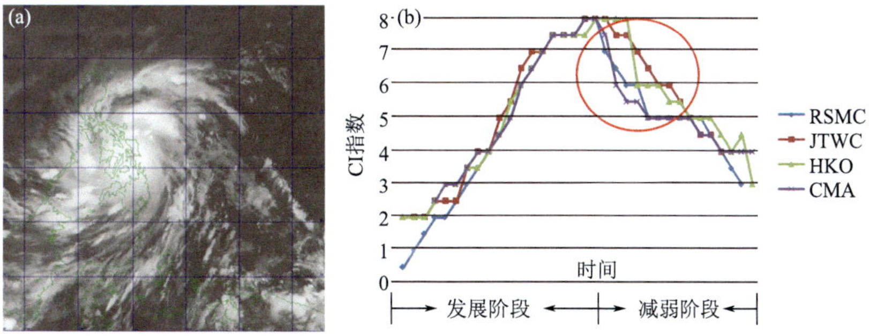

图 5.4 西北太平洋区域主要业务机构对 2013 年 11 月 8 日 08 时（北京时）前后 1330 号台风“海燕”的定强差异（a. 卫星云图、b. 台风强度的 CI 指数，RSMC- 日本东京台风中心、JTWC- 美国台风联合预警中心、HKO- 中国香港天文台、CMA- 中国气象局，红色圆圈表示在台风迅速减弱阶段各主要业务机构的定强结果差异较大）

正是由于各业务机构的定强存在显著差异，才导致实际业务中对台风的编号在时间上有早有晚。当热带气旋达到热带风暴强度时即给该热带气旋一个标识号，通常由4位数字组成，前两位代表年份，后两位代表该年发生台风的序号。由于南海海盆相对较小，南海地区的台风一旦生成，通常会很快登陆或影响沿岸国家和地区，因此对南海台风及时编号和命名，可为防台减灾赢得更充裕的准备时间，最大限度地减少台风的损失。对于中高纬度地区的国家（如韩国等）而言，则不希望编号台风过早地被停编（当热带气旋的强度减弱至热带风暴级以下时，即停止对该热带气旋编号），以避免过早解除对台风的防御措施及因此导致的本可规避的灾害损失。为此，UNESCAP/WMO台风委员会曾设立专门的特别工作组，对南海台风命名（即热带低压TD升级为热带风暴TS）及西太平洋区域（含南海）台风停编（即TS降级为TD）的时间早晚问题进行了专题研究，研究指出，虽然海岛和海上石油平台等的测风资料均不在标准的海平面10 m高度，但相对于Dvorak定强使用的几百千米高的卫星云图及其反演资料具有显著的优势，加强近海多源直接观测资料在台风定位定强等业务中的应用十分必要（矫梅燕 等，2020）。

为此，在UNESCAP/WMO台风委员会召开的第45次届会（2013年1月29日—2月1日，中国香港）上，气象工作组（Working Group on Meteorology，WGM）提议在亚太地区实施类似于20世纪90年代“SPECTRUM-90”的针对近海台风强度变化的科学试验（Experiment on Typhoon Intensity Change in Coastal Area，EXOTICCA），得到届会的充分肯定及中国的积极响应，届会责成WGM牵头联合咨询工作组（Advisor Working Group，AWG）和相关会员设计并起草项目实施方案以供下次届会讨论和审议（ESCAP/WMO台风委员会第45次届会报告，2013）。据此，WGM在中国气象局协助下，于2013年5月初完成了项目实施方案初稿，先后于同年的5月和10月在AWG-Small会议（5月10日，泰国曼谷）、第8次减轻灾害风险工作组（WGDRR）年会（5月20—22日，韩国首尔）和第2次WGH工作组年会（10日12—14日，韩国首尔）上进行了报告和征求意见。依据兄弟工作组（WGH、WGDRR及AWG）的意见和建议，WGM对实施方案的初稿进行了修改，并在第8次综合研讨会暨第2次TRCG（培训和研究协调小组）论坛（2013年12月2—7日，中国澳门）上进行了报告，进一步收集了日本（JMA）和中国香港（HKO）等会员的意见和建议。在此基础上，WGM再次进行了修改和完善，形成的送审稿如期提交至第46次届会（2014年2月10—13日，泰国曼谷），届会对此进行了专题讨论和审议后，决定批准该项目的实施方案，并作为委员会的交叉（cross-cutting）合作项目，责成中国牵头组织实施，要求各会员及各工作组积极参与并做出贡献。

EXOTICCA项目旨在通过发展和使用新型台风探测平台和技术（如“追风”观测车、有/无人飞机下投探空、火箭弹探空等），在亚太地区组织实施3～5个近海及登陆台风的外场观测，获取较完整的目标台风结构和强度变化的直接观测资料，并在此基础上，开展台风强度异常变化机理研究，特别是南海地区TD升级为TS及中高纬度地区或登陆后TS降级为TD的识别，支撑区域数值模式的改进及其台风强度预报能力的提升、台风风暴潮及洪水内涝等风险预估系统的建设（Lei et al.，2017）。

5.2.2 科学试验的组织实施策略

根据第 46 次届会获批的 EXOTICCA 项目实施方案，在台风委员会秘书处的协助下，项目牵头组织实施单位中国气象局上海台风研究所及香港天文台完成了会员参与项目的意向征集、项目组委会（Organzation Committee，OC）和科学指导委员会（Scientific Streeing Committee，SSC）及相关研究小组（Research Groups，RGs）等的组建，并于 2015 年 10 月 9 日（原定 2014 年召开，后因故曾 2 度推迟）在上海召开了 OC 的第一次会议（图 5.5），审议通过了 OC 的章程及组织架构等。

图 5.5 EXOTICCA 项目组委会（OC）第一次工作会场（a）及部分与会代表合影（b）

依据章程，OC 由参与项目的亚太台风委员会的会员（中国、中国香港、泰国、菲律宾、马来西亚、越南和韩国）代表和咨询工作组（AWG）专家组成，时任中国气象局副局长的矫梅燕和时任香港天文台助理台长的黎守德（时任 AWG 组长）分别担任 OC 的组长和副组长。SSC 的主席和副主席分别由著名台风科学家陈联寿（中国工程院院士、中国气象科学研究院教授）和 Peter Black 教授（美国飓风研究中心飓风飞机探测前首席科学家、美国海军研究实验室资深科学家）担任，时任中国气象局上海台风研究所所长雷小途出任 EXOTICCA 项目的首席科学家、香港天文台主任预报员黄伟健和 RSMC- 东京区域台风中心主任藤田司（Tsukasa Fujita）任 EXOTICCA 项目联合副首席科学家。项目下设 5 个研究工作组：外场观测、动力及预报技术研究、数值模拟、洪涝、风险管理，分别由参与会员的气象、水文及防灾减灾领域的专家担任，并在委员会的相应工作组设立了相应的年度优先工作计划（Anunal Operational Project，AOP），充分体现项目交叉的性质。

按实施计划，2014—2015 年为 EXOTICCA 项目启动和试水期，2016—2018 年为项目主要执行期。项目的年度进展及时向 OC 汇报，提交台风委员会，并在期间召开的综合研讨会（IWS）及届会上进行专题报告。EXOTICCA 项目的实施，促进了台风直接探测技术，特别是新型探测平台 / 设备（如火箭弹下投探空和海上无人半潜艇等）的台风探测适应性改造，多平台协同的目标台风外场观测及其资料在台风机理和模式关键技术改进中的示范应用等领域进展显著，受到亚太台风委员会及 WMO 的高度关注，并于 2018 年分别被设为亚太台风委员会交叉延续项目（即第 2 期，EXOTICCA- Ⅱ）和

WMO 示范项目，执行周期均为 2019—2021 年（Lei et al.，2019）。

与众多国际合作及示范项目一样，亚太台风委员会及 WMO 并没有直接投入经费支持 EXOTICCA（及 EXOTICCA- Ⅱ）项目的研究，特别是开销较大的台风外场观测。在中国气象局的大力支持和策划下，中国气象局上海台风研究所于 2014 年基于 EXOTICCA 的主要研究内容，联合航天科工集团等单位申请科技部公益性行业（气象）专项"近海及登陆台风强度变化科学试验预研究"（GYHY201406010），并获得资助，执行周期为 3 年（2014—2016 年）。依托该项目，完成了基于火箭弹（精确制导导弹）的台风下投探测系统的研制，并对 2015 年第 23 号台风"彩虹"进行了实测试验，获得成功（雷小途 等，2017；李永平 等，2017）。

同时，与国家重点基础研究发展计划项目"上层海洋对台风的响应和调制机理研究"（2013CB430300）的外场观测进行联合，同步获取台风过境前后的大气和海洋要素的直接观测资料，进一步理解海洋在台风强度变化中的作用，并据此建立和改进海 - 气耦合的台风数值预报模式。该项目由自然资源部第二海洋研究所牵头，中国气象局上海台风研究所参加并主持海 - 气耦合的台风数值模式研发以及负责台风结构的直接观测，执行周期为 2013—2017 年。依托该项目，在南海北部区域布设了海上浮标阵，并成功捕获台风过境前后较完整的海 - 气边界层通量直接观测资料（Zhou et al.，2018；周磊 等，2019；陈大可 等，2013；雷小途 等，2019a）。

为配合 2018 年开始实施的 EXOTICCA- Ⅱ及其 WMO 示范项目的执行，中国气象局上海台风研究所联合中国科学院大气物理研究所及南京信息工程大学等，申请了国家重点研发计划项目"近海台风立体协同观测科学试验"（2018YFC1506400），并获得资助，执行周期为 2018—2021 年。依托该项目，完成了我国自主研发平台（含平流层飞艇、高 - 中 - 低空无人机、海上无人艇等）的台风探测适应性改造，并组织实施了多平台协同的台风外场目标观测，获取了多个目标台风的结构及边界层观测资料，研发和改进了适用于我国近海及登陆台风的边界层（丘陵）和云微物理过程参数化方案，并应用于国家气象中心的业务模式，效果良好（雷小途 等，2019b；赵兵科 等，2022）。

期间，中国香港天文台利用固定翼（jetstream）海上搜救飞机（surveillance flight）对进入中国香港近海的台风开展了业务化的飞机探测（aircraft reconnaissance），包括机载气象要素探测（基于 AIMMS-20 型探测器）和自 2018 年起的下投探空等，并在探测时间和飞行空域等方面与中国大陆实施的外场观测进行协同（Sparks et al.，2019）。

5.3 制导火箭弹下投探空试验（ETRSS，2015 年）

DOTSTAR 和 TLAPFEX等试验研究表明，敏感区及敏感要素直接观测资料的同化可有效减小数值模式台风强度预报误差 10% 以上（Aberson et al.，1999；Wu et al.，2005）。自 20 世纪 50 年代美国进行飓风飞机（有人驾驶）探测试验以来，飞机几乎是

海上飓 / 台风结构直接观测的唯一有效手段（Rogers et al.，2006，2013）。完成一次探测飞行，将耗时 2 h 及以上，加上起飞准备等则耗时通常在 4 ～ 6 h 甚至超过 6 h，因此飞行途中从飞机上投掷的探空仪所测得的资料实际上并非气象意义上的同时刻资料，而且敏感区及敏感要素因台风而异且随时间的“快速”变化会使飞机下投探测资料的作用大打折扣。实际中，飞机花费几个小时飞抵时，原本敏感的区域已不再敏感的情况也并不鲜见，导致飞机下投探测几乎“无效”。另外，探测飞机主要在 5 km 及以下的高度飞行，而台风垂直高度可伸展至 10 km 及以上，即飞机下投探测并无法获得台风完整的垂直结构，特别是对于台风发生发展至关重要的高层流出气流特征。

传统飞机下投探测手段在时间和空间上的探测缺陷，限制了其进一步提高台风预报水平的能力。鉴于此，国际上近年已逐步对高空高速军用侦察机进行改装并利用更加多元的探测手段高效安全地获取完整的台风垂直结构数据（Braun et al.，2016；Guimond et al.，2016；Creasey et al.，2017）。此外，有人飞机在探测台风过程中，不可避免地存在“机毁人亡”等巨大风险，例如针对 1989 年飓风“Hugo”的飞行探测中就出现过发动机被风浪损坏的极度危险的局面（Marks et al.，2008），台风直接探测的无人化技术成为新热点。

5.3.1 制导火箭弹下投探测系统

为快速、精准地获取海上台风内部结构的直接观测资料，特别是台风内核不同区域同时刻的风速、温度、气压、湿度等基本气象要素的垂直廓线分布，中国气象局上海台风研究所联合中国航天科工集团第四研究院（简称“航天四院”），依托科技部公益性行业（气象）科研专项“近海及登陆台风强度变化科学试验预研究”（GYHY201406010），于 2014 年联合研制了一款以精确制导火箭弹（中国航天科工集团自制的制导火箭弹 SY400）为运载工具的台风下投探测系统（Typhoon Rocket Sounding System，TRSS）（雷小途 等，2017）。

TRSS 从设计到研制成功，历时 3 年，期间突破了战斗部件的换装改造、高速飞行过程中下投探空仪的“抛撒”、探空仪平稳下落控制及秒级数据的采集和传输等关键技术。例如，将装有气象探空仪的多枚减速箱换装至火箭弹平台的有效载荷舱内，并沿舱周均匀分布；在火箭弹飞越台风的过程中依据控制指令分序多点“抛撒（释放）”减速箱，被释放出舱后的减速箱依靠其尾翼稳定并快速减速，引信在减速箱出舱的同时开始延时，达到预定的延时后即将探空仪推出减速箱，利用“子母弹”技术，每个减速箱可“推 / 弹射”出多个探空仪，探空仪最大减速加速度不大于 300g（g=9.8 m/s^2）、减速持续时间不大于 5 s，探空仪在随减速伞下降过程中进行风速、温度、气压、湿度的探测，其下落速度控制在 6 ～ 20 m/s 的范围内；测得的数据由绑定在探空仪上的卫星通信模块通过北斗卫星定位和短报文等功能实时传输至地面接收站。

下投探空仪采用北斗定位，水平位置精度达 10 m，垂直位置精度达 15 m。火箭弹从发射到落地（坠海）整个飞行过程共持续约 6 min，大致经历火箭弹垂直发射、程序控制（火箭弹）飞行、减速箱释放、探空仪推 / 弹出后开伞并在下落过程中进行气象探测、探测数据的卫星实时中继并发送至地面接收站等阶段（图 5.6）。

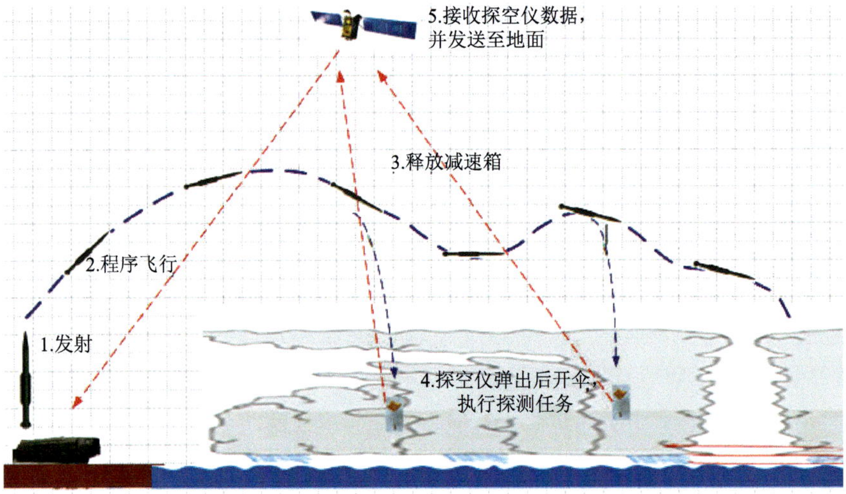

图 5.6 TRSS 台风探测制导火箭弹探测飞行轨迹示意图

推 / 弹出的下投探空仪在台风中下落的全程（自开始探测的 12 km 左右高度至坠海）约 20 min。特别地，台风探测火箭弹的飞行采用“GNSS+ 光纤惯导”进行全程惯性精确制导控制，可实时获取火箭弹的位置、飞行速度等信息，并据此结合探测需求将多个探空仪“分序抛撒”投放到台风内部的不同探测点，实现对预报敏感区台风内部结构的“精确（位置）”探测。与常规的“火炸药抛撒”“离心式抛撒”“气囊抛撒”及“活塞抛撒”等抛撒技术相比，“分序抛撒”方案综合考虑火箭弹飞行环境、结构空间、抛撒速度、抛撒过载等因素，以燃气为动力源进行活塞式抛撒（释放），活塞实现释放的执行机构与维形壳片双重功能，推动探空仪安全释放后限位并锁定，确保火箭弹在释放探空仪后能够继续维持整体气动外形与结构强度，保证后续飞行过程的稳定控制。为确保火箭高速飞行下释放的探空仪不受损及抛撒的探空仪在降落伞携带下保持合理的下降速度，借鉴成熟的子弹箱技术，设计了一个中间装置减速箱，将探空仪包裹在减速箱内，实现探空仪从火箭弹上释放后的一级减速及该过程中的气动热防护，待减速箱减速至预定的安全速度和高度后再释放探空仪，并同步打开探空仪上的减速伞。

为实现探空仪与减速箱的安全分离及探空仪低速稳定探测的要求，减速伞的伞绳和伞衣均采用高强度材料并设计成方锥形，确保减速伞不被撕裂且能在大风攻角的情况下保持气动性能稳定和减小减速伞在下降过程中的自转现象。在减速箱和减速伞的设计过程中，减速、气动热防护及稳定下降效果等均进行了风洞试验、静态释放试验、动态释放试验和力学环境试验等一系列地面试验，并验证了其功能可行性和环境适应性。此外，多点分序抛撒（投放）和单点多个探空仪的推 / 弹射技术，可实现气象意义上的同一时间范围内（前后相差不超过 6 min）对台风不同区域的风速、温度、气压和湿度进行同步直接探测。

为了与中国气象局日常探空业务对接，TRSS 系统使用了中国气象局业务列装的气象探空仪（G020303-JB-04），该探空仪由天津华云天仪特种气象探测技术有限公司生产，可获取风速、温度、气压、湿度、高度等气象要素。地面接收站由地面接收机、天线、地基北斗 /GPS、基测箱及终端计算机等组成。天线在终端计算机的控制下实现对探测信号的自动跟踪；接收机将接收的探空仪信号解调成数字信息后，发送至终端计算机；由探空仪北斗 /GPS 和地基北斗 /GPS 共同完成差分定位，定位数据直接发送至终端计算机处理；终端计算机完成探测数据的实时接收、处理和初步校验，并具有一定的纠错及系统故障监测和报警功能。地面接收站可远离火箭发射及观测现场，但应在北斗卫星通信覆盖区内。

5.3.2　全球首例制导火箭弹下投探测台风试验

为验证火箭弹下投探测系统 TRSS 的有效性及其探测资料的质量，充分利用近岸雷达和梯度塔、海岛站和浮标、“追风”车载设备及台风影响期间陆上气象加密观测等资料，设计了对近岸 300 km 以内的台风进行探测试验的方案，并实施了全球首例制导火箭弹下投探测台风的科学试验（Experiment on Typhoon Rocket Sounding System, ETRSS）。当台风中心距离试验地点 200 km 左右时发射探测火箭弹，火箭弹距发射点 160～190 km、高度 16～20 km 时第 1 次释放探空仪，并向左右两侧各释放 2 枚探空仪；火箭弹距发射点 200～220 km、高度 12～15 km 时第 2 次释放探空仪，并向左右两侧各释放 1 枚下投探空仪；火箭弹残骸在距发射点 210～250 km 处坠入大海。

2015 年 10 月 2 日 02 时（北京时），位于菲律宾附近的热带低压加强为 1522 号热带风暴“彩虹”（Mujigae），并将进入位于海南岛近海的作业区（图 5.7a），可能的作业时间窗口为 10 月 3—4 日。按照预案，上海台风研究所、航天四院及海南省气象局相关试验人员 30 余人于 10 月 2 日下午先后赶到海南省万宁市，当晚确定了试验场地（日月湾）及作业方案，并初步确定 3 日 17 时—4 日 08 时（预计登陆或擦过文昌）为试验窗口。3 日 08 时 30 分，根据台风活动的变化，将试验作业时间窗口缩小至 3 日 20 时—4 日 05 时。3 日 11 时，进一步缩小为 3 日 20 时—4 日 02 时。3 日 17 时，最终将作业时间设定为 3 日 23 时。

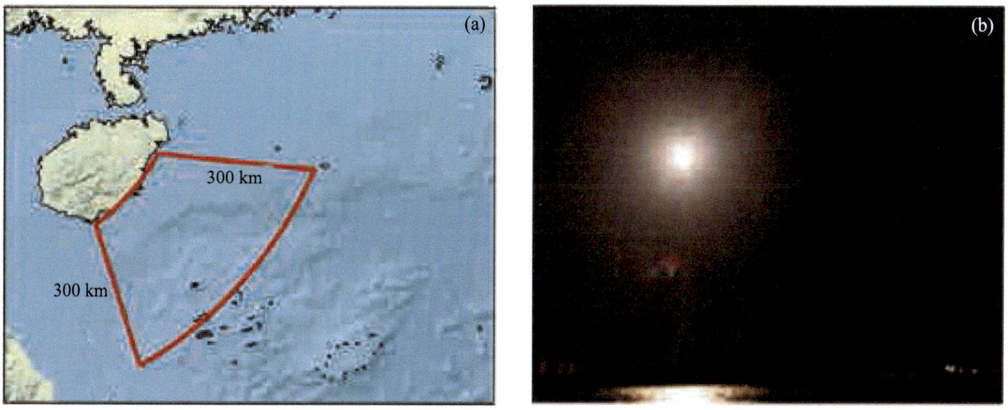

图 5.7　近海作业区（a）、台风探空火箭弹点火发射瞬间（b，2015 年 10 月 3 日 23 时）

由于路途遥远及制导火箭弹等的运输安全需要，火箭弹发射车及“追风”观测车均提前从武汉及上海启程，在台风进入试验区及琼州海峡封航前抵达万宁，并完成了车载设备和系统的装载及调试。

3 日 14 时，上海台风研究所的“追风”观测车进场后，所有车载观测设备即开始了不间断的探测，并在 23 时前后进行了 GPS 上投加密探空。海南省海口市气象局和三亚市气象局也均在 23 时增加了一个常规气球探空加密观测。3 日 23 时，火箭弹成功发射升空（图 5.7b），23 时 02 分，设于海南省万宁市气象局的地面接收站成功接收到第一个下投探空数据，至 23 时 21 分接收到最后一个下投探空数据，期间共有 4 个下投探空仪持续飞行探测了 19 min。图 5.8 给出了火箭弹下投探空仪的落点和“追风”车载 GPS 探空仪在 10 km 附近高度处的位置。

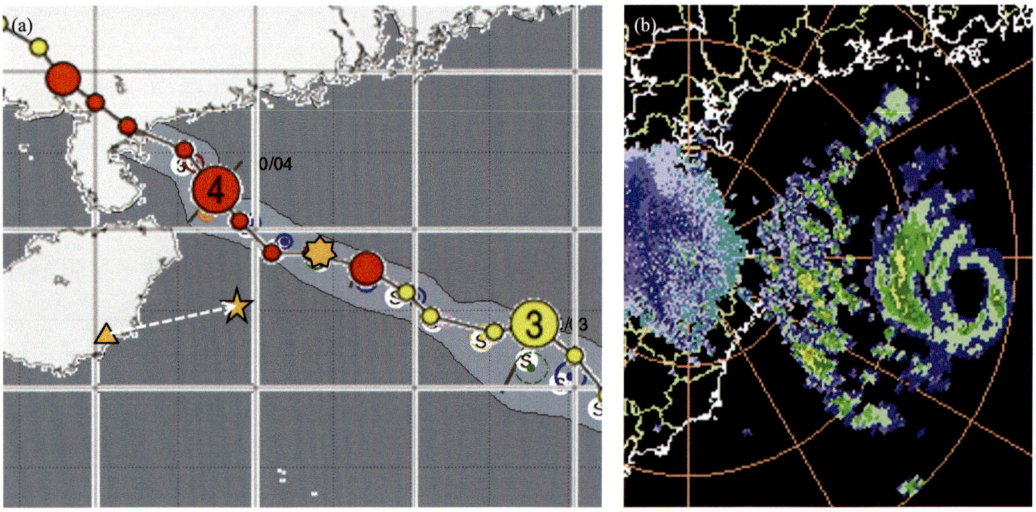

图 5.8 “彩虹”台风路径及火箭弹下投探空（☆）和“追风”观测车 GPS 探空（△）10 km 附近高度处的位置示意（a）、2015 年 10 月 3 日 23 时的雷达回波（b）

在试验火箭弹下投的 4 个探空仪下落过程中，共获取了风速、温度、气压、湿度的秒级垂直廓线观测数据 4500 余组。图 5.9 分别给出了 4 个下投探空仪的下落速度及下投探空仪测得的风速、气温和湿度廓线。

5.3.3 试验资料的质量控制及应用

试验邀请美国长期从事飞机探测飓风的著名气象学家 Peter Black 来华对制导火箭弹下投探测资料的质量进行了分析和评估。图 5.10 给出的是 4 个下投探空仪的测风数据偏差，其中，水平风的观测资料中仅有约 1%（约 400 个数据）出现缺测（或明显有异常），低于美国在非台风条件下的飞机下投探空仪 2%～5% 的平均缺测率（Hock et al.，1999），而有效的风观测数据的误差仅为 0.5 m/s（0.05 信度），也与美国下投探空的水平相当。这表明，基于制导火箭弹的下投测风数据非常平稳，观测精度也比肩国际先进水平。

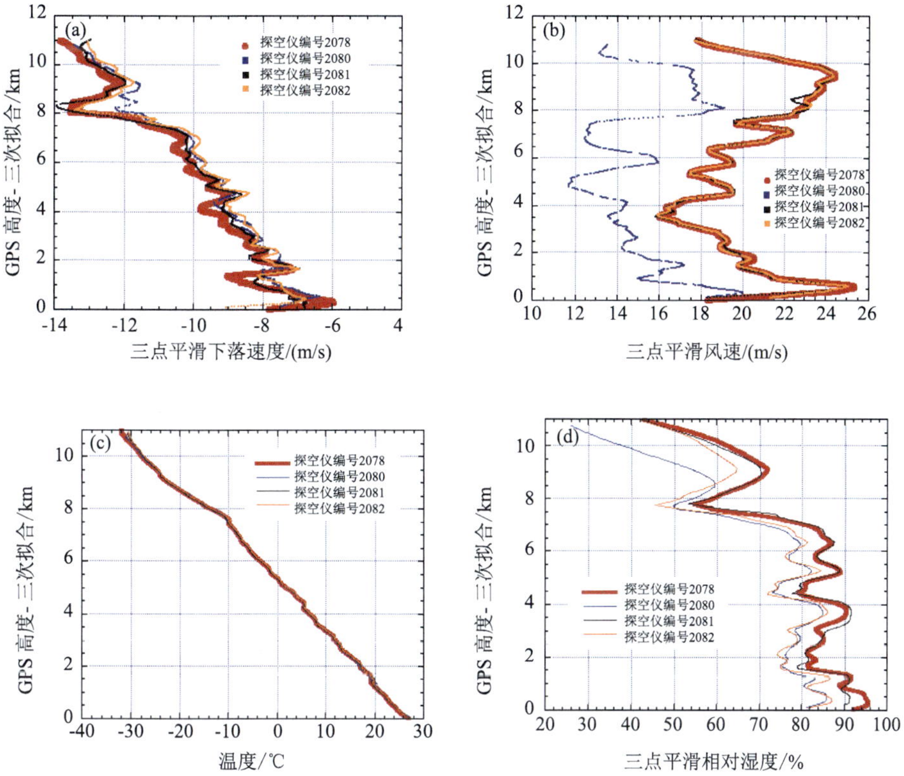

图 5.9　火箭下投探空仪的下落速度（a）、测得的风速（b）和温度（c）及相对湿度（d）廓线

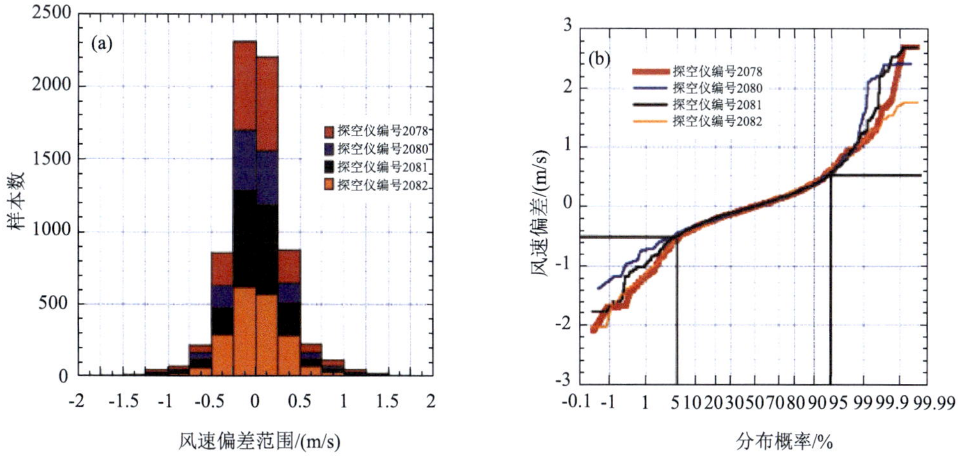

图 5.10　火箭弹下投探空仪的测风偏差分布

对比“追风”观测车 GPS 探空和火箭弹探空风廓线（图 5.11）可见，台风低层流入和高层流出及相应的低高空急流特征明显，且两者探测的风速相近，火箭弹探测因为距离台风中心更近并已位于云墙附近而略大，最大风速层次更低，初步可判定火箭弹下投探测所获得的风廓线资料合理可靠。这表明，利用 TRSS 系统的首次台风探测试验取得了成功，也标志着基于制导火箭弹的下投探测系统具备进行台风探测的能力。

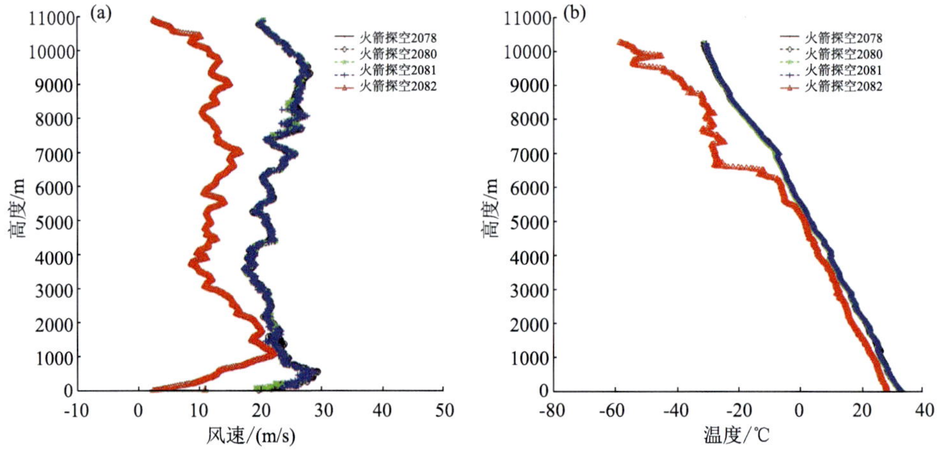

图 5.11　火箭弹下投探空及“追风”观测车 GPS 探空的风速（a）、温度（b）廓线比较（黑色点线、黑色圈线、绿色和蓝色分别为 4 枚火箭弹探空仪，红线为位于海南万宁的“追风”观测车探空）

在此基础上，与 CIMSS 卫星的 AMV 反演风场进行了比对分析。结果表明，火箭弹下投探测到的低层（10 m）风速为 20～22 m/s，CIMSS 的 AMV 反演风速低层（10 m）为 12～16 m/s，两者相差约 33%。高层（10 km）相差更大，火箭弹下投测得高层风速为 20～24 m/s，CIMSS 的 AMV 反演高层风速仅 8～10 m/s，两者相差约 59%（图略）。

台风“彩虹”在登陆前发生了一次快速增强过程，且结构的非对称特征明显。图 5.12 给出了台风登陆前后的强度（中心附近最大风速）演变，以及实施火箭弹下投探空试验前后的 30 节（约 15.4 m/s，风力 7 级）和 50 节（约 25.7 m/s，风力 10 级）大风半径分布。

表 5.1 给出的是实施火箭弹下投探空试验前后，国际各主要业务机构的台风业务定强及 7 级和 10 级风圈平均半径。其中，CMA 指中国气象局（中央气象台）、HKO 为中国香港天文台、JMA为日本气象厅（东京台风中心）、JTWC 为美国联合台风警报中心、KMA 为韩国气象厅。由表可见，无论是台风的强度（中心附近最大风速），还是 7 级及 10 级风圈平均半径，分歧明显。

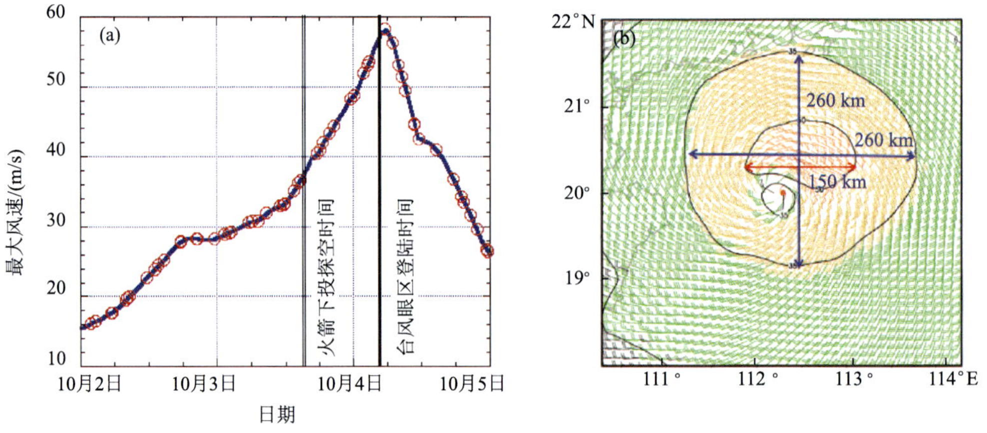

图 5.12　台风“彩虹”登陆前后强度变化（a）及实施火箭弹下投探空前后 7 级和 10 级大风半径分布（b）

表 5.1 火箭弹下投探空试验前后国际主要业务机构的定强（m/s）及 7 级和 10 级风圈平均半径（km）

时间（北京时）	CMA	HKO	JMA	JTWC	KMA	试验结果
3 日 20 时	38，260/70	36，220/110	33，390/110	33，160/65	35，/	
3 日 23 时	45，250/80	41，220/110	33，390/110	/	/	41，250/165
4 日 02 时	45，250/80	41，220/110	37，390/110	41，195/110	36，/	
4 日 05 时	48，200/80	44，220/110	39，390/110	/	/	
4 日 08 时	48，250/60	44，280/110	33，390/110	49，250/160	40，/	

注：表中数字格式表示“定强，7 级 /10 级风圈平均半径”。

火箭弹下投探空试验期间，还与中国香港天文台的飞机观测进行了协同。图 5.13 为飞机进 / 出台风核区时测得的海拔 600 m 高度处的气压和风速分布（随距中心不同半径的变化）。

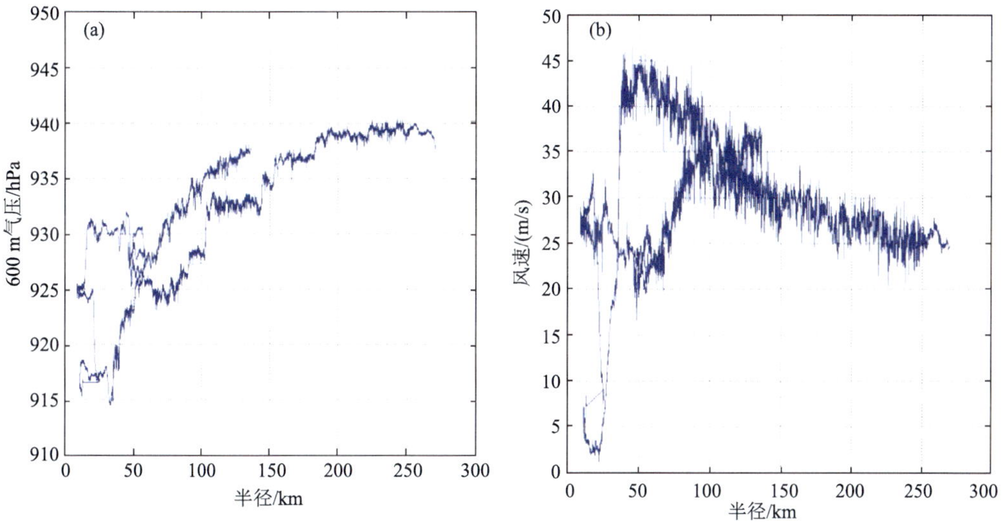

图 5.13 飞机进 / 出台风核区时测得的气压（a）和风速（b）随半径的变化

结合试验期间的飞机探测及“追风”观测车和海口气象观测站探空等观测资料，将火箭弹下投探空的测风资料订正到海平面（10 m）高度，得到火箭弹下投探空时刻（3 日 23 时）的台风“彩虹”海平面风速分布（图 5.14）。由此可推断，火箭弹下投探空时刻，台风中心附近最大风速约为 41 m/s，7 级及 10 级风圈平均半径分别约为 250 km 和 165 km。

若将火箭下投探测资料直接同化到上海台风研究所的台风业务模式上，结果表明对路径和强度的预报均有正贡献。但是，无论是仅同化火箭下投探测的温度廓线还是风廓线，或是同时同化温度和风廓线，对路径的改进均不很显著，对强度的改进也主要表现在模式模拟预报的后期（积分 18 h 及以后），这或许与火箭下投探测资料的数量仍十分不足有关，意味着如何有效开展并使用有限的直接观测资料以提高模式预报能力是一个值得关注的科学问题。

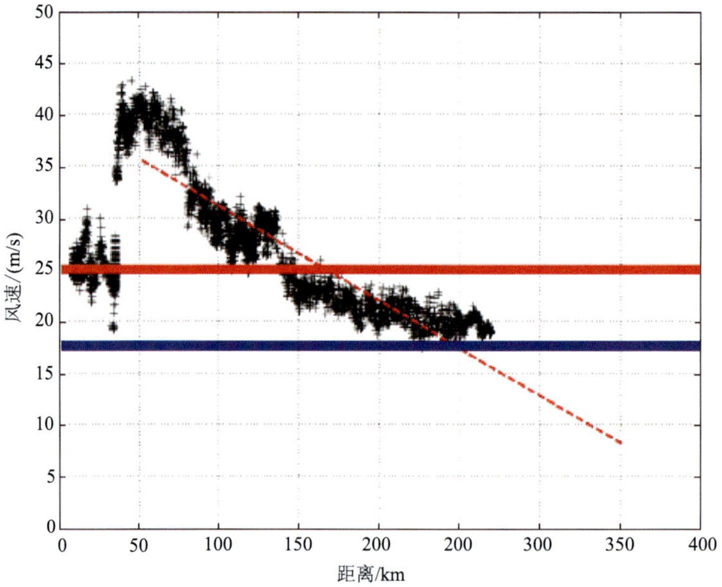

图 5.14　火箭弹下投探测的“彩虹”台风海平面风速分布

（横坐标 - 距台风中心距离，蓝实线 -34 节（约 17.5 m/s），红实线 -50 节（约 25.7 m/s））

综上所述，由上海台风研究所和航天科工集团第四研究院联合设计和研发的制导火箭弹下投探测系统，于 2015 年 10 月 3 日 23 时（北京时）对 1522 号台风“彩虹”实施了首次台风探测试验，取得圆满成功。初步分析表明，所获资料质量可靠。此次试验的成功，标志着“快速”“精准”“同时”获取海上台风多处结构特征的探测技术的重大突破。与飞机穿越台风的下投探空相比，火箭弹下投探空具有飞行时间短（抛撒出的下投探空仪相差不超过 6 min，属气象意义的“同时”）、可同时获取台风不同位置的垂直结构廓线和无“机毁人亡”风险等优势，受到科学界及联合国亚洲及太平洋经济社会委员会（UNESCAP）/ 世界气象组织（WMO）台风委员会等国际社会的广泛关注（矫梅燕 等，2020）。

值得注意的是，在“彩虹”台风探测试验中只发射了一枚制导火箭弹，且试验设计了在火箭弹飞越台风的途中进行 2 次探空仪（箱）的抛撒，并使用子母弹技术将探空仪从箱中弹散开从而实现多点的同时探测。从试验接收到的探测资料不难发现，第 1 次抛撒非常成功，4 枚探空仪从箱中顺利被弹射出来，箱的左右两侧各有 2 枚探空仪，两两之间相距均在 500～1000 m，4 枚探空仪的资料也均被地面接收站成功接收且质量可靠。然而，第 2 次抛撒并应弹开的 2 枚探空仪的资料则没有被接收到，或与子母弹的弹散及探空仪箱抛撒等环节失误有关。为进一步完善上述制导火箭弹下投探测系统性能，同时也为降低成本、增加制导火箭弹下投探空的业务适用性，上海台风研究所与航天科工集团再度联手，依托国家重点研发专项“火箭平流层气象观测系统研制”（2018YFC1506300）研制射程分别为 300 km、500 km、1000 km 及 1500 km 等，高度为 10 km、15 km、30 km 及 60 km 等序列制导火箭弹下投探空系统，可批量生产后，最终形成基于目标的近 / 远海台风快速、应急探测能力。

5.3.4 平流层火箭弹气象探测试验

上述试验后针对火箭弹气象探测的特点和存在的问题，提出在此基础上要发展系列化低成本的气象探测火箭弹，并且探空仪的抛撒要多点分序投放。一定要解决大动压条件下的组合减速、强对流环境下的稳定探测、远程数据实时传输等关键技术。建立远近协调、高低搭配、点面结合的火箭、飞行器综合应急探测系统，满足不同距离（100～1500 km）及不同高度（10～60 km）台风探测的应急监测业务需求，实现在台风等重大自然灾害业务化监测和应急保障中的应用。

平流层火箭弹气象探测系统 PTC-300 就是在上述试验基础上发展的一种针对平流层气象探测的低成本系列化产品之一。

5.3.4.1 平流层火箭弹气象探测系统总体设计

（1）火箭弹气象探测系统组成

火箭弹气象探测系统由结构系统、动力系统、控制系统、遥测系统和地面发射系统等组成，框架见图 5.15。按照弹体结构划分，火箭弹主要由头锥舱、载荷舱、仪器舱、发动机和尾段（含尾翼）等直属件组成，见图 5.16。根据总体需求，载荷舱用于装载 6 枚下投探空仪，共分为上下两层；仪器舱用于安装控制系统及遥测系统设备。

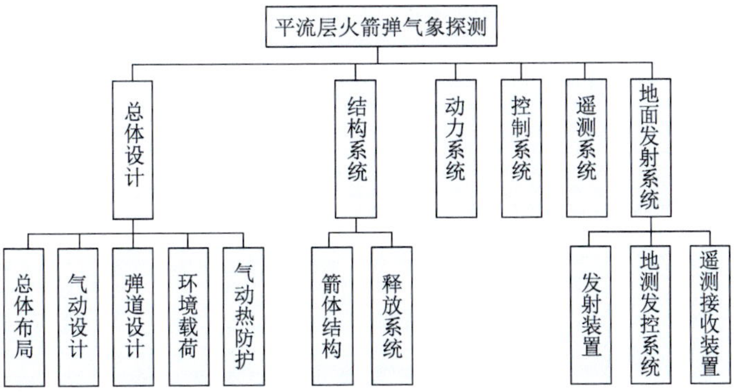

图 5.15 平流层火箭弹气象探测系统组成

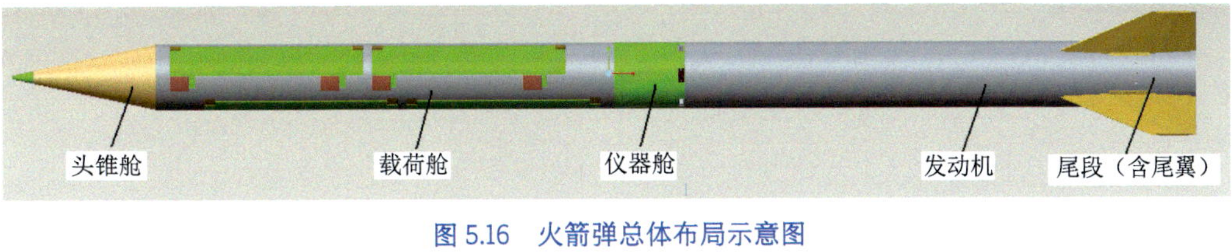

图 5.16 火箭弹总体布局示意图

（2）火箭弹的主要技术指标

最大飞行高度不小于 65 km；飞行弹道为抛物线；运载探空仪数量为 6 枚；分组释

放 2 次，单次 3 枚；探空仪有效探测高度 0～60 km。

（3）火箭弹的飞行探测流程

火箭弹发射后，在发动机作用下自主飞行，经过弹道顶点后下降时进行下投探空仪释放，在达到 7 hPa 高度时，进行第一组 3 枚下投探空仪释放，延时一定时间后进行第二组 3 枚下投探空仪释放，确保两次释放探空仪高度均在海拔 60 km 以上。火箭弹飞行流程见图 5.17。

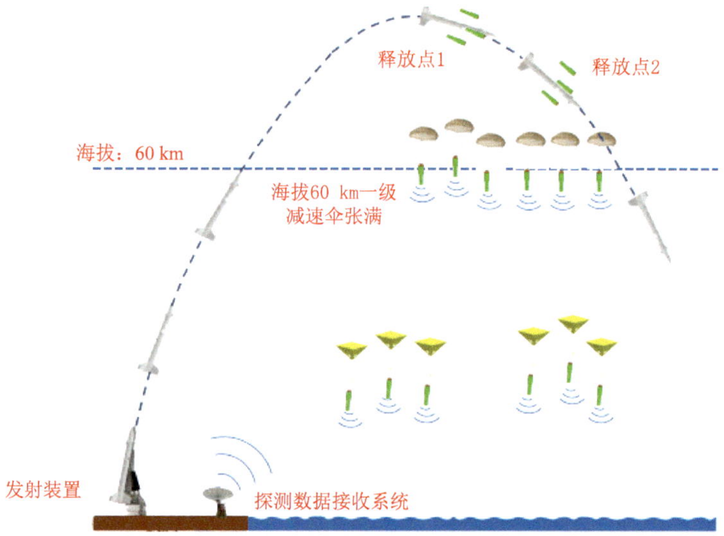

图 5.17　探测火箭飞行流程图

（4）火箭弹试验的目标

针对覆盖平流层顶至海平面高度范围、可释放多枚下投探空仪、实现在同一时间对不同位置的多种类垂直廓线气象参数进行探测的需求，研发一种分序多点释放技术、组合减速技术、多传感器集成探测技术的平流层火箭系统，获取常规天气及强对流天气下平流层顶至海平面（地面）内风速、风向、温度、气压、湿度及臭氧含量等大气参数。在此基础上建立直接探测数据与遥测等多源数据的融合方法，加深对平流层顶至海平面气象参数及臭氧分布规律的认识，开展平流层与对流层相互作用过程研究，尤其是高层气象参数及臭氧分布对台风等强对流天气系统发生发展的影响研究，提升我国平流层大气及台风等强对流天气的研究水平。

5.3.4.2　平流层火箭弹试验

（1）常规天气下平流层火箭弹预试验

为验证火箭弹探空技术，2022 年 1 月 11—15 日，上海台风研究所观测团队在新疆沙漠气象研究所的协助下，赴新疆库尔勒协助中国航天科工集团第四研究院开展了常规天气下火箭弹平流层气象探测预试验，此次试验共发射两枚（分别于 1 月 11 日 14 时和 1 月 15 日 13 时发射）探空火箭弹，每枚携带 6 枚探空仪，火箭弹飞行至 55 km 高度左右分 2 次抛出探空仪，每次抛出 3 枚探空仪。试验主要是对相关系统进行测试验证，试验火箭成功达到预定高度，并在预定高度成功释放了多枚探空仪。第一次成功下投 6 枚探空仪，其中 5 枚探空仪接收到完整数据，1 枚探空仪未能收到数据，接收到数据的仪器中有 1 枚仪器未能正常减速。第二次成功下投 6 枚探空仪，均获取到完整数据，其中 2 枚仪器未能正常减速。针对此次试验中暴露的问题需要进行一些技术改进。一是修正高层温度。35 km 以上高层个别探测仪温度探测偏高，将采用计算流体力学（CFD）仿真的方式，对 −40 m/s 降速条件下的温度误差源进行分析，建立合适的修正补偿方法。二是改进定位时间。针对实际工况的下降速度优化定位算法，同时对定位模块进行可能的优化改进，给定位模块加装后备电池，用来在整机掉电后在短时间（1 d 左右）内维持内部必要的定位信息，缩短首次定位时间。三是提高数据获取率。目前发射单元发射功率约为 100 mW，为进一步增加接收距离，计划通过调整电阻分压，提高功率放大器的放大倍数，增加发射功率；针对定向性接收，计划同步改进定向性接收天线，提高接收效率。四是改进工作状态稳定性。前期电路的功放部分采用了点焊接的方式连接，造成整机可靠性有所降低，重新设计制作电路，将功放部分与整机电路板融合为一体，取消焊接工序，增强整机可靠性。

此次试验的开展为台风强对流条件下火箭探空试验提供了坚实的技术支撑。

（2）“奥鹿”台风的平流层火箭弹试验

2022 年 9月 24—29 日，上海台风研究所观测团队与中国航天科工集团第四研究院探测团队一起，在海南省气象局和琼海市气象局的协助下，开展了台风“奥鹿”的平流层火箭弹综合探测试验。分别于 2022 年 9 月 27 日 05 时、17 时和 9 月 28 日 07 时进行了 3 次火箭弹平流层探测试验，代表在强台风“奥鹿”影响前、影响期间和影响过后的平流层火箭弹探测，同样也是每次携带 6 枚探空仪完成下投并分 2 次抛出探空仪。试验实现了所有探空数据的完整接收，与地基探空数据较吻合，数据可信度高，标志着台风条件下火箭探空试验取得初步成功。

图 5.18 给出了下投探空仪漂移轨迹。本次“奥鹿”台风平流层火箭弹探测试验 18 枚下投探空仪均工作正常。

（3）强对流天气下平流层火箭弹试验

为了完成重点研发计划“常规天气及强对流天气下平流层探测试验”课题任务，上海台风研究所台风探测团队再次与中国航天科工集团第四研究院联合在海南琼海分别于 2022 年 11 月 21 日 22 时和 22 日 02 时、22 时进行了 3 次强对流天气条件下平流层火箭弹探测试验。第一次试验成功下投 6 枚探空仪，其中 3 枚为臭氧探空仪，均获取到完整数据，下落均正常；第二次试验和第三次试验都成功下投 6 枚探空仪，均获取到完整数据，下落均正常。再次验证了在强对流条件下火箭弹探测的可行性和可靠性。该技术可用于海上台风结构和强度观测，是上海台风研究所观测团队在台风探测技术上的一项创新性尝试，是一项航天事业与国民经济生活特别是气象减灾应用结合的典范，也是一项多单位协同创新提高气象能力的探索性尝试，为探空火箭的进一步气象应用打下了坚实基础。

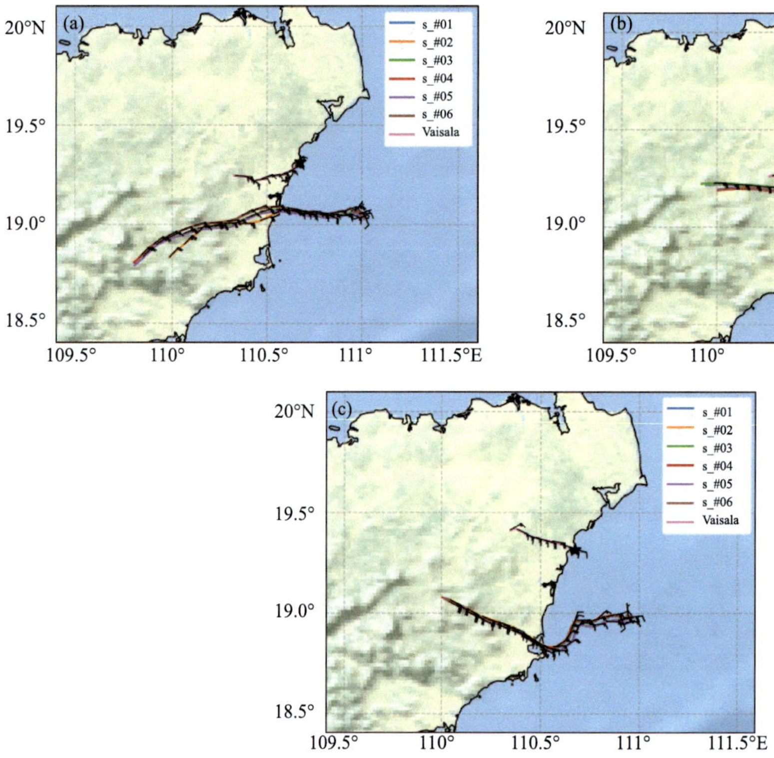

图 5.18　气球探空和火箭弹下投探空仪漂移轨迹（图例中 s_#01 至 s_#06 代表火箭弹下投探空编号，so_#04 至 so_#06 代表火箭弹带有臭氧的下投探空编号）（a. 第一次试验；b. 第二次试验；c. 第三次试验）

5.4　南海浮标阵观测试验（EBAT-SCS，2013—2017 年）

我国年均登陆台风 7～9 个，是全球台风灾害最严重的国家之一，提高台风预报的精度，特别是台风数值预报的精度，是减轻台风灾害的重要有效途径，并有显著的社会经济效益。据统计，对于在我国登陆的台风，24 h 路径预报每减小 1 km 的误差可减少直接经济损失约 1 亿元，24 h 强度预报误差每减小 1 m/s 可减少直接经济损失约 4 亿元（吴影 等，2017）。近年来台风路径预报精度不断提高，当前 24 h 预报误差已至约 70 km，继续提高已非易事。因此，更多关注台风强度预报能力的提高，是当前性价比相对高的选项。

5.4.1 海 - 气相互作用对台风强度变化的重要性

相对于近年来路径预报精度的不断提高，台风强度预报的提升进展缓慢。究其原因，台风移动主要受大尺度环境气流引导，台风自身结构及下垫面的作用相对较小。随着气象卫星及数值预报技术的发展，数值模式对大尺度环境场及其演变的刻画能力显著增强，虽然在精确刻画台风自身结构及下垫面方面仍显不足，但是实际上对台风路径预报的影响并不大，却对台风强度预报的影响很大，因为台风自身结构及下垫面对台风强度变化的影响均与大尺度环境场的作用相当，其中海洋下垫面及海 - 气相互作用对于海上台风强度预报显然必不可少。

众所周知，在我国，大气与海洋领域的主管职责分属不同部门，海面以上属气象部门、海面以下由海洋部门负责。长期以来，气象学家及气象部门发展的台风预报技术，大多对海洋的作用考虑不充分，大多只考虑到海表温度（SST），而且基于海洋热容量大且相对大气缓变，在大气模式的积分时段内通常将其视为不变量，实际业务中常用周平均场，甚至月平均场或年平均场。因此，大气数值预报模式对台风强度的预报能力十分有限，事实上，当前没有任何一个大气数值预报模式能宣称对台风强度的业务预报具有显著参考价值。图 5.19 给出的是 2009 年中国气象局上海台风研究所台风业务模式（GRAPES-TCM）台风强度 24 h 和 48 h 预报误差分布。由图可见，强台风（中心附近最大风速 >50 m/s）强度预报明显偏弱，弱台风（中心附近最大风速 <30 m/s）强度预报则明显偏强。

近年来观测发现，台风过境前后海温（SST）的响应变化并非缓慢，变化的海洋对台风的反作用则更是瞬时发生的，特别是台风过境区域的海洋存在中尺度涡时，海洋对台风（强度）的作用既不慢也不弱。因此，海 - 气相互作用过程在台风模式中的适当表达是提高模式对台风强度预报能力的必由之路。鉴于此，上海台风研究所依托国家重点基础研究发展计划项目“台风登陆前后异常变化及机理研究”（2009CB421500）（简称“台风 973”），发展建立了基于耦合器（OASIS-3）的区域海 - 气耦合台风模式（AS）（图 5.20），其中大气模式为 GRAPES-TCM，海洋模式为 ECOM（端义宏 等，2014）。

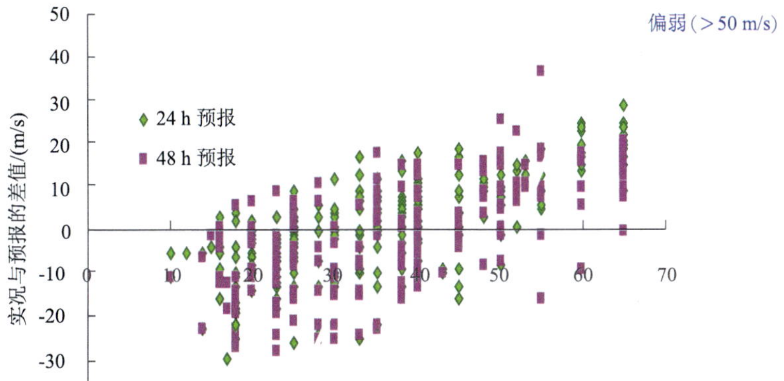

图 5.19　2009 年台风业务模式（GRAPES-TCM）台风强度预报误差分布

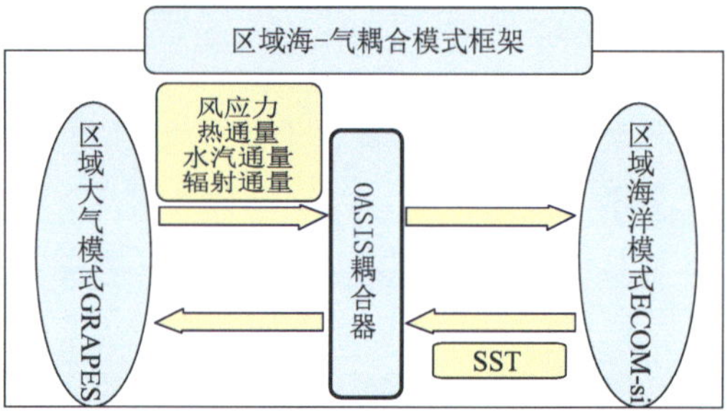

图 5.20　依托“台风 973”项目建立的海 - 气耦合台风模式（AS）框架

“台风 973”项目利用建立的 AS 模式，对 2004—2012 年近海及登陆的 10 个典型台风（0414 号“云娜”、0509 号“麦莎”、0608 号“桑美”、0813 号“森拉克”、0814 号“黑格比”、0815 号“蔷薇”、0907 号“天鹅”、0908 号“莫拉克”、1003 号“灿都”、1211 号“海葵”）进行强度预报，并与台风业务模式（GRAPES-TCM）进行了同样本的比较分析（图 5.21）。结果表明，24 h 的强度预报平均误差从 16.9 m/s 显著降至 8.8 m/s，然而 48 h 预报误差反而有所增大（从 13.7 m/s 增大到 14.2 m/s），这或许与台风条件下海 - 气相互作用过程在模式中刻画仍不完善有关。

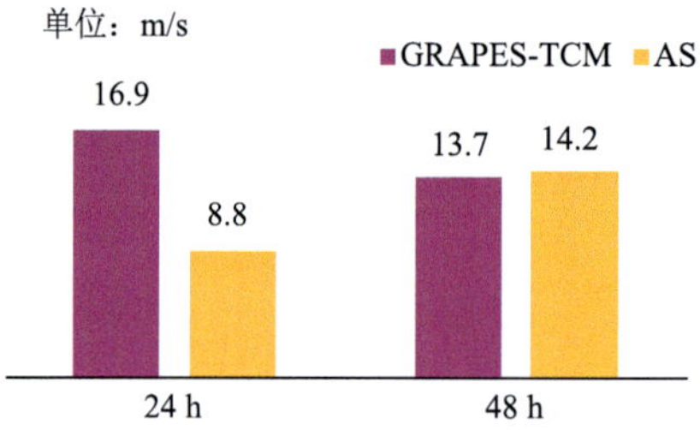

图 5.21　海 - 气耦合台风模式（AS）对 2004—2012 年 10 个典型台风强度的预报性能比较

（AS：GRAPES_TCM+ECOM 耦合模式）

5.4.2　试验设计及观测

在此基础上，2013 年上海台风研究所与自然资源部第二海洋研究所（原国家海洋局第二海洋研究所，简称“海洋二所”）等海洋口的专业机构联合，依托国家重点基础研究发展计划项目“上层海洋对台风的响应和调制机理研究”（2013CB430300），实施了“南海台风浮标阵观测试验”（The field experiment of buoy array for typhoon in South China Sea，EBAT-SCS），利用新型的海洋与大气观测手段，开展了台风条件下海 - 气相互作用的观测研究，结合理论分析揭示上层海洋对台风的响应和调制机理，发展和完善了海 - 气耦合模式关键技术及相应的数据同化系统，实现了对海 - 气耦合台风预报模式（GRAPES_TCM+ECOM）性能的进一步改进（Zhou et al.，2018）。

EBAT-SCS 试验分别于 2014 年、2016 年和 2017 年在南海北部海域（位于影响我国台风路径的主通道上）实施了 3 轮以浮标 / 潜标阵列为核心的海上现场观测。2014 年 6

月 3 日—8 月 10 日，在两个月的时间内，通过 4 个航次的海上作业，成功布放了第一轮观测阵列，共计 5 套浮标和 4 套潜标。观测阵于 2014 年年底开始回收，2015 年 3 月底—4 月初回收完毕。2016 年实施了第二次针对台风的浮标 / 潜标观测。2016 年 7 月 25 日—8 月 7 日，通过 2 个航次的海上作业成功布放了 3 套浮标和 2 套潜标，于 2016 年 10 月底回收。2017 年第三轮现场观测除了在南海北部布放 3 套潜标，还进行了为期 2 天（2017 年 6 月 23—24 日）的定点观测以及为期 2 天（2017 年 6 月 25—26 日）的仪器拖测。

该浮标阵列成功获取了多个台风过程中海洋与大气的现场数据，典型的如 2014 年台风“威马逊”（Rammasun）和“海鸥”（Kalmaegi）以及 2016 年台风“莎莉嘉”（Sarika）等。

EBAT-SCS 试验期间，还在西北太平洋开展了 Argo 剖面浮标阵观测，并于 2017—2018 年在南海北部海域开展了水下滑翔机的组网观测试验。Argo 剖面浮标观测阵由 5 台铱卫星 Argo 剖面浮标组成，并于 2015 年 9 月搭载中国科学院海洋研究所“科学”号调查船布放在西太平洋海域。在台风季节，通过铱卫星双向通信功能，向 5 台浮标发送加密观测指令，使其观测周期由 10 d 缩短为 3 d，获取了 2015 年 24 号（“巨爵”，Koppu）和 26 号（“烟花”，In-fa）等台风路径附近 0～2000 m 的观测资料。截至 2016 年年底，这些浮标共获取了 510 条 0～2000 m 范围内温度、盐度剖面。此外，试验还收集了 2012—2013 年西北太平洋部分台风路径附近海域的铱卫星 Argo 浮标观测资料，这些浮标中的大部分为我国科研项目布放在该海域的浮标，并在台风季节通过铱卫星双向通信缩短了浮标的观测周期（原来的周期为 10 d 一条剖面），为研究海洋对台风的响应提供了高分辨率的现场观测资料。

水下滑翔机观测由 7 台“海燕”水下滑翔机（天津大学研制）组网而成，实现了水下滑翔机对台风观测的快速响应、机动布局和高效测量，收集了台风过程中海洋精细化参数信息。这是我国首次利用水下滑翔机获得台风现场环境参数，为台风与海洋的相互作用研究提供了一种新的技术手段。强台风“天鸽”于 2017 年 8 月 20 日在太平洋生成，8 月 22 日下午至 23 日经过南海北部海区，台风中心区最大浪高接近 10 m，风力达到 12～14 级。处于台风影响范围的多台“海燕”水下滑翔机联动协作、快速出击，至台风逼近时，“海燕”滑翔机距离台风中心仅约 10 km。在观测过程中，通过对台风轨迹的实时预判，积极部署，“海燕”自动优化并调整航路，航行至台风区，开展高频次的剖面观测，获得台风下的海洋温度、盐度、流速等参数信息。针对 2017 年 8 月 24 日生成的台风“帕卡”，利用部署的这 7 台滑翔机，于 8 月 26 日成功获取了“帕卡”过境时多种海洋动力环境参数。

EBAT-SCS 试验期间，1409 号台风“威马逊”正好穿越了 2014 年布放的 5 个浮标阵列，为台风条件下海 - 气相互作用研究提供了前所未有的第一手观测资料。直接同化这 5 个浮标阵列观测资料后对模式台风路径和强度预报的效果，比较发现，5 个浮标站观测资料的直接同化，并没有显著改进模式台风路径预报，对台风强度预报有一定的正贡献但也主要表现在预报的后期（24 h 以后）。究其原因可能是，相对于常规及卫星资料，5 个浮标资料量太少，加之只有浮标观测质量较好的浮标观测高度的海表气温和气压被同化。因此，除被直接同化进数值模式外，外场观测资料的价值可能更多体现在帮助理解台风过程的物理机制，并据此改进模式中的相应参数化方案，提高模式的预报性能。

5.4.3 基于观测的上层海洋对台风强度的影响研究

基于 EBAT-SCS 试验获取的观测资料，国家重点基础研究发展计划项目“上层海洋对台风的响应和调制机理研究”（2013CB430300）对上层海洋与台风的相互作用机理开展了较系统的研究，内容涉及上层海洋温盐结构对台风过境的局地响应特征及机制、海洋中尺度涡旋在台风影响下的变形与调整、台风“热泵”和“冷抽吸”作用对海洋层结（混合层和障碍层）的不同影响、台风输入到海洋的近惯性能量的传播与耗散机制，以及海洋中尺度涡、温度锋面和海洋障碍层对台风强度的影响，并在此基础上构建和完善了适用于台风强度和海洋环境的耦合预报技术及其资料同化和预报系统（周磊 等，2019）。

5.4.3.1 前台风对后续台风强度的影响

基于大量的 Argo 浮标剖面资料发现，台风引起的上层海水变冷能够达到 35 m 深处，且在表层和深层恢复较快，而在 15～20 m 深度层海水温度恢复最慢，通常能够存在 20 d 左右。这意味着，台风过境后 20 d 以内保留在 15～20 m 深度层的冷海水对后续台风的强度会产生一定的影响。进一步分析表明，台风的强度、移动速度以及海洋混合层的深度均对台风引起的海水变冷结构有较大影响，台风强度越强（弱），降温越大（小），所能达到的深度也越深（浅）；移动速度慢（快）的台风引起的降温大（小），深度深（浅）；在混合层深（浅）的区域，台风引起的降温小（大），深度深（浅）（图 5.22）。

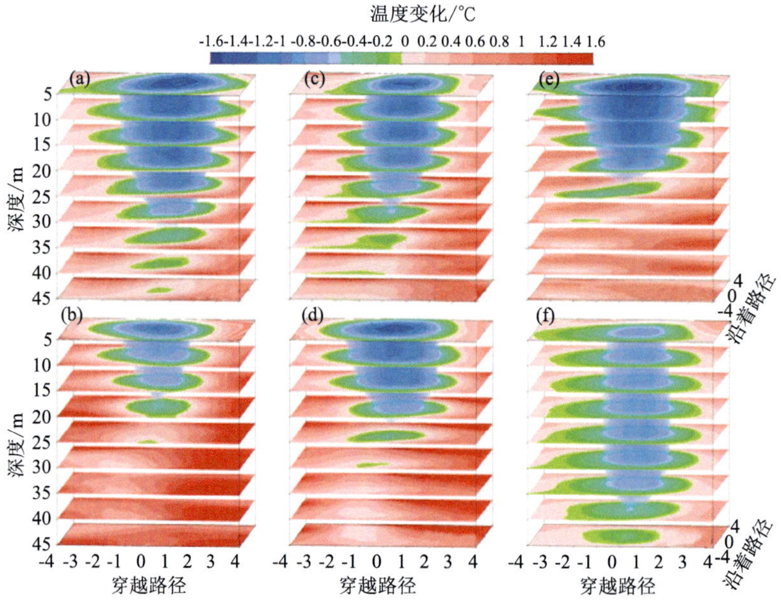

图 5.22 慢速（a）、快速（b）、强（c）和弱（d）台风引起的海洋温度变化以及混合层浅层（e）和深层（f）的情况下海洋温度变化

分析表明，台风对上层海洋温度的影响主要通过海气界面热通量、夹卷混合和上升流等物理过程实现，仅考虑局地海洋 - 台风相互作用时，海洋反馈给大气的海表温度主要是由夹卷混合过程导致的，上升流和海气界面热通量的作用是小量，可以忽略不计。

也就是说，台风影响下 SST 可近似用海洋混合深度的平均温度代替。利用 Argo 浮标数据，EBAT-SCS 试验构造了台风过境时上层海洋混合深度的半经验公式：

$$D_{\text{stir}}=3.86\times\left[\frac{\tau\cdot R}{\rho_0\cdot g\cdot(100-h_0)\cdot N^2\cdot \text{uh}}\right]^{1/3}$$

式中：D_{stir}为台风过境时的混合深度；τ为局地最大风应力；R为最大风速半径；ρ_0为海水密度；h_0为混合层平均深度；uh为台风移动速度；N^2为混合层底至100 m深度之间的Brunt-Vaisala频率。公式中各项均为无量纲量。上述经验公式与观测的对比见图5.23。利用此公式结合台风前的上层海洋层结可以预报台风过境时的海表面温度。

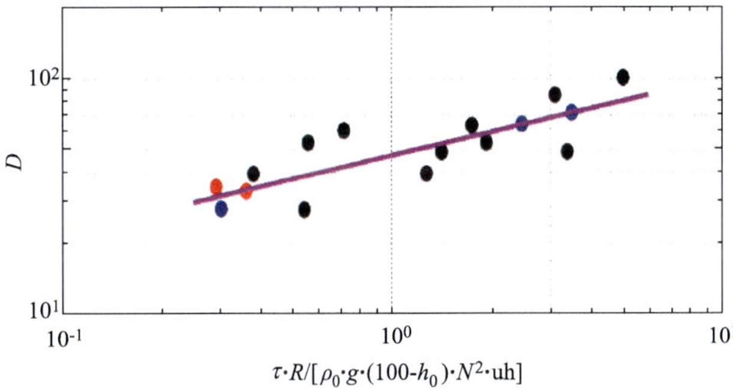

图 5.23 基于潜标资料和 Argo 浮标资料得到的台风强迫阶段混合深度与各参数的关系（红色样本来自潜标数据，蓝色和黑色样本来自 Argo 浮标数据，蓝色样本代表台风前后 Argo 的空间距离小于 5 km 的样本，这是由于台风移动造成的误差较小）

5.4.3.2 海洋障碍层对台风强度的调制作用

海洋上层具有均一温度和密度的水层被称为海洋混合层，台风降水向海洋表层注入大量的淡水，盐度变化的影响使均一的密度层变得比均一的温度层浅，人们将温度跃层和密度跃层之间的水层称为障碍层（barrier layer）。障碍层对热量的垂直交换起“热障”作用，使混合层和温跃层无法进行有效的热量交换（Godfrey et al.，1989），对台风引起的 SST 冷却有重要影响（Sengupta et al.，2008），进而对台风强度有重要影响。关于由盐度引起的海洋障碍层对台风强度的可能影响，目前仍存在着很大的争议。部分研究表明，障碍层的存在能减小台风引起的垂直混合和 SST 冷却，导致更多的热量从海洋输送到大气中，利于台风加强（Ffield，2007；Karthik et al.，2012），另一部分研究则表明，海洋障碍层对台风加强几乎没有影响。事实上，基于 EBAT-SCS 试验期间的 Argo 及卫星遥感等观测数据的分析和数值试验发现，海洋障碍层对台风强度的影响相当复杂，且该影响可以分为如下 3 种不同的情况：一是当台风较弱或者移动较快，没有击破混合层底时，障碍层的存在不利于台风加强；二是当台风较强或者移动较慢，击破混合层进入到障碍层时，障碍层水体的夹卷有利于台风加强；三是当台风足够强以致可以击破障碍层底进入到跃层时，障碍层的存在同样有利于台风加强（图 5.24）。

分析发现，台风能否击破混合层或障碍层，取决于台风的强风和降水。强风的搅拌使得上层海洋的温度 / 盐度 / 密度趋于均匀，不利于障碍层结构的存在。降水导致海洋表面大量的淡水注入，单纯的降水过程并不能改变上层海洋的层结，风场的加入可以使淡水与海洋表层海水混合，导致海洋表层的盐度迅速下降，加剧海洋上层的盐度梯度，由此可以增强局地的障碍层结构，甚至形成新的障碍层。台风条件下海洋障碍层到底是增强还是减弱完全取决于伴随台风的风场和降水之间的“博弈”。基于一维 PWP 模式的分析结果进一步表明，台风过境后障碍层的变异与台风强弱、台风大小、局地点与台风中心的路径、台风移动速度、台风伴随的降雨量以及台风前的海洋初始场等都有关系。

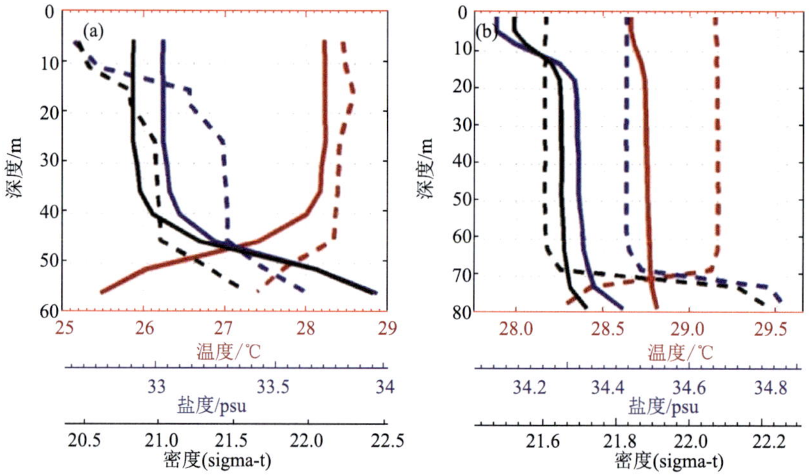

图 5.24　台风“TEMBIN”（a）/“PARMA”（b）前（虚线）、后（实线）的温度（红）、盐度（蓝）和密度（黑）剖面

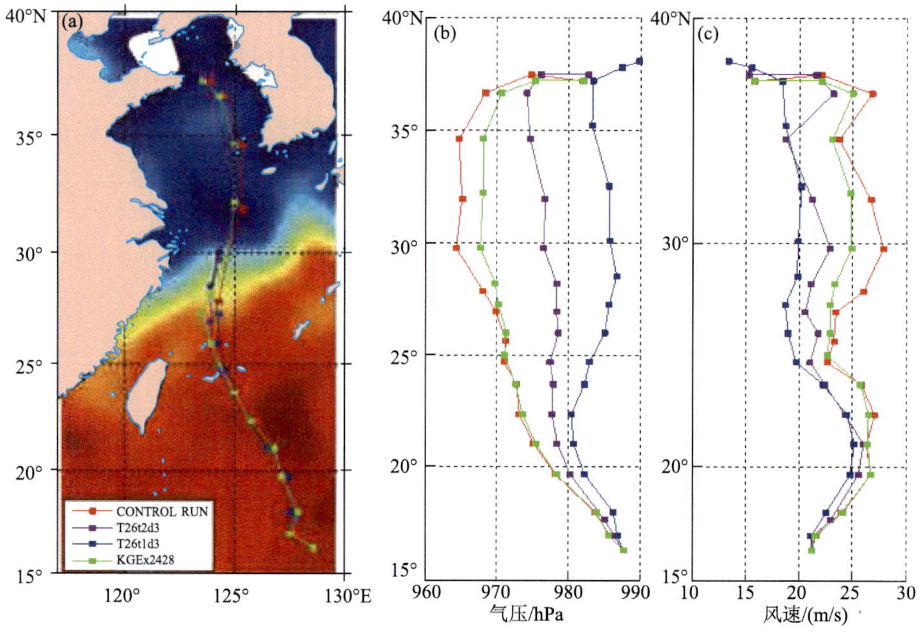

图 5.25　黑潮锋面对台风路径（a）、中心气压（b）和风速（c）的影响（红线代表无锋面影响的控制试验，其余彩线代表不同的敏感性试验）

5.4.3.3 海洋温度锋面对台风强度的影响

台风过境时，春夏季节南海北部海域海洋温度（SST）锋面强度减弱，冬季锋面则明显增强，秋季南海北部海域台风过境前后均无锋面。数值试验表明，黑潮附近的暖水区（高于 26 ℃）对于台风增强起决定性作用（图 5.25）。如果降低 26 ℃以上高温水的温度，台风强度及增强速度均明显减弱；如果黑潮区 24～28 ℃的温度梯度降低，台风在进入黑潮区时增强速度及达到的最大强度均明显降低。此外，海洋温度降低和温度锋面减弱均使台风轨迹向西偏。

5.4.3.4 海洋中尺度涡对台风强度的影响

利用 NCEP/FNL 再分析资料的 11 月气候态环境场（1999—2013 年）作为 WRFv3.5 的初始条件，将最大风速半径 50 km 和最大风速为 30 m/s 的人造台风置于（160°E，16.5°N），控制试验将 SST 设为空间均一化（27 ℃），敏感性试验在（155°E，16.5°N）处添加半径为 2.5°、温度振幅为 −4～4 ℃的海洋气旋和反气旋涡，涡旋区域内 SST 分布与距离涡中心半径成反比例关系。数值试验结果表明，台风中心进入海洋中尺度涡旋区域约 3 h 后强度开始发生变化，暖（冷）涡促使台风强度相对控制试验增强（减弱），增强（减弱）的幅度与涡旋的强度有关。通过在台风不同位置添加相同的中尺度海洋暖涡发现（图 5.26），在积分的 4 d 时间里，暖涡在 2 倍最大风速半径以内时模拟的台风强度显著强于控制试验，而在 2 倍以外模拟的台风强度弱于控制试验。这种差异在第 2 天尤为明显。台风中心的暖涡导致台风最大风速比控制试验大 8 m/s，随着暖涡逐渐向 2 倍最大风速半径处移动，其引发的风速增强逐渐从 5 m/s 降低到 1 m/s。2 倍最大风速半径以外的敏感试验中，台风最大风速普遍比控制实验小 0～2 m/s。这种由暖涡导致的台风增强或减弱效应在第 2 天以后逐渐减弱。随着积分时间的增加，2 倍最大风速半径以内暖涡的增强效应逐渐减弱，2 倍最大风速半径以外暖涡的抑制效应越来越强。

5.4.3.5 强台风海上通道

在天气尺度上，海洋热结构主要由涡旋和锋面等中尺度过程决定，因此超强台风最有可能出现在中尺度暖水之上（图 5.27）。以往研究都以定性为主，对台风强度预报作用有限。为了揭示海洋中尺度过程与台风强度的定量关系，首先明确了海洋中尺度结构通过影响海洋层结而调制台风强度的机理，并基于大量观测资料和理论分析建立了一个半经验公式，可对任意给定台风和初始海洋层结定量给出海洋响应和反馈的大小。

其次，基于理论提出中尺度涡旋应该具有全球统一的三维结构，并利用观测资料和巧妙的坐标变换找到了这一结构，由此建立了一套由卫星高度计即时、准确反演海洋内部中尺度涡的方法（图 5.28）。

最后，证明上述方法在普遍意义下对所有中尺度结构同样适用，且准确率在 80% 以上，因而可以对台风在任一海域的强度增减趋势做出定量预报，确定海洋中哪些暖性中尺度结构能成为利于强台风成长的“强台风通道”。作为一个例子，图 5.29 显示 2014 年超强台风“海鸥”的 2 次强化都与海洋暖涡有关。

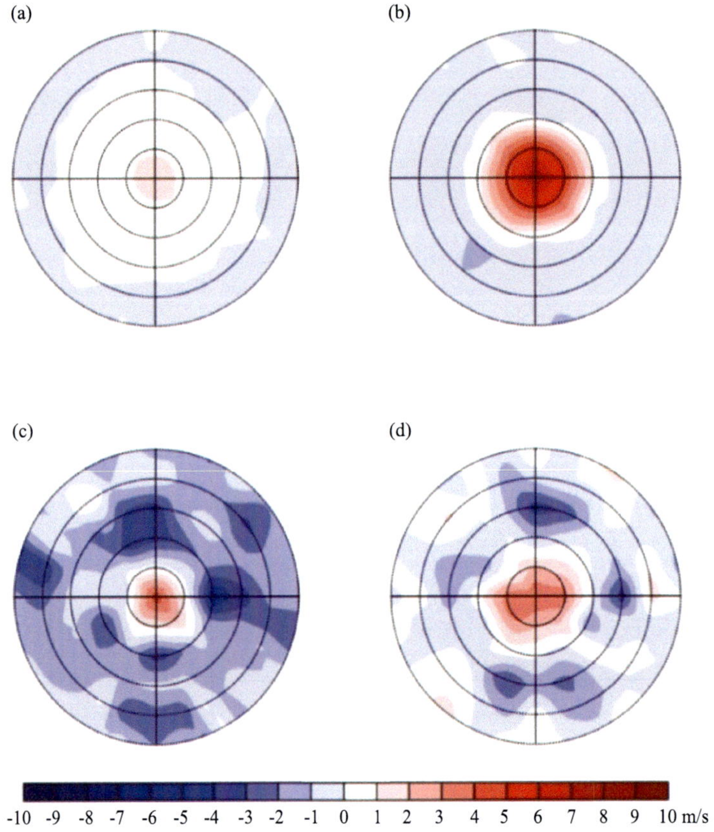

图 5.26　海洋中尺度暖涡在台风不同位置引起的台风强度变化
（颜色表示敏感试验与控制实验的最大风速之差，同心圆表示 1～5 倍大风半径）
（a）积分第 1 天；（b）积分第 2 天；（c）积分第 3 天；（d）积分第 4 天

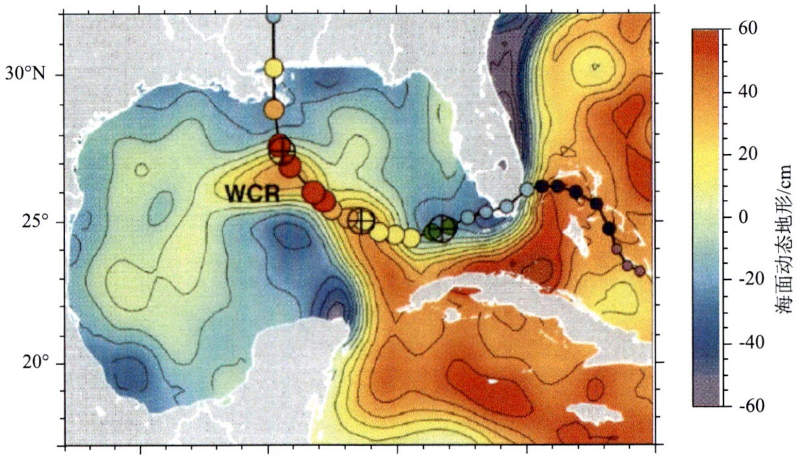

图 5.27　“卡特里娜”（Katrina）超强飓风的轨迹及其最强时（红点）的海面高度场

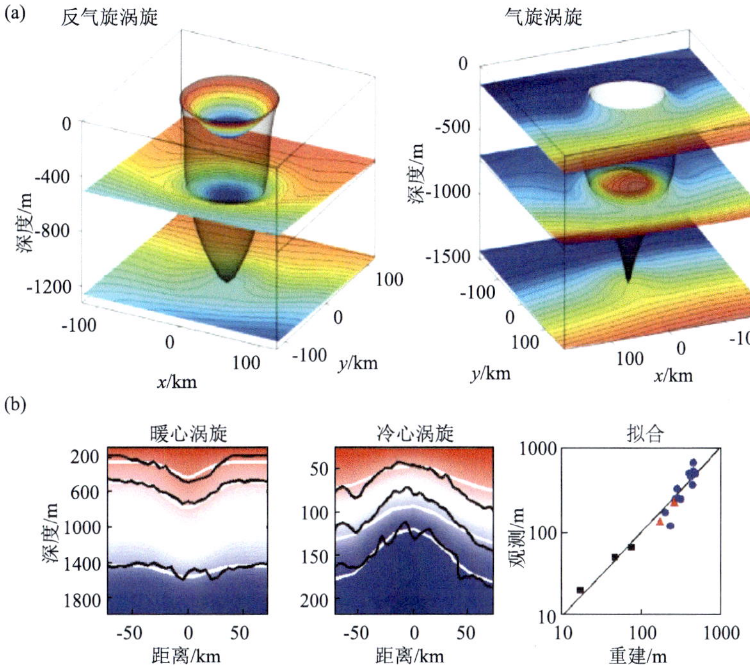

图 5.28 海洋中尺度涡的三维结构（a）和高度计反演效果（b）

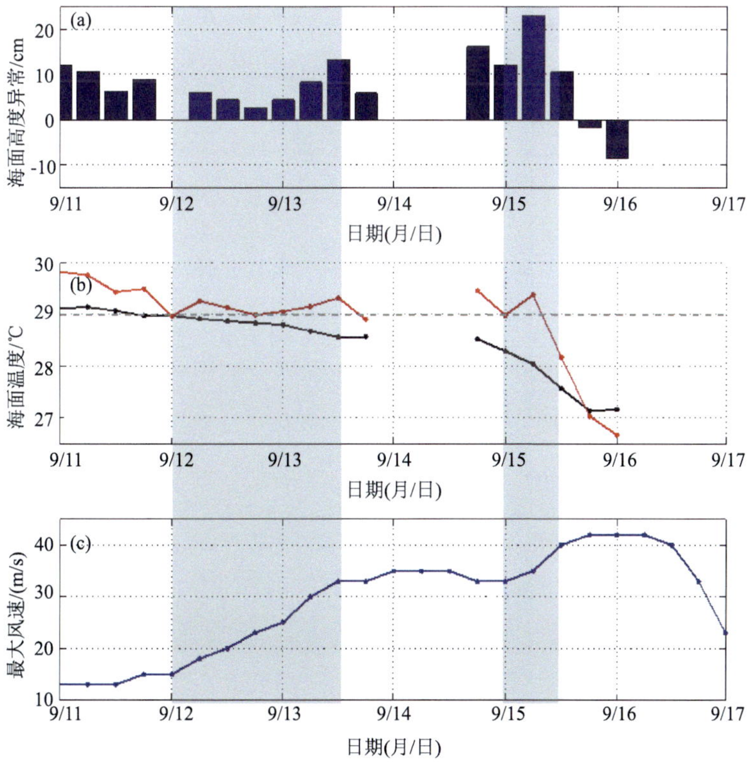

图 5.29 台风“海鸥”（2014 年）强度变化与上层海洋中尺度结构的关系（a. 沿台风路径的海面高度异常；b. 根据经验公式得到的混合后海面温度，黑线是利用气候态层结资料获得，红线是利用同步卫星高度计反演获得；c. 台风强度变化）

5.4.4 海－气－浪耦合的台风强度预报系统

在国家重点基础研究发展计划“台风登陆前后异常变化及机理研究”（2009CB421500）项目已建立的由 GRAPES-TCM 中尺度台风模式和 ECOM 海洋环流模式构成的海 - 气耦合模式基础上，进一步耦合海浪模式（WaveWatch- Ⅲ）构成了新一代的区域中尺度海 - 气 - 浪耦合的台风模式系统（雷小途 等，2019a）。该耦合模式基于 OASIS 耦合器实现台风（大气）、海洋环流、海浪模式三者间的信息交换。大气模式主要通过风应力向海浪模式输送动量通量，海浪模式通过波浪高度、波龄等参数改变海面粗糙度，从而反馈影响海 - 气界面的动量通量，同时大气模式通过风应力向海洋环流浪模式输送动量通量，改变海面温度和海流，海面温度的改变通过热量通量反馈影响大气，海流则通过波流相互作用影响波浪（图 5.30）。

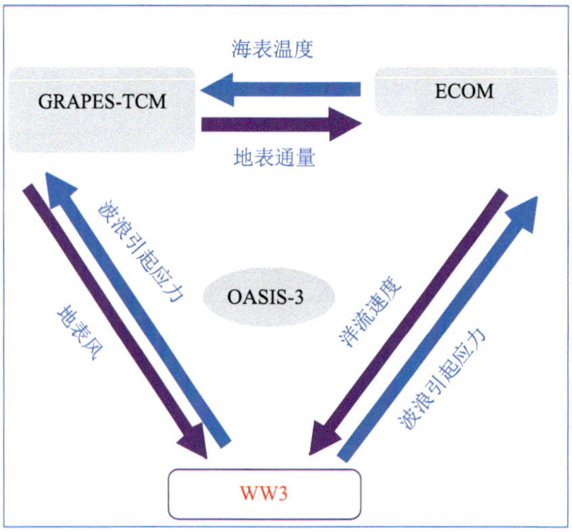

图 5.30　新一代区域海 - 气 - 浪耦合的台风强度预报模式架构示意图

利用典型台风个例（0413 号强台风“云娜”和 1003 号台风“灿都”），完成了对海 - 气 - 浪模式耦合过程的合理性测试。在此基础上，基于 EBAT-SCS 试验的大量外场观测资料和“台风 973”项目“上层海洋对台风的响应及调制机理研究”各课题的理论研究成果，对耦合模式中的几类重要参数化方案包括海气界面湍通量、海洋混合和边界层厚度等进行了优化，同时发展针对台风的多源数据同化、模式初始化和集合预报技术。

其中，对海洋飞沫生成函数进行飞沫粒径分段组合的计算改进，即用 Grythe 方案计算小粒径（< 10 μm）的海洋飞沫生成量，用 Andreas 方案计算大粒径段（> 10 μm）的海洋飞沫生成量，将二者组合形成一个新的海洋飞沫浓度的计算方案，该方案适用于 0.01～200 μm 粒径的海洋飞沫生成量计算（段自强 等，2016）。对典型个例 1409 号台风“威马逊”的数值试验表明，耦合模式中，海洋飞沫主要通过改变海表面粗糙度与热通量对台风的强度与结构产生影响；分粒径段组合方式的海洋飞沫生成函数，可改善海 - 气 - 浪耦合模式对台风强度变化过程的模拟（图 5.31）。

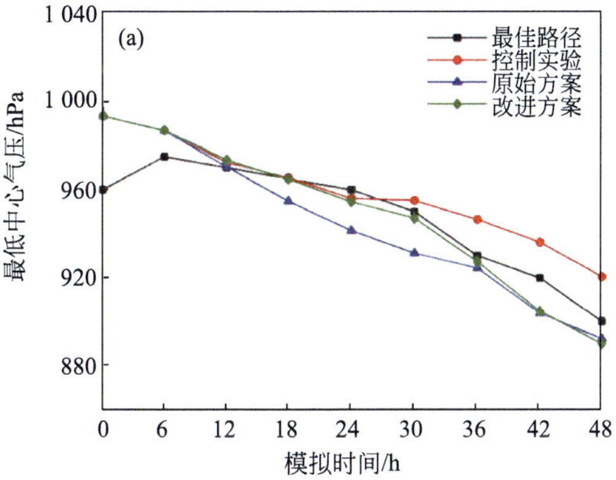

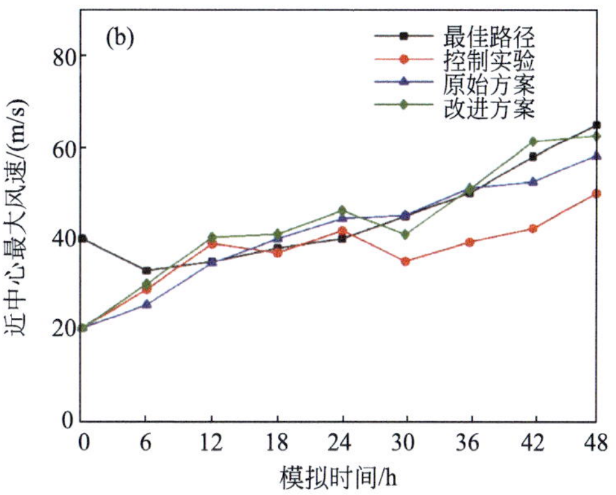

图 5.31　采用海洋飞沫新方案后的耦合模式对 1409 号台风“威马逊”强度与路径的模拟

（2014 年 7 月 16 日 00 时—18 日 00 时）

在海洋飞沫生成函数改进及近海相关观测资料分析的基础上，形成一个新的适用于强风条件且依赖水深的海面拖曳系数 C_d 计算方案（方平治 等，2015），并通过海洋环流模式的数值模拟，对比分析了台风条件下使用新的海面拖曳系数方案与模式原有 Garratt（1977）拖曳系数方案对上层海洋海温响应的差异（图 5.32）。结果表明，在低风速情况下，考虑海洋飞沫因素的海面拖曳系数 C_d 与经典的 Garratt 拖曳系数经验公式计算数值相近，在台风高风速情景下，考虑海洋飞沫因素后的 C_d 方案与经典的计算方案差别较大，表现为随风速增长而趋缓，约在最大风速为 19 m/s 附近达到饱和，它略小于以往研究结果。随着风速进一步增大，C_d 数值逐渐减小，它主要与高风速条件下海洋飞沫层的形成减小海面粗糙度有关。对比数值模拟试验结果表明，模式采用考虑海洋飞沫作用后新的海面拖曳系数计算方案，减弱了大气对上层海洋的动力强迫，通过与南海浮标列阵的观测比较，表明采用新方案后模式能更好地反映台风条件下上层海洋的温度降温幅度、混合层加深幅度、温跃层强度减弱等上层海洋要素变化的观测特征（刘霄燕 等，2017）。

浅水区：
$$1000C_d=\begin{cases}1.95 & 5.4\leqslant U_{10}<10.8\\ 1.41+0.05U_{10} & 10.8\leqslant U_{10}<25.2\\ \dfrac{131}{U_{10}^2}+\dfrac{62}{U_{10}} & 25.2\leqslant U_{10}<39.6\end{cases}$$

深水区：
$$1000C_d=\begin{cases}1.2 & 4\leqslant U_{10}<11\\ 0.49+0.065\times U_{10} & 11\leqslant U_{10}<35\\ \dfrac{3390}{U_{10}^2} & U_{10}\geqslant 35\end{cases}$$

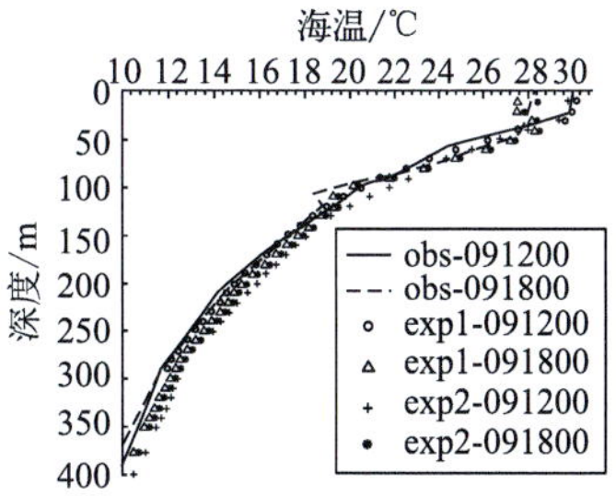

图 5.32　依赖水深的 C_d 参数化改进方案和 1409 号台风“威马逊”影响前后海温随深度变化廓线的模拟
（实线、虚线分别表示台风影响前、后浮标 B4 观测，exp1、exp2 分别代表老、新方案）

耦合模式边界层高度对边界层的湍流及海 - 气通量等有重要影响，动力学和热力学角度均可刻画（定义）边界层高度。上海台风研究所考虑台风入流层物理特征并结合边界层普遍存在的卷涡特点，发展了适用于台风模式的边界层高度参数化的动力学新方案（Ma et al.，2016），并应用于耦合模式。图 5.33 给出的是新老方案计算的台风“莫拉克”

（0908 号）边界层高度及耦合模式使用新老方案对台风“莫拉克”路径和强度模拟的影响。对比数值试验结果表明，新的边界层高度参数化方案与原方案的最大差异发生在陆地上和海洋上的强对流区域；新的边界层高度参数化方案能改善耦合模式中不稳定能量的分布以及对流的发展，进而改进模式台风强度的模拟。

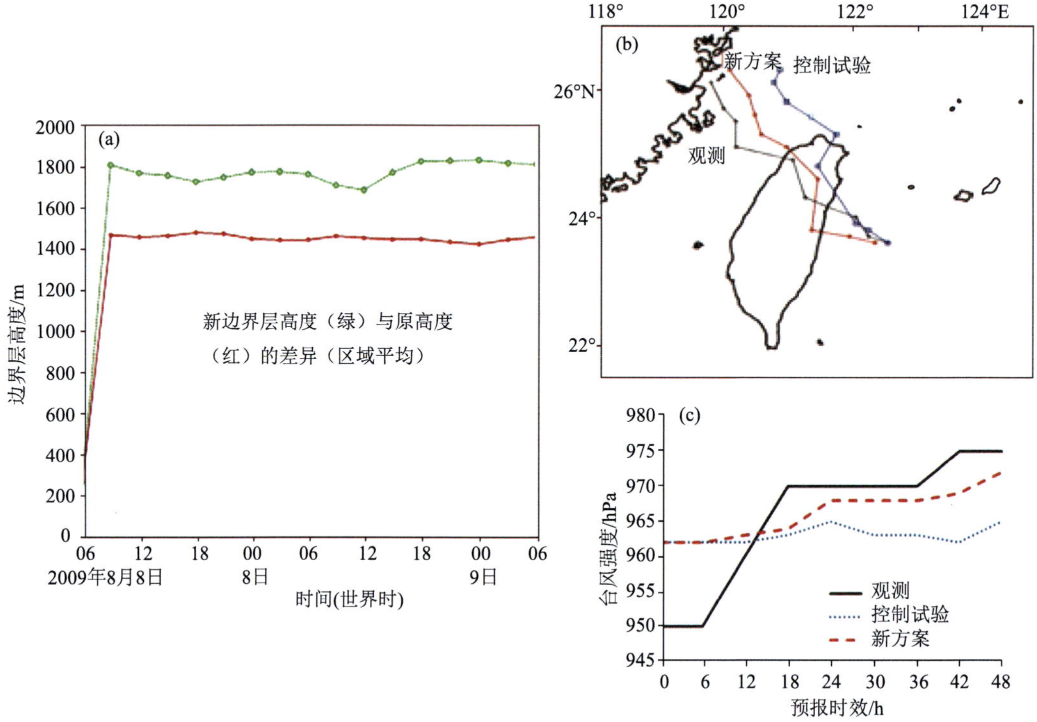

图 5.33　新老边界层方案计算的 0908 号台风“莫拉克”的边界层高度（a）及耦合模式使用新老方案对“莫拉克”台风路径（b）和强度（c）的模拟（图 a 中绿线、红线分别表示新、老边界层高度）

集成海洋飞沫生成函数、拖曳系数及边界层高度等新方案于海 - 气 -浪耦合模式，针对典型台风个例进行模拟性能测试。图 5.34 为对 1601 号“尼伯特”台风强度的模拟结果，可见海 - 气 - 浪耦合模式对“尼伯特”台风迅速增强的过程模拟较好，其中海浪的作用明显，而所有的业务模式均未对“尼伯特”台风的突然增强过程有所反应（在突然增强阶段的强度预报误差均超过 20 m/s）。对 1409 号超强台风“威马逊”的模拟也有类似结果（图略），表明新一代区域海 - 气 - 浪耦合模式对台风强度变化（包括快速增强台风）有一定的模拟能力。

为验证海 - 气 - 浪耦合模式的有效性，取验证海 - 气耦合模式（“台风 973”项目“台风登陆前后异常变化及机理研究”研制）时相同的样本，即 2004—2012 年近海及登陆的 10 个典型台风（0414 号“云娜”、0509 号“麦莎”、0608 号“桑美”、0813 号“森拉克”、0814 号“黑格比”、0815 号“蔷薇”、0907 号“天鹅”、0908 号“莫拉克”、1003 号“灿都”、1211 号“海葵”），进行同样本比对模拟，结果表明，海 - 气 - 浪耦合台风模式的 48 h 预报误差也有大幅度减小（表 5.2）。

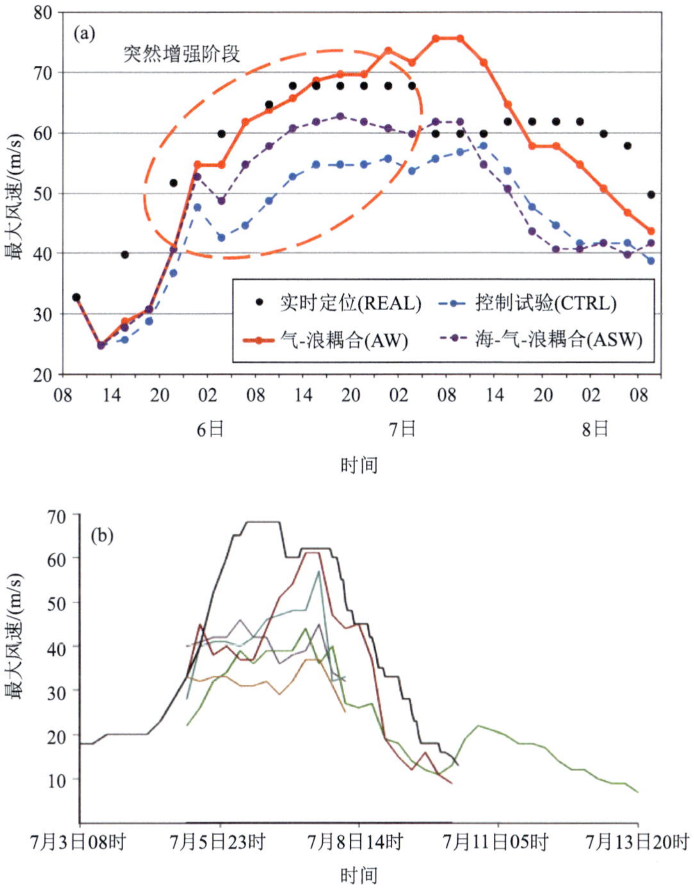

图 5.34 耦合模式（a）和业务模式（b）对“尼伯特”（1601 号）台风强度的预报和模拟

表 5.2 海 - 气 - 浪耦合模式对 2004—2012 年 10 个典型台风个例的 48 h 强度预报误差

预报时效	中心气压平均误差 /hPa				改进（ASW–AS）
	CTRL	AS	AW	ASW	
48 h	13.7	14.2	29.5	10.8	24.0%

注：CTRL：大气模式 GRAPES_TCM；AS：海 – 气耦合；AW：气 – 浪耦合；ASW：海 – 气 – 浪耦合。

在此基础上，2016—2017 年西北太平洋台风汛期期间，对海 - 气 - 浪耦合模式和海 - 气耦合模式进行了批量同样本的准业务预报对比试验。从台风强度预报误差看，海 - 气 - 浪耦合模式 12～72 h 预报的台风近中心最大风速，比海 - 气耦合和非耦合模式预报效果都好，特别是 48～72 h 的预报改进更为明显（图 5.35）。

进一步对大批量台风个例的后报和准业务预报结果分析表明，引入海洋模式可引起海表温度明显下降，进而影响海 - 气热通量，导致台风强度减弱；而引入海浪模式，能更加合理地描述台风条件下波浪引起的海面粗糙度和波浪破碎、海洋飞沫等物理因子和过程，并主要通过改变海 - 气动量通量交换，影响台风的强度和结构。此外，分析还发现对于强度偏强的台风，引入海浪的作用（海 - 气 - 浪耦合），可提高台风强度预报精度；对于强度偏弱的台风，应用海 - 气耦合模式即可充分表征台风影响下海表降温的负效应进而获得较好的台风强度预报结果。

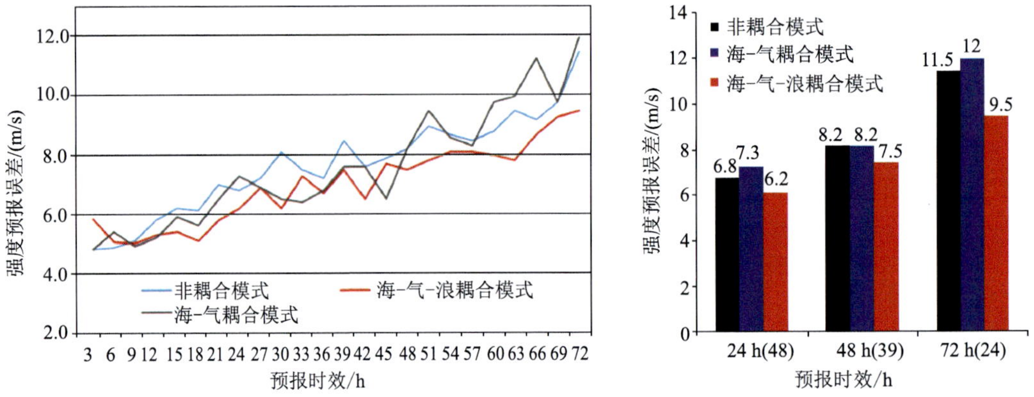

图 5.35 新一代海 - 气 - 浪耦合台风模式对 2016—2017 年西北太平洋台风强度（近中心最大风速）的预报误差（横坐标括号中的数值代表样本数）

5.4.5 基于混合同化的台风强度集合预报系统

同化和集合是当前提高数值模式预报能力的两项重要技术。EnKF-3DVar 混合同化技术具有将 3DVar 静态误差协方差与“随流型”（或称“流依赖”）集合误差协方差相结合，能够产生与 EnKF 相似的集合扰动成员和进行预报等优势，近年来受到广泛重视。为此，引入并在对 EnKF-3DVar 混合同化技术进行业务测试的基础上，基于海 - 气 - 浪耦合台风模式开发了台风多源资料混合同化和集合预报系统（简称“台风强度集合同化预报系统”，ETI-HA）（Li et al.，2015，2016）。系统采用冷启动的方式，背景场取自 NCEP-GFS 全球模式，系统覆盖范围为西北太平洋（0°—50°N、105°—160°E），水平 274 × 226 格点，分辨率 27 km，垂直方向 36 层，模式层顶高度为 20 hPa。

台风模式初始化及预报步骤：（1）利用 EnKF-3DVar 混合同化系统同化常规及卫星等多源资料，对背景场进行更新得到分析场，在此过程中引入集合背景场提供的集合背景误差协方差，与 GSI 原静态背景场误差协方差构成混合的背景场误差协方差矩阵，其包含随流型变化（flow-dependent）的特性；（2）利用 EnKF 系统对集合背景扰动进行更新，得到分析扰动场；（3）将更新后的集合扰动与（1）中的分析场相叠加，得到新的分析场集合成员；（4）将分析场及分析集合作为初始场，同时考虑物理参数化方案的不确定性做 21 个成员的集合预报。

ETI-HA 系统能够同化常规气象观测资料和卫星、雷达等非常规观测资料，有效提高台风初始场质量和预报性能（图 5.36），同时还能提供台风集合预报产品，并将台风强度预报从传统的单一预报拓展到概率分布预报，为台风防灾提供更丰富的预报信息。

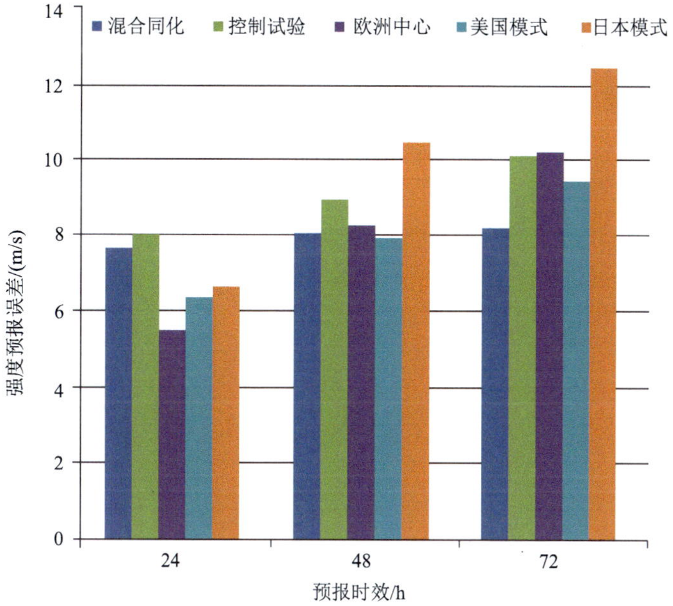

图 5.36 2016—2017 年台汛期 ETI-HA 对台风强度预报性能对比

对 2016—2017 年台汛期的台风进行实时准业务预报试验，集合同化系统（ETI-HA）共由 20 个集合成员和 1 个控制预报试验组成。试验期间，该系统每日 08 时和 20 时（北京时间）起报两次，同化常规、非常规、卫星辐射率、MSLP 观测资料，并实时提供台风预报产品，主要包括台风路径、强度、大风、降水、形势场等确定性预报和概率预报，并通过上海台风研究所的台风海 - 气耦合预报应用示范平台和数值预报业务网站实时提供业务预报使用。

分析发现，引入的“流依赖”混合同化技术，能改善模式初始台风涡旋的位置、初始台风内部结构及其与大尺度环境场的协调性，因而对台风强度的预报改善有重要贡献。

此外，还研发了基于最优集合插值（EnOI）方法的海洋环流模式初始场形成技术，主要是利用大量数值模拟结果，结合应用项目在南海布设的海上浮标观测资料，优化了台风条件下 EnOI 方法的膨胀系数表达方式。通过同化卫星海表温度遥感资料，有效提高了台风条件下海洋环流模式上层海洋海温初始场质量。ETI-HA 台风集合预报系统经全国台风海洋专家工作组审定并于 2019 年正式投入中国气象局的台风预报业务。

5.5 近海台风多平台协同观测科学试验（ETM-CCO，2018—2021 年）

卫星是监测及获取海上台风资料的主要观测平台，卫星遥感资料的同化是提高台风数值预报精度的重要技术手段之一。然而，当前卫星遥感对于具有狂风暴雨和厚实云层等特征的台风探测精度仍不高，因此利用飞机下投探空等直接观测资料提高对台风活动特征及其变化机理的认识，并在此基础上进一步改进数值模式物理过程参数化方案，是进一步改进台风（数值）预报能力的国际主流技术途径。

目前我国仍未建立海上台风直接观测业务体系，缺乏用于海上台风机理研究的第一手直接观测资料。特别是空基和海基观测平台仍十分缺乏，导致台风海 - 气边界层和云微物理过程的观测研究，以及参量特征、模式参数化方案研究举步维艰，成为制约我国台风学科发展及台风预报模式进一步改进的主要瓶颈（图 5.37）。

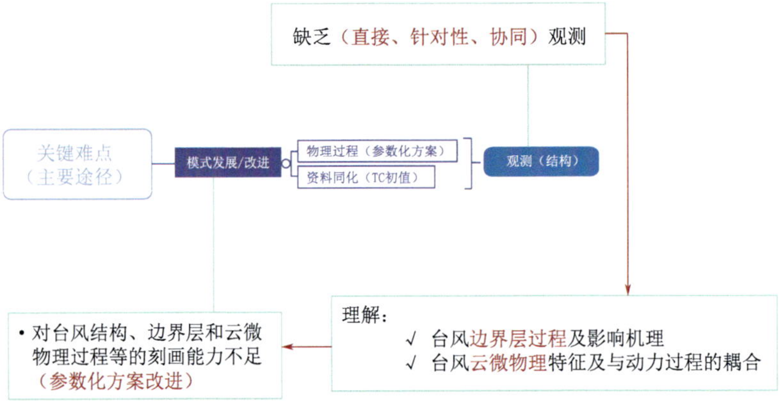

图 5.37　提高台风数值预报的关键和难点示意图

鉴于此，2018 年以来中国气象局上海台风研究所依托国家重点研发计划项目“近海台风立体协同观测科学试验”（2018YFC1506400），采用外场观测 - 基于观测资料的诊断和理论分析 - 数值模拟及观测资料验证的技术路线，实施了多平台协同的台风外场观测科学试验（Experiment of Typhoon Multi-platform Collaborative filed Campaign in Offshore area，ETM-CCO）。第一，基于现有气象业务观测网和台风外场观测试验基地，集成近年来我国自主研发的高空无人机及平流层飞艇和海上半潜浮无人艇等新型观测平台，并进行台风探测和载荷等的适应性改造及配置，构建“地 - 海 - 空 - 天”协同的近海台风探测系统。第二，引入目标观测理念，针对目标台风的模式预报研究对预报敏感的要素和区域的识别技术，遴选目标台风，并结合敏感区和敏感要素及外场观测实际环境，设计多平台协同的观测方案。第三，组织实施台风外场目标观测试验，建立台风外场试验综合数据集，获取近海台风的三维精细结构特征，特别是海 - 气边界层和云微物理探测资料。第四，发展台风多源（多平台多设备）观测资料的分析同化系统，开展台风条件下的海 - 气通量传输机制和台风边界层过程对台风路径和强度的影响机理研究、近海台风云微物理特征及微物理过程与动力过程的耦合作用研究，发展强风条件下的海 - 气通量等模式边界层参数化方案，评估和改进台风数值模式云微物理过程关键参数。第五，将改进的边界层及云微物理参数化方案应用于国家级的台风业务数值预报模式，进一步提高我国台风模式的预报性能并进行示范应用。结果表明，试验效果显著，实现了台风业务模式的路径和强度预报精度提高 5%、降水预报提高 3%～5% 的预期目标（雷小途 等，2019a；赵兵科 等，2022）。

5.5.1 多平台的台风观测适应性改造

对近海及登陆台风进行全方位的立体观测，首先需要构建“地 - 海 - 空 - 天”一体化的观测平台及载荷体系。当前，我国风云气象卫星（特别是 FY-3/4）具备对特定区域进行加密观测并提供时间分辨率为 15 min 的大气风温压湿廓线，是较理想的台风天基观测平台；地基观测平台除依托当前东南沿海地区较为稠密的常规业务气象观测站及雷达等设备外，还包括中国气象局上海台风研究所及广州热带海洋气象研究所等装备的“追风”观测车，观测车目前搭载了自动气象站、边界层风廓线仪、激光雨滴谱和 GPS（Global Positioning System）探空系统。相对而言，我国海基观测平台仅有浮标和海上石油平台可用，且数量有限。虽然曾尝试过有 / 无人飞机以及制导火箭弹下投探空，但尚未确定一款专业应用于台风探测的有 / 无人飞机，而制导火箭弹也因成本相对昂贵不适用于常态的业务探测，因此空基观测平台目前仍为空白。

鉴于此，上海台风研究所依托国家重点研发计划项目“近海台风立体协同观测科学试验”（2018YFC1506400），重点遴选近年来我国自主研发的平流层飞艇、高中低空多款无人机及火箭弹等作为空基观测平台，海上半潜浮无人艇和波浪滑翔器等作为海基观测平台，并完成了新型观测平台的台风观测适应性改造，实现了边界层观测新增海上半潜浮无人艇、波浪滑翔器和中低空无人机，高空观测新增高空无人机和平流层飞艇，廓线观测新增下投探空、机 / 艇载云雷达和微波辐射计等新平台及载荷的预期目标。

5.5.1.1 平流层飞艇的适应性改造

选用北京航空航天大学研制的平流层飞艇，设计飞行高度 18～20 km、驻留飞行 12 h、载荷功率 200 W、载荷质量 60 kg。为了搭载更多的探测设备并增加驻留平流层的飞行时间，对飞艇载荷舱（吊舱）环境控制系统和飞行控制系统进行了改造（图 5.38），包括优化艇载接收天线（扩大接收范围）及 GNSS 掩星大气探测载荷舱（掩星接收设备布设在舱内而天线挂舱外）、北斗 -GPS 下投探空仪采用国产“春分一号”定位模块、通过卫星通信传输数据及太阳能供电等，还设计了一路 28 V 电源接口和专门的挂载架以方便载荷的搭载等，改装后的飞艇能搭载下投探空系统、平流层环境温度探测系统和 GNSS 掩星探测系统等三类载荷。

2019 年，在靶场（新疆）对改装后的飞艇进行了测试，飞艇共持续飞行了 26 h（升空 40 min、驻留飞行 24 h、下降 1 h 20 min），整个飞行经过一个昼夜，驻留高度为 18.5 km，驻留高度的环境温度变化范围为 −70～−50 ℃，驻留高度气压约为 5 hPa。整个飞行过程载荷工作正常，搭载的 15 个下投探空仪也都按照控制命令顺利完成投放（成功率 100%）。2020 年 7 月第 2 次靶场（新疆）飞行试验中，飞艇在海拔 19.5 km 的高度上持续驻留了 48 h，飞艇及载荷均运行正常。

为模拟和测试飞艇起飞及降落过程中在台风大风和降水等条件下的飞行性能，2021 年 9 月，飞艇满载载荷（总重约 196 kg，超过考核要求的 100 kg，包括下投探空、

GNSS 掩星大气探测、气象环境仪及风压计等）自东北地区起飞并在福建境内回收，航程共约 16863 km，驻空时间近 1 个月（26 天 21 小时 03 分），最大巡航高度约 20150 m，19 km 及以上高度的驻空时长近 5 d（110 h），试验中飞艇平台提供了 1000 W（超过考核要求的 500 W）功率的长时供电，确保了飞艇及载荷设备的正常工作。除飞艇的载荷功率及载荷质量外，飞艇的飞控和载荷的各项指标也均符合预期要求，如飞行航线控制精度误差小于 500 m，下投探空接收率大于 93.7%（探空仪出舱高度 19420 m、落地高度 263 m、下落时长 5288 s），实测到 GNSS 掩星事件 386 起，0～20 km 范围大气折射率精度平均优于 9.2%、4～12 km 范围优于 5%（图 5.39）。

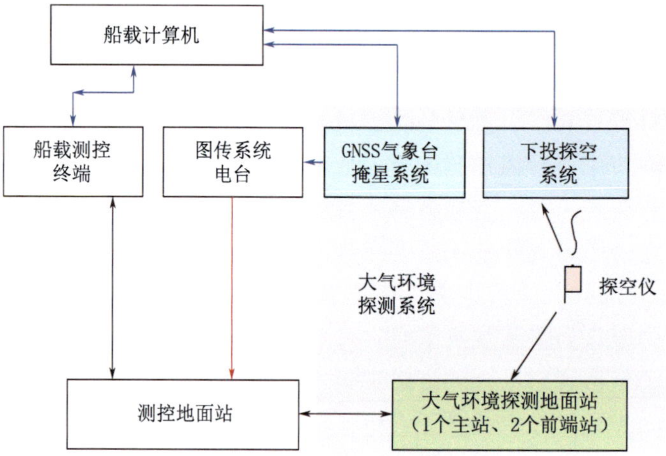

图 5.38　飞艇荷载系统组成

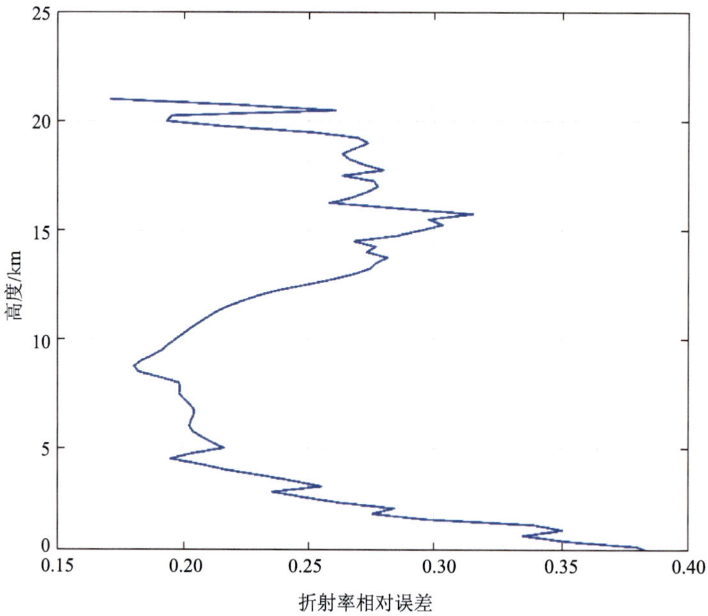

图 5.39　GNSS 掩星大气折射率精度估算

5.5.1.2 无人机及载荷的适应性改装

（1）高空无人机

选用中航工业成都飞机设计研究所自主研发的翼龙 -10 型无人机，设计最大起飞质重量超 3200 kg（任务载荷 400 kg）、巡航高度 12 km、航时 8 h 以上。实现了在该款无人机上装载下投探空系统、毫米波测云雷达、太赫兹冰云探测仪和掩星 / 海反探测系统等适应性改装。其中，下投探空仪装在外挂的吊舱内（吊舱的安装架及整流罩等均采用利于透波的材料制成），通过点对点的无线通信方式激活并下投探空仪，天线置于吊舱下部以提高无线通信的可靠性及数据接收距离，电源开关采用与火箭探空同型号的成熟拨码开关以保证供电稳定（图 5.40）。

对无人机机电、航电、结构、飞行管理及地面指控站等进行了适应性改装，对台风中紊流和向下垂直气流对无人机攻角和侧滑角等姿态参数影响进行仿真模拟和计算评估，对机载下投探空仪投放过程安全性和有效性等进行风洞试验（利用南京航空航天大学的 NH-2 风洞）。

图 5.40 机载下投探空系统与机上分系统交联

2020 年 6—8 月，在海南省博鳌开展了 5 架次的目标台风实测飞行，飞机满载下投探空系统和毫米波云雷达等载荷，在 10 km 的巡航高度飞行小时数超过 7 h（达到考核要求的 10～15 km 巡航 6 h），并成功下投全部测试的 30 枚探空仪。

此外，于 2021 年 12 月对改装后的高空无人机（翼龙 -10）满载情况下 3 km、4 km、5 km、7 km 及 10 km 的飞行性能，进行了扩展测试（表 5.3）。满载（起飞质量 3200 kg）情况下，飞机实用升限达 11 km，典型巡航高度（10 km）时的巡航时间约 6 h（为确保飞机安全留了较大余地）。

表 5.3 高空无人机（翼龙 -10）满载荷时的飞行性能

项目	飞行性能
最小平飞速度 /（km/h）	200
最大平飞速度 /（km/h）	550
实用升限 /m	11000
典型巡航速度 /（km/h）	430
典型巡航高度 /m	10000
最小稳定盘旋半径 /m（H=10 km）	3140
最大爬升率 /（m/s）（H=1 km）	15.4
最大下降率 /(m/s）	12.2
巡航时间 /h（起飞质量 3200 kg）	5.7
航程 /km（起飞质量 3200 kg）	2354
起飞滑跑距离 /m（H=0）	860
着陆滑跑距离 /m（H=0）	880

其中，无人机在 2021 年 12 月 4 日进行的第 5 次飞行和 12 月 9 日进行的第 6 次飞行中，均搭载了下投探空吊舱，并在高度 10 km 分别投放探空仪 40 枚（左、右侧吊舱各 20 枚）和 26 枚（左侧吊舱 2 枚、右侧吊舱 24 枚），2 次测试飞行中，无人机均能保持稳定平飞，并通过地面站控制成功投放了所有搭载的探空仪（表 5.4）。试验结果表明，下投探空吊舱能够可靠挂装飞行且与载机平台适应性良好，载机平台能安全投放下投探空且成功投出的所有 66 枚探空仪离机轨迹均正常，探空仪采集的气象数据均成功回传至地面（数据获取率均在 90% 以上）。利用业务探空观测数据的质控方法，对下投探空的温湿度廓线精度进行了评估，结果表明，对流层顶以上高度温度廓线误差≤ 2.8 K、对流层以下≤ 1.8 K，对流层顶以上湿度廓线误差≤ 20%、对流层以下≤ 16%。

表 5.4 下投探空仪搭载飞行

架次	时间	飞行状态	投放探空仪情况	系统状态	飞行时长
第 5 架次	2021-12-04	掩星海反 + 测云雷达 + 吊舱满载	投放 40 枚	吊舱投放功能正常，投放安全，探空系统数据采集、链路传输正常	3 h 12 min
第 6 架次	2021-12-09	太赫兹 + 测云雷达 + 吊舱满载	投放 26 枚	探空系统数据采集、链路传输正常。左吊舱转筒机构报故	3 h 4 min
总计			66 枚		6 h 16 min

（2）中空无人机

选用四川滕盾科技有限公司研制的无人机（TW328）和北京爱尔达（联合航天九院）研制的无人机（FH92）。TW328 设计有效载荷 1000 kg，可在 7 km 以上的巡航高度上飞行 6 h 以上，采用跑道机降，FH92 设计有效载荷 70 kg，可在 8 km 以下高度巡航 6 h，采用车载带跑起飞和滑板滑翔降落。项目完成对 TW328 载荷（激光测风雷达和光电高清摄像机等）和 FH92 机翼及载荷（下投探空仪、KPR 云雷达、GVR 微波辐射计和高清摄像机等）的搭载改装，包括 20 枚探空仪吊设计、8 个信道接收机设置及机载 KPR 云雷达和微波辐射计等载荷与无人机结构和软硬件接口的联调等。

2020 年在完成靶场（包头）试验后，改装后的 TW328 和 FH92 均在海南对“浪卡”台风进行了实时探测试验，飞机在 4 km 的巡航高度飞行近 6 h、航程约 600 km（达到考核要求的 1～5 km 巡航 6 h 目标）。

（3）低空无人机

选用南京航空航天大学研制的鸿雁无人机（HY30A），设计有效载荷 15 kg、3 km 以下高度巡航 4～6 h（达到考核要求的 1～5 km 巡航 6 h 目标）。考虑到无人机相对较小、航时航速有限等特点，项目对无人机的起降方式进行了改造，将起飞方式从原车载带跑改为发射架弹射，保证了无人机可在海岸边起降作业（无须跑道或 1～2 km 长的高速路起飞）。此外，项目还改装了深圳华讯方舟公司研制的弹簧刀式无人机（RF90）和杭州佐格公司研制的悬翼无人机，RF90 能搭载风温压湿等基本气象要素传感器飞行约 40 min，佐格悬翼无人机可用于探测台风外围近地层（1 km 以下）基本气象要素廓线并可旋停于特定高度，航时约 30 min（图 5.41）。

图 5.41 低空无人机 HY30A 弹射起飞（a）和挂绳降落（b）、弹簧刀式无人机 RF90 起飞（c）

此外，项目还遴选了 2 款火箭弹进行下投探空改造并作为空基的有益补充，包括项目主持单位前期与航天科工集团常规弹头研究所联合研制的制导火箭弹（TFTC-400）和江西新余国科科技有限公司研制的人工影响天气火箭弹，前者（TFTC-400）可用于 12 km 以上的台风高空下投探空观测（2015 年已进行过台风实测验证，目前其他项目正在进行系列化研制），后者可对水平距离 50 km 以内的指定区域进行下投探空观测（最大下投高度可达 10 km），并在 2020 年“浪卡”台风实测中得到验证。

（4）机载毫米波云雷达的适应性

项目分别于 2021 年 11 月 27 日 09 时许、12 月 4 日 18 时许和 12 月 9 日夜至 10 日凌晨，对机载毫米波云雷达进行了台风探测的适应性测试。雷达上 / 下电均在飞机飞行至高度 3 km 处辐射开启，并分别在 9 km、8 km 和 5 km 飞行高度处对飞机航线下方的云层进行 CT 式扫描，每次飞行获得的雷达辐射数据约 280 G。

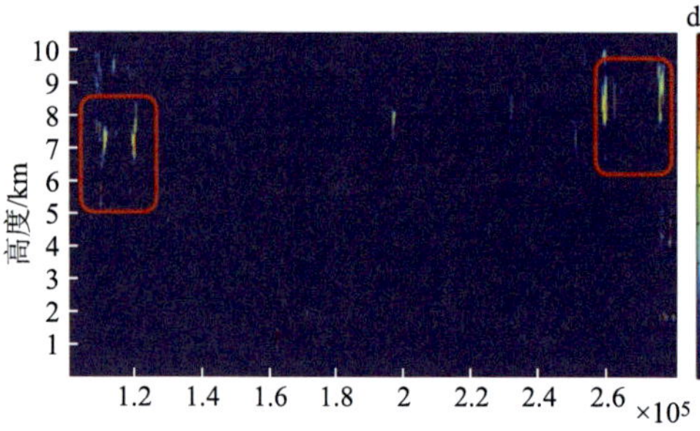

图 5.42　11 月 27 日机载云雷达反射率因子（红色方框：大横滚角时回波异常）

11 月 27 日的测试中，云雷达上仅有一些离散的回波分布在 9～10 km 且云底比较固定、反射率在 −20 dBZ 左右、速度及谱宽均约为 0，符合高空卷云的特征。值得注意的是，图 5.42 中红色方框标注处显示的回波，并非真实的气象回波，而是载机转弯时横滚角过大使得天线指向出现较大偏差，超出雷达空稳范围，雷达波束指向发生偏转出现的回波现象。

12 月 4 日的测试是在低空有较明显云雨条件下进行的，机载雷达全程开启辐射且扫描范围扩展至 −15°～15°，探测到低空 500 m 至 3 km 处反射率强度为 −5～20 dBZ、径向速度为 0～4 m/s、谱宽 1～2 m/s。图 5.43 为 −11°扫描角的反射率因子和雷达方位角从 −15° 扫描到 15° 的切片。

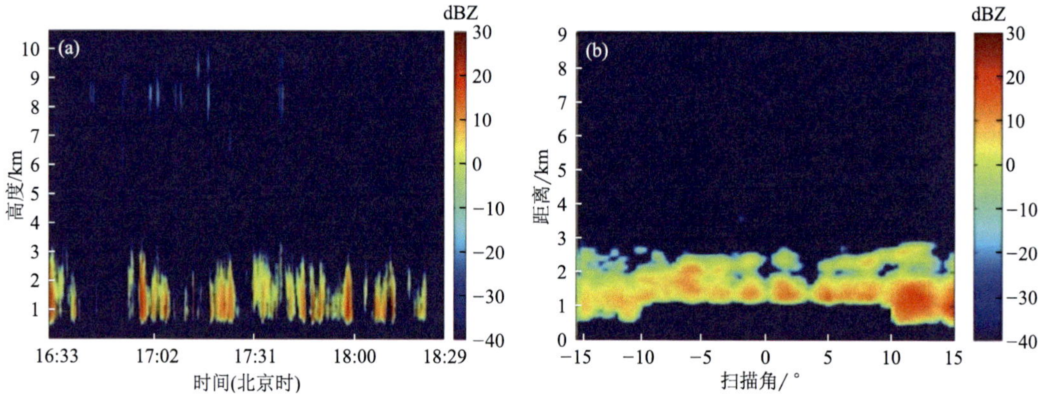

图 5.43　12 月 4 日机载云雷达 −11°扫描角的反射率因子（a）和雷达方位角从 −15°扫描到 15°的切片（b）

12 月 9 日测试时为晴空，机载雷达上无明显的气象回波信息，是检验地 / 海杂波抑制效果的良机。项目优化了测云雷达的地 / 海杂波抑制算法，改善了地 / 海杂波残余对气象观测数据的影响，图 5.44 给出了扫描角 14 °下杂波抑制前后回波（反射率因子）随时间变化的探测结果。经统计，地 / 海杂波位于 0～2 km，采样点数为 318150，采用智能闭塞方式进行自适应抑制强地 / 海杂波处理后，残余杂波采样点数为 7125，杂波抑制率为 97.8%（优于 80% 的指标要求），15 km 处的距离订正误差约 12.7 m（优于 30 m 的指标要求）。

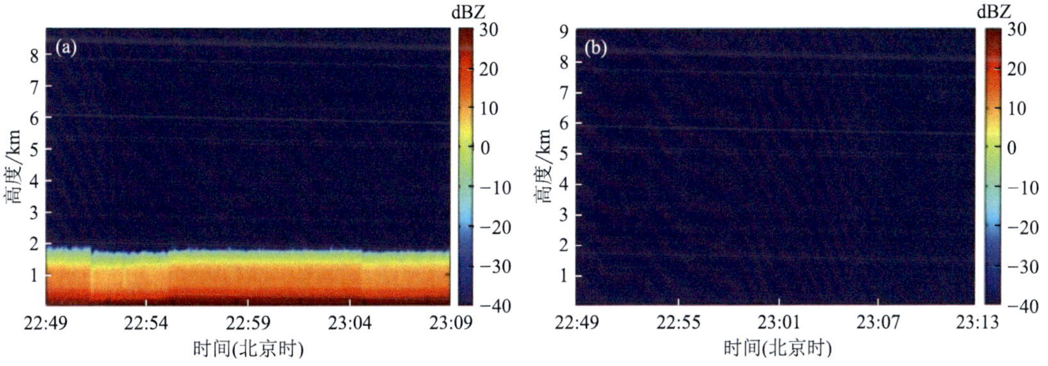

图 5.44 12 月 9 日机载云雷达 14° 扫描角下地 / 海杂波抑制前（a）、后（b）反射率因子

（5）机载 KPR 云雷达的观测适应

利用地基激光雨滴谱仪测得的滴谱数据计算回波强度，并与机载 KPR 云雷达测得的回波强度进行定量对比，发现两者平均相差 6～8 dBZ，基于雨滴谱计算的回波普遍比 KPR 探测的回波强度大，但两者的差值随雨强增大而减小。此外，地基雷达测得的云顶高度也比机载 KPR 普遍高约 1600 m，且差值随雨强增大而增大，最大可达 3000 m，而无雨时差值在 1000 m 以内。

5.5.1.3 半潜浮无人艇的适应性改造

项目选用中国科学院大气物理研究所研制的半潜浮无人艇“marine weather observer”（MWO-3）和自然资源部第二海洋研究所装备的“波浪滑翔器”（wave glider，WG）作为海基观测平台。MWO-3 的水上部分搭载自动气象站、水下部分搭载海水温度和盐度探测器，WG 主要搭载自动气象站、海表温度仪和波浪仪。项目完成了对无人艇（MWO-3）艇体结构的加固（艇体支架由原来的“=”型改为“X”型）、设备舱及推进器等的防水改进（剥除线束部分原有密封胶，在线束间注入黑色结构胶并以热缩管包紧，再用结构胶对两端进行密封），并升级了无人艇动力电池系统（配备太阳能充电并增加了备用电池组），改装后可以抗风 9 级、以 4 节（约 7.4 km/h）航速连续航行 30 d 以上，并能锚定在特定海域进行连续观测（图 5.45）。

图 5.45 半潜浮无人艇 MWO-3（a）及设备舱穿线口防渗水改进前（b）、后（c）

2020 年 5—8 月，项目在海南开展了 MWO-3 半潜浮无人艇多种观测模式的测试和近海台风观测试验，共计航行 46 d。其中，6 月 10 日在潭门港的测试中，昼夜连续航行近 30 d（26 d），无人艇推进器工作正常，平均航行速度约 4 节（约 7.4 km/h），数据每分钟更新一组，数据获取率平均为 89.3%。7 月 22 日—8 月 4 日对 2003 号台风“森拉克”进行了观测试验，累计航行 13 d 3 h（连续 5 d 平均风速大于 8 m/s，12 m/s 风速下连续工作时间超过 12 h），航程 705 km，平均航速约 7 km/h，实测海面最大风速 16.8 m/s，并于 8 月 1 日 11 时许成功穿过台风中心（距台风中心最小距离约 2.4 km），无人艇获取的 8 类实时观测的分钟级数据（延时小于 2 min）接收率均达 89.54 % 以上。

此外，上海台风研究所与江西 9394 厂联合，在人工影响天气大号火箭基础上，研发了短程探空火箭装备，20 km 射程内的探测高度达 10～12 km，可车载发射（图 5.46）。先后在 2016 年“莎莉嘉”台风和 2020 年“浪卡”台风试验中进行了测试，效果良好，并测试和检验了火箭装备的长途运输、安全保障以及协同观测流程合理性。

图 5.46　短程探空火箭装备（车载发射架）

5.5.2　基于观测敏感性的台风多平台协同观测

5.5.2.1　台风目标观测敏感区识别技术

为解决观测什么的问题，项目紧紧围绕台风预报模式的观测敏感性，发展观测敏感区识别技术，旨在进行有针对性的“有的放矢”的目标观测。众所周知，台风模式的预报误差主要来源于初值误差和模式误差的影响。不同区域、不同要素的观测误差对模式预报结果的影响不尽相同，影响较大的区域和要素即为敏感区和敏感要素。

（1）基于条件非线性最优扰动（CNOP）目标台风观测敏感区识别技术

项目将所在团队提出的 CNOP 方法应用于数值模式（如 WRF）以及谱投影梯度（SPG2）算法，选取 850 hPa 涡度场作为目标观测的代价函数，考虑初始扰动的非线性发展对台风路径和强度的影响，进而建立了应对初始误差（不确定性）影响的 CNOP 目标台风观测敏感区和敏感要素识别技术。

（2）基于非线性强迫奇异向量（NFSV）目标台风观测敏感区识别技术

项目进一步以台风强度模拟为着眼点，将所在团队提出的 NFSV 方法应用于数值模式（如 WRF），以考虑数值模式（物理过程处理）误差的影响，进而建立了应对模式误差（物理过程处理的不完备性）影响的 NFSV 目标台风观测敏感区和敏感要素识别技术。

在此基础上，建立基于初始误差（不确定性）和模式误差（不完备性）影响的台风目标观测敏感区和敏感要素的识别系统及流程（图 5.47），据此开展实时台风目标观测试验及效果分析。

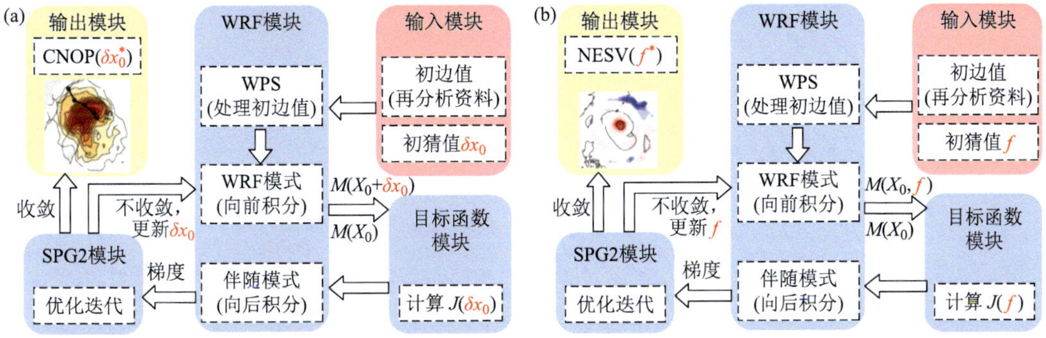

图 5.47　基于初始误差（a）和模式误差（b）影响的台风目标观测敏感区识别系统及流程示意图

5.5.2.2　目标观测的有效性验证

（1）目标观测（下投探空）对台风路径和强度预报的有效性验证

使用项目研制的 CNOP 目标台风观测敏感区识别技术，与香港天文台合作，依据外场试验流程，实时计算了 2020 年 4 个目标台风（“海高斯”“浪卡”“沙德尔”“艾莎尼”）的观测敏感区，并据此实施和获取了相应区域的飞机下投探空目标观测资料，评估并分析了该资料对提高台风路径和强度预报的影响。结果表明，同化外场试验中敏感区的下投探空观测资料，台风的路径、中心最低气压（P_{min}）、近中心最大风速（V_{max}）预报误差（相较于不同化）平均减小 1.7%、13.6% 和 10.7%（图 5.48），显示下投探空目标观测的有效性，特别是对强度预报效果显著。

（2）目标观测（FY-4 加密观测）对台风路径预报的有效性验证

项目与国家卫星气象中心等合作，2020 年将 CNOP 目标台风观测敏感区识别技术应用于 FY-4 卫星的台风加密观测试验，确定需要进行加密扫描的区域，揭示 FY-4 卫星加密观测对台风预报性能提高的影响。对 FY-4 卫星目标台风加密观测所获得的敏感区卫星高光谱温湿廓线数据进行同化比较试验。结果表明，相较于未同化该部分资料的路径预报，同化 FY-4 卫星资料后台风“灿鸿”（2014 号）的预报路径更靠近真实情况（图 5.49），且对登陆沿岸风场及降水的预报也有所改善。

批量目标台风（8 个）的试验结果（图 5.50）表明，作为低成本、稳定可靠的观测平台，

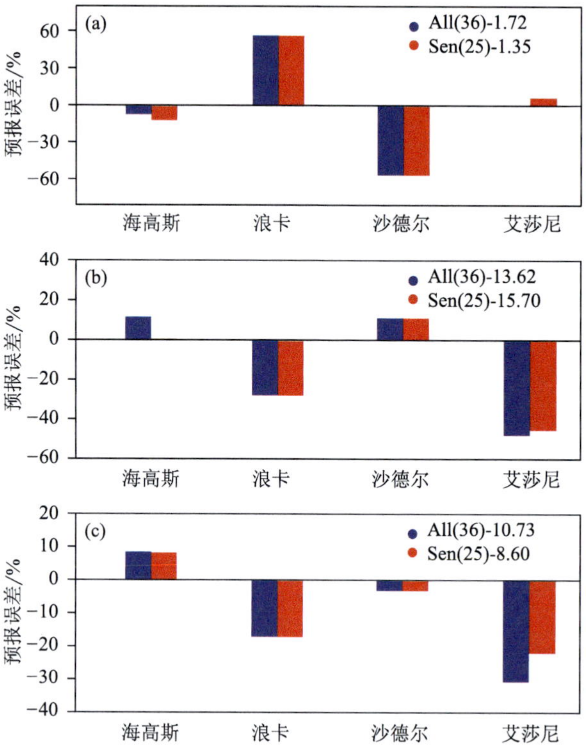

图 5.48　同化外场试验所有观测（“All”；蓝柱）和只同化 CNOP 敏感区内观测（“Sen”；红柱）后台风路径（a）、P_{min}（b）和 V_{max}（c）相较于不进行任何同化预报误差减小程度；右上角数值为 4 个个例平均，括号中的数字代表下投探空个数

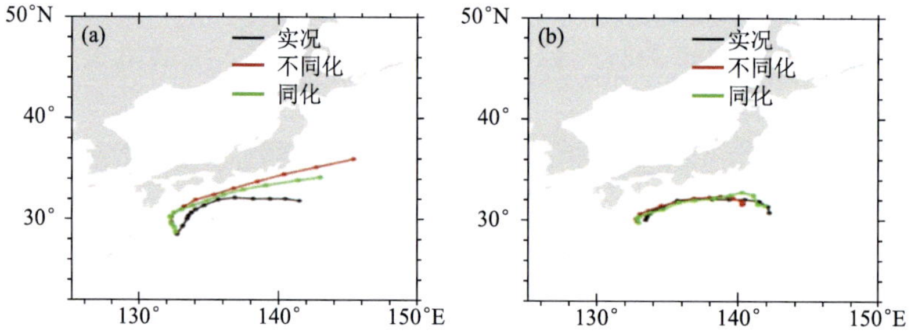

图 5.49　同化敏感区内 FY-4 高光谱温湿廓线数据的“灿鸿”台风路径预报（a. 10 月 8 日 06 时起报；b. 10 月 8 日 18 时起报）

基于 CNOP 敏感区开展的 FY-4 卫星目标台风观测可以有效提高台风的路径预报技巧。

（3）目标观测（海表温度）对台风强度预报的有效性验证

众所周知，海表温度（SST）对台风强度变化有重要影响。将项目建立的 NFSV 观测敏感性识别技术应用于目标台风的 SST 观测敏感区识别。台风强度预报特别是台风趋近峰值强度前的 SST 敏感区主要在台风移动路径前方，且该敏感区域对台风个例的依赖性不显著（图略）。因此，台风强度预报关于外强迫 SST 的目标观测区域为台风趋

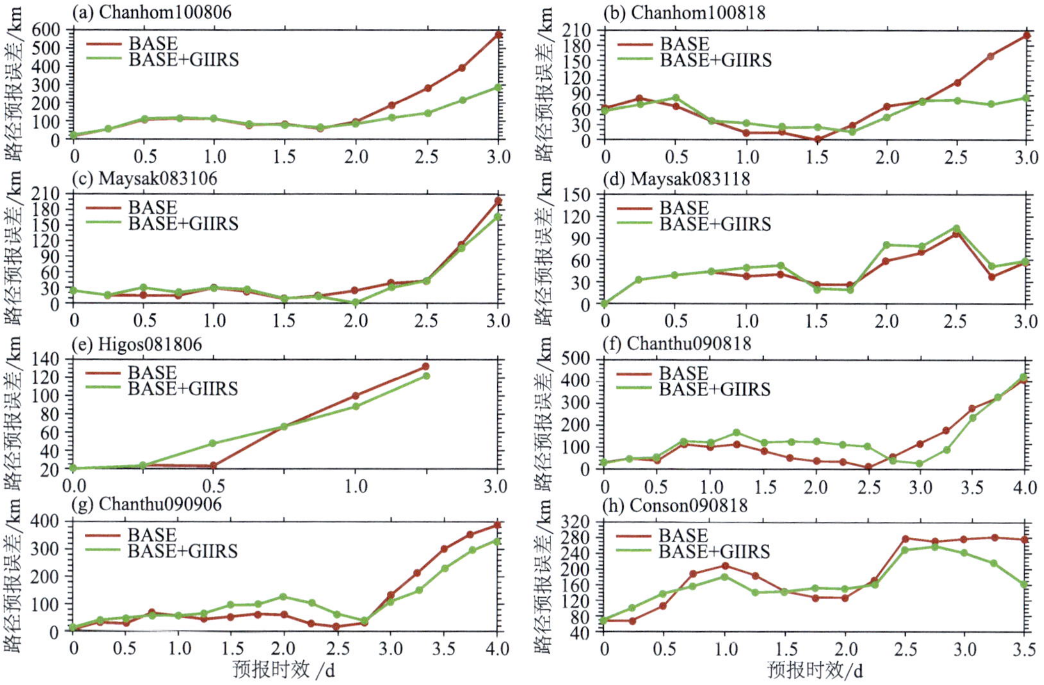

图 5.50 针对 8 个台风个例的敏感区 FY-4 卫星加密观测效果验证（BASE/ 红色 - 同化业务观测数据，BASE+GIIRS/ 绿色 - 额外同化敏感区 FY-4 高光谱观测数据）

近峰值强度前途经的海面。该结果可为无人艇外场观测试验提供理论指导。

分别对上述 SST 敏感区内 / 外、敏感区内台风不同发展阶段进行 2 组目标观测效果的模拟试验。结果表明，相对于非敏感区，敏感区内的 SST 观测对台风强度模拟的改善更大（图 5.51a）；相对于其他发展阶段，在台风快速增强且将达到成熟（最强）阶段进行 SST 观测对台风强度模拟的改善更大（图 5.51b）。因此，在台风快速增强且将达到成熟阶段在 NFSV 方法识别的敏感区内对海温进行加密观测，有望较大幅度提高台风强度预报技巧。

（4）目标观测（大气要素）对台风预报的有效性验证

利用 NFSV 目标观测敏感性识别方法，针对典型历史台风个例（9 例）的强度预报计算其大气要素的 NFSV 倾向扰动，结果表明，台风强度预报对台风内核区的温度变化、台风区域对流层中低层（600～800 hPa）的温度变化更为敏感，且上述敏感要素和区域对台风个例的依赖性不显著，即台风 24 h 强度预报的最敏感气象要素为位温，目标观测敏感区为台风内核区大气的中低层区域。该结果为台风外场观测提供了理论依据。

进一步研究表明，在模拟中通过同化方法优先抵消位温倾向误差，台风强度预报更加接近观测（图 5.52），而用于抵消模式误差的倾向扰动与 NFSV 位温倾向扰动具有非常相似的空间结构。因此，NFSV 位温倾向扰动能够刻画台风模式（如 WRF）的敏感模式误差，为通过集合预报提高台风强度的模拟预报水平提供了一个新思路。

此外，项目还提出了一种基于粒子滤波同化方法和 Predictive Power 指数，且能够

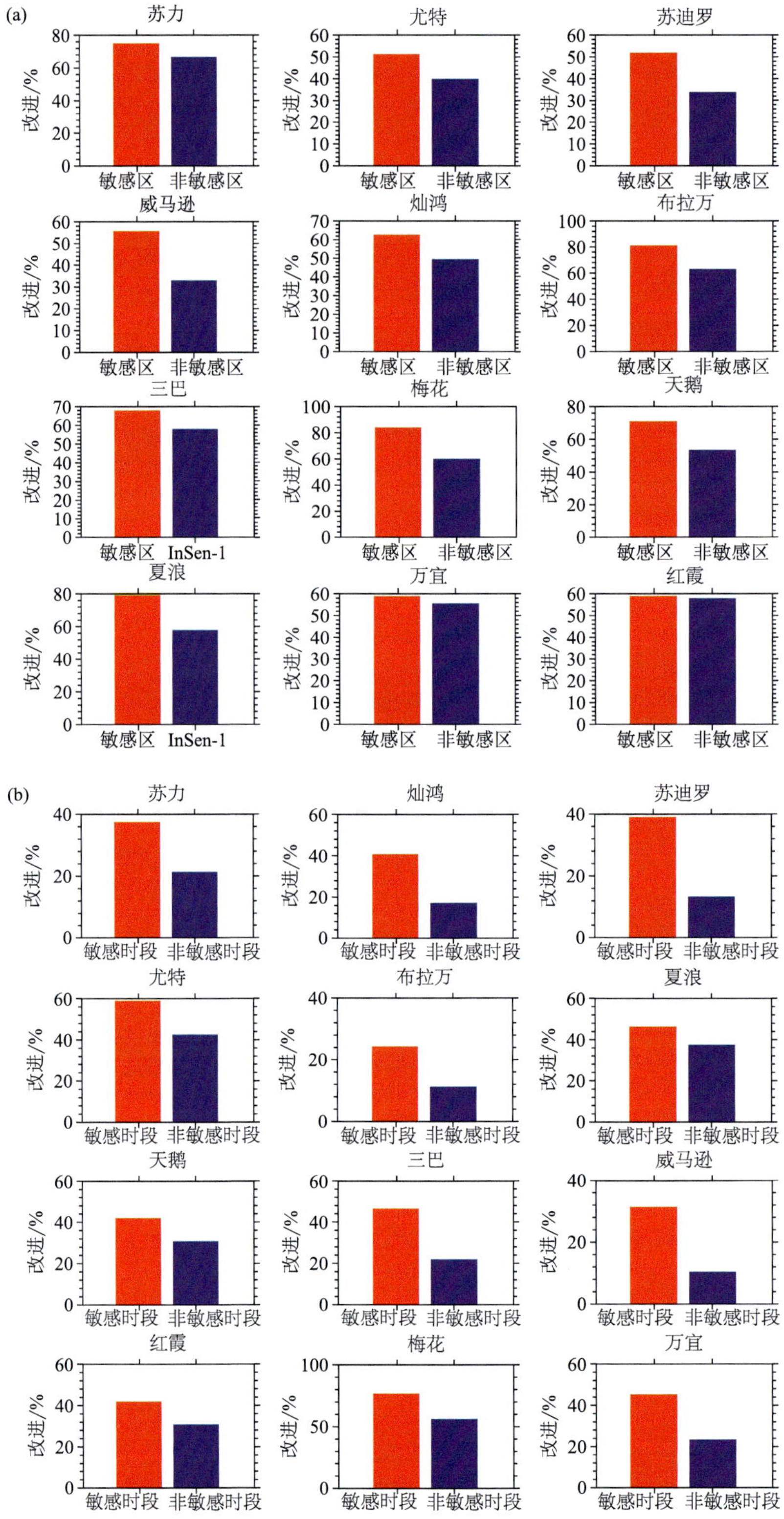

图 5.51　同化敏感区（a）和敏感时段（b）SST 观测资料对台风强度模拟的改进（区域或时段内（红）、外（蓝））

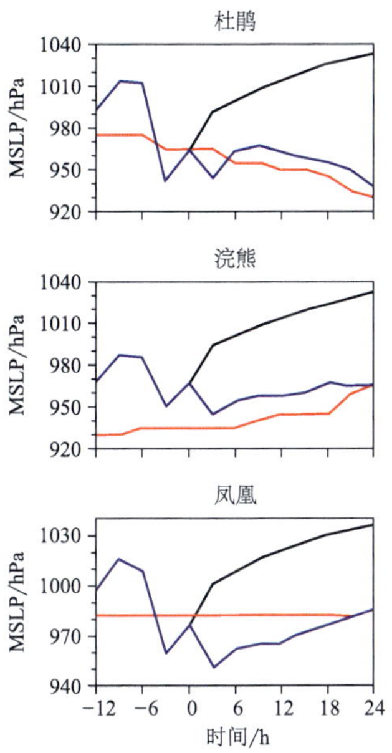

图 5.52　9 个台风个例观测（BEST；红色）、控制试验（CTRL；黑色），以及叠加了 NFSV 位温扰动后（CRCT；蓝色）模拟的最低海平面气压（MSLP；单位：hPa）

有效识别预报敏感要素和目标观测敏感区的新方法。该方法的优势是可以直接利用已有的集合预报资料识别预报的敏感性，将该方法应用于台风路径预报，表明引导气流在台风路径中期预报中具有更重要的作用，而风场是需要优先进行目标观测的敏感要素，台风外圈区域是优先进行目标观测的区域，具体方位具有明显的个例依赖性。

（5）目标观测（边界层大气要素）对台风预报的有效性验证

针对台风快速增强过程（如 1521 号台风“杜鹃”），通过构造数值模式（WRF）的集合预报试验，探讨台风快速增强过程中强度预报的边界层初值敏感性。结果表明，边界层内台风大风区的气象要素（特别是水汽扰动）对台风快速增强过程的预报非常敏感（图 5.53）。因此，台风快速增强预报在边界层的目标观测区域主要为台风大风区，敏感气象要素主要为水汽。该结果可为台风边界层外场观测提供理论依据，也可为发展边界层参数化方案提供理论指导。

5.5.2.3　设计基于目标观测敏感区的近海台风多平台协同观测试验方案

依托项目构建的我国近海台风“地 - 海 - 空 - 天”一体化立体协同观测平台及载荷体系（图 5.54），针对我国近海及登陆台风活动特征、台风目标观测的科学研究及防台减灾实时业务需求，结合项目关于目标台风观测敏感区及敏感要素的识别，并充分考虑海 / 空域等外场观测环境条件，开展了多平台协同观测策略研究，完成了“近海台风多平台协同的立体目标观测方案 / 流程（推荐）”的设计和编制。

该推荐方案立足于在海南（万宁等地）和浙闽交界（浙南 - 闽北）区域分别对南海和东海近海台风实施“地 - 海 - 空 - 天”多平台协同目标观测，重点观测时段为台风登

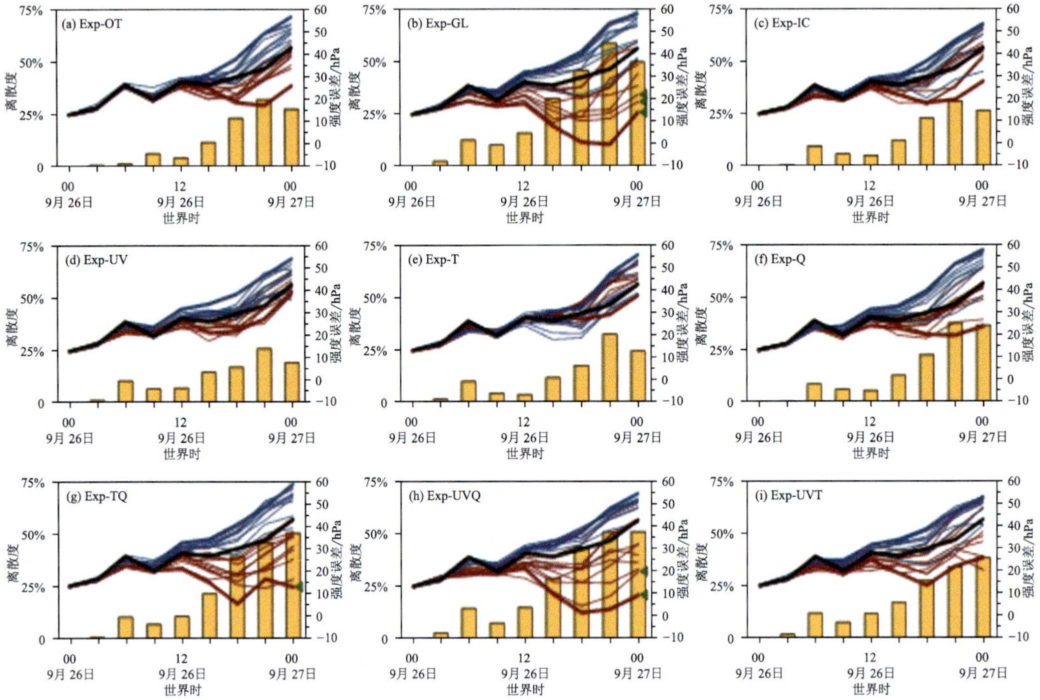

图 5.53　台风“杜鹃”（1521 号）边缘区（a，Exp-OT）、大风区（b，Exp-GL）和内核区（c，Exp-IC）内 YSU 方案所有输出变量叠加扰动后以及大风区内 YSU 方案的水平风场（d，Exp-UV）、位温（e，Exp-T）、水汽混合比（f，Exp-Q）以及两两变量的组合（g～i，Exp-TQ、Exp-UVQ、Exp-UVT）叠加扰动后，集合成员模拟的强度误差（等值线；*Y* 右轴）及离散度（RMSE；柱体；*Y* 左轴）- 时间分布。当在大风区水汽混合比及其他任一变量上叠加扰动时（Exp-GL、Exp-TQ、Exp-UVQ），台风“杜鹃”强度模拟的离散度明显增大，且重现 RI 过程，表明 RI 过程对台风大风区内水汽变化最敏感

图 5.54　近海台风多平台协同的立体目标观测推荐方案示意图

陆（或影响）前 24 h 至登陆（或影响结束）后 6 h 之间。方案建议移动（“追风”）观测车在启动协同观测前 1～2 d 就位（通常驻守在台风登陆点附近），车载自动气象站、GPS 探空、激光雨滴谱仪、边界层风廓线及近地层激光测风雷达等为一体化观测中的陆基观测平台，同时也是协同观测的作业指挥所。

海上半潜浮无人艇和波浪滑翔器等是主要的海基观测平台，拟于协同观测启动前 1～2 d 下水并朝台风中心（或指定海域）航行（或驻守）。

无人机是实施空基观测的主要平台，依据飞机性能的不同实现不同高度和航路的观测。小型无人机用于台风外围（7 级风圈及以外）低空边界层（3 km 以下）的探测，飞行路线预设需兼顾航时及起飞地点，但推荐使用近岸逆风起飞并低空盘旋以调整航向，朝目标台风飞行并爬升至 1～3 km，沿 7 级风圈或设定的区域巡航并进行探测，在完成指定区域的探测后原则上原路返航。中型无人机用于台风 7～10 级风圈间区域 5～7 km 的中空飞行探测，并重点进行下投探空观测，推荐每隔 30～50 km 下投一次探空仪，飞行路线在台风靠近陆地的半圈逆时针以波浪型式进行，条件许可时可每隔 4 h 进行一次飞行探测作业。大型无人机可在台风上方 12 km 及以上的高空进行探测，除机载雷达等设备外，可每隔 30～50 km 进行一次下投探空，飞行路线推荐使用在台风 7 级风圈内的“4”字型（或蝴蝶型等），条件许可时可每隔 4 h 进行一次飞行探测试验。考虑到无人机起降时的气象条件要求，推荐大中型（高空、中空）无人机在台风登陆前 24 h 进入台风系统开始台风探测，小型（低空）无人机在台风登陆前 12 h 进入台风系统开始台风探测。

目标台风遴选确定后，启动卫星（FY-4 等）对目标台风观测敏感区域的加密探测，提供台风的高分辨率卫星云图等遥感图像、台风及周边区域的廓线资料，这即是方案中的天基观测平台。

实际应用时，推荐方案中设计的多平台可根据台风活动特征及观测目标（敏感区和敏感要素）和外场观测作业条件等，进行不同平台及载荷组合的遴选。

5.5.2.4 实施多平台协同的台风目标观测试验

根据 2019—2021 年我国近海台风活动特点（移动及强度变化等）及外场作业环境条件（海 / 空域等），遴选了观测试验的目标台风共 16 个。结合项目实时识别的敏感区和敏感要素等，确定每个目标台风外场观测的目标，依据推荐方案，遴选观测平台，制定每次观测试验的观测方案，并组织实施了观测试验，包括针对 7 个目标台风（1907 号“韦帕”、2003 号“森拉克”、2007 号“海高斯”、2014 号“灿鸿”、2016 号“浪卡”、2106 号“烟花”和 2113 号“康森”）的多平台协同观测试验和 9 个目标台风（1905 号“丹娜丝”、1909 号“利奇马”、1911 号“白鹿”、1913 号“玲玲”、1918 号“米娜”、1919 号“海贝思”、2002 号“鹦鹉”、2012 号“白海豚”、2114 号“灿都”）的单平台专项观测试验。

（1）“浪卡”台风“地 - 海 - 空 - 天”立体协同观测试验

2020 年 10 月 12—14 日，利用地基的“追风”观测车 Vehicle（中国气象局上海台风研究所），海基的海上半潜浮无人艇（MWO-3）和波浪滑翔器，空基的 2 款中空无人机（四川腾盾科技有限公司研制的 TW328 和北京爱尔达公司牵头研制的 FH92）、3 款低空无人机（南京航空航天大学研制的 FX30、深圳华讯方舟研制的弹簧刀式 RF90、杭州佐格公司改装的旋翼式 UAV6000）、火箭弹（江西新余国科科技有限公司研制）和天基的 FY-4 卫星等平台，对 2016 号台风“浪卡”实施了“地 - 海 - 空 - 天”全覆盖的多平台协同立体观测（图 5.55），并取得成功。试验期间，还首次成功开展了台风环流内的二次探空观测（探空仪下落时自带降落伞），并联合 UNESCAP/WMO 台风委员会的国际合作项目（EXOTICCA- Ⅱ）协调香港天文台的有人飞机在毗邻区域开展了协同飞行观测和下投探空观测。

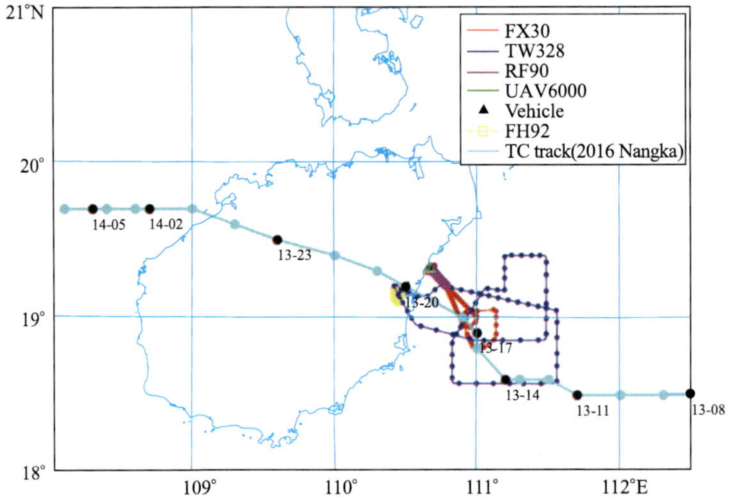

图 5.55　2016 号台风“浪卡”多平台协同观测无人机探测路线及台风路径

针对同一个台风，利用包括卫星、多款（有人和无人）飞机、火箭弹、海上半潜浮无人艇、波浪滑翔器和“追风”观测车等多观测平台进行“地 - 海 - 空 - 天”一体化协同立体观测，这在我国尚属首次。此外，本次试验的区域和时间、多平台及观测设备布点和运行路线等的确定，均结合了台风目标观测敏感区及敏感要素的识别结果（每隔 6 h 更新），是台风观测与预报模式需求协同互动的一次成功尝试。

（2）“森拉克”台风“海 - 空 - 天”协同观测试验（“海燕计划”）

2020 年 8 月 2 日，利用高空无人机（改装的翼龙 -10）、海上半潜浮无人艇（MWO-3）、波浪滑翔器（自然资源部第二海洋研究所研制）和 FY-4 卫星等“海 - 空 - 天”多平台，对 2003 号台风“森拉克”实施了协同观测试验（图 5.56）。无人机搭载了毫米波雷

图 5.56　参与“森拉克”台风观测的高空无人机（a）和半潜浮无人艇 MWO-3（b）

达等观测设备，进行了我国首次高空无人机下投探空作业（自 10 km 左右的高空成功下投探空仪 30 枚）。无人艇和波浪滑翔器成功获取了台风核心区域的海 - 气边界层观测资料，其中海上半潜浮无人艇为我国首次进入台风核心区域。

（3）“烟花”台风“地 - 海”协同观测

2021 年 7 月 23—26 日，利用地基观测平台（移动观测车、华东沿海的 3 个台风外场观测基地、气象业务观测站网）及海基的波浪滑翔器，在浙江舟山沿海组织实施了登陆台风“烟花”（2106 号）的目标协同观测，使用的项目设备主要有 GPS 探空（图 5.57）、边界层风廓线、激光雨滴谱、波浪滑翔器和车载自动气象站等。试验获得和收集了车载雨滴谱和风廓线、GPS 探空（包括臭氧探空）以及台风观测基地的风廓线、涡动通量、微波辐射计、激光测风雷达、拉曼雷达、强风仪和波浪滑翔器等观测资料。

图 5.57 2106 号台风“烟花”协同观测试验（GPS 探空施放现场）

（4）“韦帕”台风“海 - 空”协同观测试验

2019 年 7 月 31 日，联合 UNESCAP/WMO 台风委员会的国际合作项目（EXOTICCA-Ⅱ），与香港天文台协同，针对 1907 号台风“韦帕”实施了“海 - 空”联合观测试验（图 5.58），香港天文台的有人飞机进行了飞越台风的飞行观测及下投探空。本项目使用波浪滑翔器对台风过境前后（6 月 15 日—8 月 30 日）的海表气象要素及波浪进行了较长时间的连续观测。

图 5.58 波浪滑翔器对 1907 号台风“韦帕”实施的飞机下投探空观测

（5）“灿鸿”台风“海 - 天”协同观测试验

2020 年 10 月 1—15 日，利用海基的波浪滑翔器和天基的 FY-4 卫星，对项目基于条件非线性最优扰动识别出的 2014 号台风“灿鸿”的目标观测敏感区，实施了 FY-4 号卫星的加密观测和波浪及海表气象要素的长时间连续观测。

（6）双台风“空 - 天”协同观测试验

2021 年 9 月 11—13 日，对双台风“康森”（2113 号）和“灿都”（2114 号）实施了 FY-4 卫星和飞机的协同观测。飞机为香港天文台的有人探测飞机，搭载了下投探空系统。针对香港天文台一天两次的可观测时段，提前 24 h 计算了不同观测时段台风“康森”的目标观测敏感区，并连续 3 d 进行实时更新，为飞机有的放矢飞行观测提供了科学支撑。图 5.59 为依据条件非线性最优扰动计算的双台风目标观测敏感区。同样的“空 - 天”协同观测试验也针对 2007 号台风“海高斯”实施过。

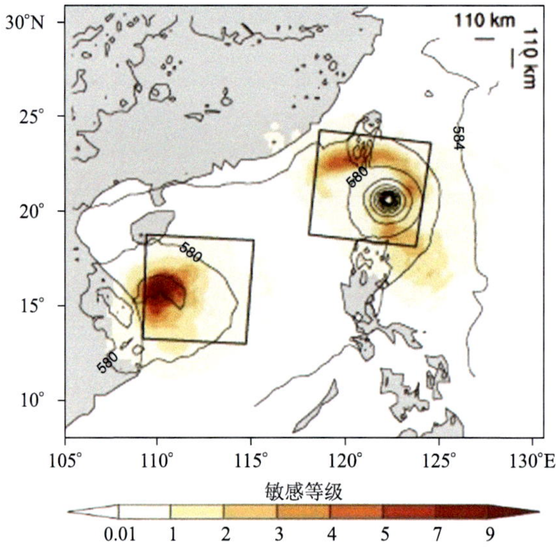

图 5.59　台风“康森”和“灿都”的目标观测敏感区（台风中心附近的黑色框内）

（7）单基平台目标观测

根据项目计算得到的条件非线性最优扰动（CNOP）等识别出的台风目标观测敏感区，项目还利用单基观测平台，配合沿岸的台风外场观测基地及气象业务观测站网进行了多个目标台风的观测。

2019 年 8 月 8—11 日在浙江舟山沿岸，利用地基观测平台（“追风”观测车）对 1909 号超强台风“利奇马”实施了外场观测试验，使用了 GPS 探空、边界层风廓线仪、近地层激光测风雷达、激光雨滴谱和车载自动气象站等非常规观测设备。8 月 9 日 10 时—10 日 22 时约 36 h 内共完成了 12 次 GPS 气球探空观测，并首次获取了台风环流内的臭氧垂直探空廓线。

利用波浪滑翔器于 2019—2020 年台风季在南海“随波逐流”期间，捕获了 7 个台风：1905 号“丹娜丝”（2019 年 6 月 15 日—8 月 30 日）、1911 号“白鹿”（8 月 21—25 日）、1913 号“玲玲”（8 月 26 日—9 月 6 日）、1918 号“米娜”（9 月 28—30 日）、1919 号“海贝思”（10 月 10—13 日）和 2002 号“鹦鹉”（2020 年 6 月 11—15 日）及 2012 号“白海豚”（9 月 20—30 日）。

此外，根据项目计算得到的条件非线性最优扰动（CNOP）识别出的台风目标观测敏感区，在 FY-4 卫星对 2009 号台风“美莎克”的加密观测及香港天文台对 2122 号台风“雷伊”的飞机下投探空中得到成功应用。

5.5.3 协同观测资料的质量控制及台风精细结构同化分析

（1）台风条件下激光雨滴谱数据质量控制方法的改进

目前，地面激光雨滴谱仪已广泛应用于降水和天气现象的观测业务以及降水微物理特征的研究。然而，受台风边界层大风的影响，地面雨滴谱测量仪器经常出现难以忽视的测量误差，继而影响了雨滴谱参数的计算精度。针对上述问题，以提高雨滴谱数据可用性为目的，利用 4 次台风外场观测试验获取到的车载激光雨滴谱仪和自动气象站数据，对强风条件下雨滴谱仪器测量性能开展了分析。结果表明，在台风条件下，水平风使下落的雨滴粒子发生倾斜和水平漂移，引起激光雨滴谱仪器对雨滴直径和下落末速度的测量误差，导致仪器对降水率的低估，低估程度会随着风速增加而增大（图 5.60）。

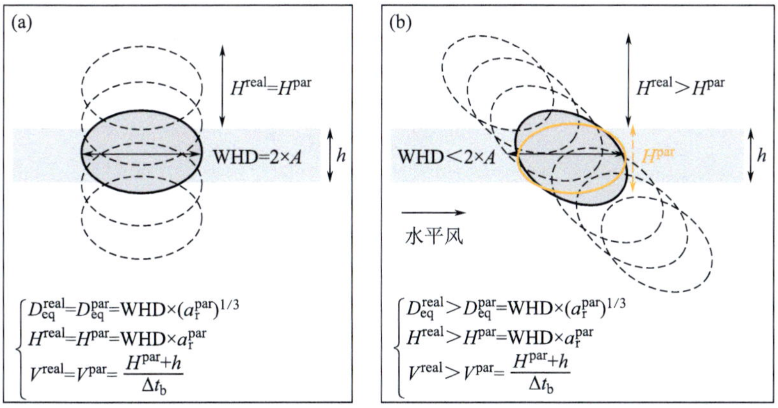

图 5.60 椭球形雨滴粒子垂直（a）和倾斜（b）经过激光束的对比和误差产生示意图，浅灰色矩形表示激光束，实线表示正在通过激光束的雨滴，虚线表示即将通过或已通过激光束的雨滴，黑色水平箭头表示粒子遮挡激光束的最宽水平距离（WHD），黑色垂直箭头表示雨滴实际的垂直高度（H^{real}）。橙色的椭圆和垂直箭头则分别表示被 PARSIVEL 雨滴谱仪所识别的雨滴大小和垂直高度（H^{par}）。D_{eq}^{real}、V^{real} 分别表示雨滴实际的等体积直径和下落速度，而 D_{eq}^{rpar}、V^{par} 则分别表示由 PARSIVEL 雨滴谱仪所测得的雨滴等体积直径和下落速度。a_r^{par} 表示 PARSIVEL 雨滴谱仪使用的默认轴比关系，h 表示激光束的厚度，Δt_b 则表示雨滴粒子遮挡激光束的持续时间

考虑到上述水平风引起的测量误差难以避免，有必要对仪器原始数据进行适当的修正，以得到更为准确的测量结果。为此，进一步研究并提出了一种基于水平风对雨滴

粒子直径和下落末速度动态修正的雨滴谱数据质量控制方法，该方法通过动态地考虑水平风速风向对雨滴粒子的空间取向的影响，对雨滴谱仪器测得的雨滴直径和下落末速度进行修正。评估结果表明，改进后的质量控制方法显著提高了强风条件下雨滴谱仪器对降水率测量的准确性。例如，当风速超过 14 m/s 时，在应用该质量控制方法前后，PARSIVEL 雨滴谱仪测得的 5 min 降水率平均偏差分别为 –22% 和 –11.8%，可见该方法可有效减少强风条件下雨滴谱仪器近 50% 的降水率测量偏差（图 5.61）。

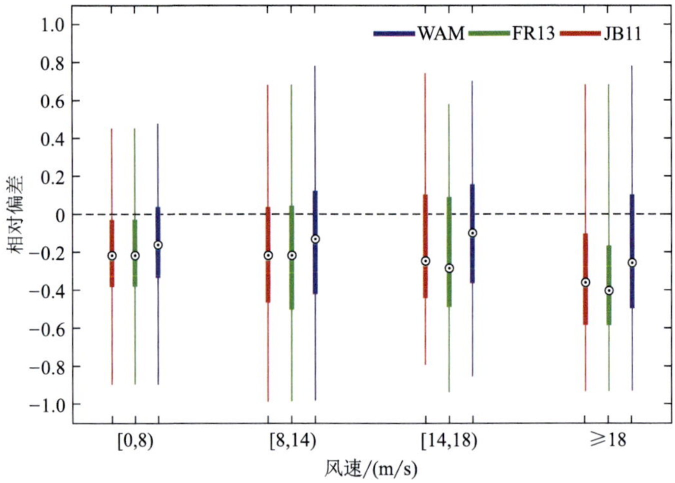

图 5.61　不同雨滴谱数据质控方法在不同风速条件下的降水率相对偏差箱线图
［红 - Jaffrain 等（2011）的方法，绿 - Friedrich 等（2013）方法，蓝 - 本项目提出的基于水平风动态修正方法（Wind-Adjusted Modified method）］

（2）发展双偏振雷达衰减变分订正和比差分相位估算方法

以雨滴谱观测为基础，建立了 gamma 模型的参数 μ-Λ 约束关系，并据此建立了雨滴谱参数与双偏振参数间的统计关系，利用该关系作为变分分析的观测算子，发展了一个利用双偏振雷达水平反射率、差分反射率和差分相位观测同时进行衰减订正、雨滴谱反演和定量降雨估测的变分方法。利用该变分方法估测的小时累计降水与雨量站观测之间具有很高的相关系数（0.95）和很小的均方根误差（1.52），且没有明显的系统偏差（3.4%），有效提高了微物理参数的反演精度，为研究台风降水微物理结构和特征提供基础。此外，由于比差分相移（KDP）和降水率之间的关系接近线性，常被用到衰减订正和降水反演中，但 KDP 不是双偏振雷达的直接观测量，需要从 FDP 中反演得到。项目还提出了一个基于线性算子的变分双偏振雷达 KDP 估计方法，在保证 KDP 精度的前提下，有效提升计算效率（图 5.62）。

（3）发展基于双参微物理方案的雷达反射率因子直接同化方法

反射率因子不是模式变量，需要由模式微物理方案输出的水物质变量通过观测算子计算得到。项目基于 GSI-EnKF 系统，建立了针对双参微物理参数化方案的反射率观测算子，实现对我国地基雷达反射率因子的直接同化功能。以 1909 号台风“利奇马”

为例，利用 WRF/GSI-EnKF 对流尺度系统（3 km），对台风登陆前温州雷达站的反射率因子进行了直接循环同化试验（每 12 min 同化一次）。雷达反射率资料直接同化（Z-DA）与不做同化的控制试验（CNTL）对比，结果表明，反射率因子同化能够改善模式对台风动力、热力以及微物理结构的描述，基于同化试验起报的模拟反射率能有效降低内核雨带模式预报偏强的误差，与实况更加接近（图 5.63）。直接同化雷达反射率能显著提升台风强度预报精度，正效果可维持 8 h 以上（图 5.64）。

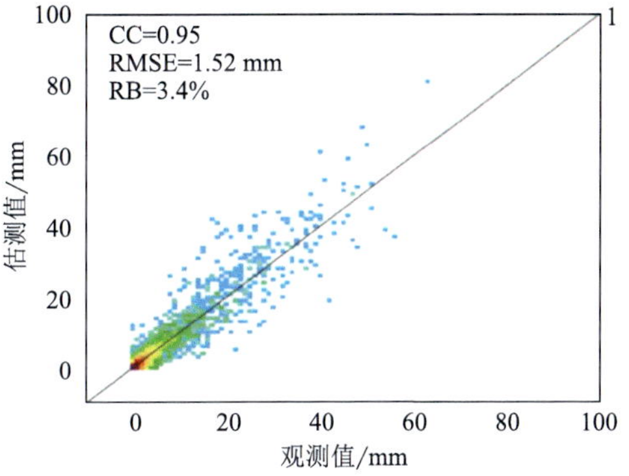

图 5.62　利用双偏振雷达变分方法估测的小时累计降水与雨量站观测的对比（2016 年 5 月 27 日 00 时—28 日 12 时，世界时）

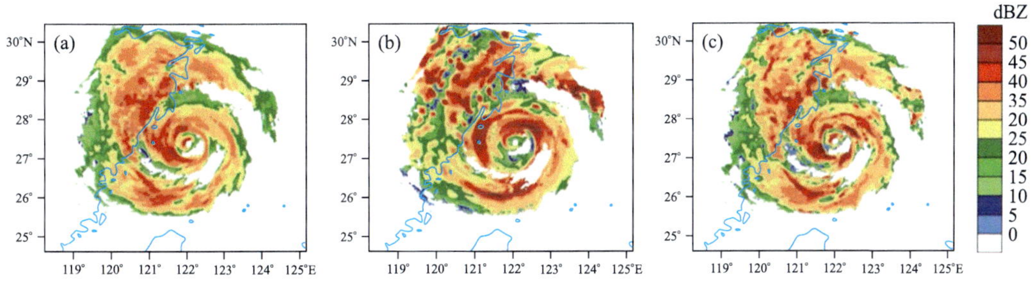

图 5.63　2019 年 8 月 9 日 12 时（世界时）雷达反射率
（a. 观测；b. 控制试验模拟；c.Z-DA 试验 5 次循环同化之后的分析场）

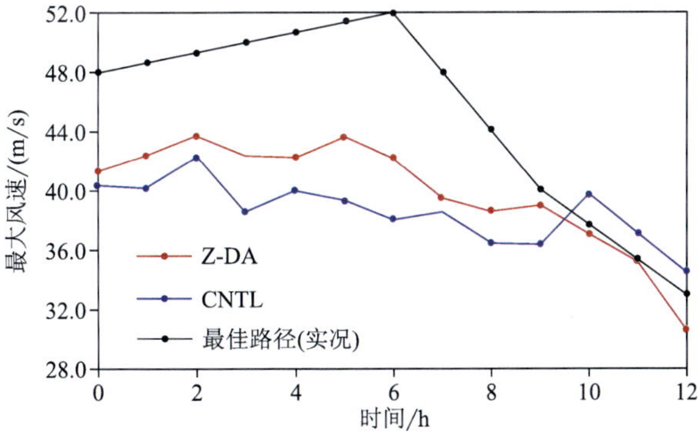

图 5.64　雷达反射率资料同化（Z-DA）、控制试验（CNTL）试验 12 h 强度预报

（4）发展多平台协同观测资料的多尺度联合同化及目标台风精细结构的同化分析数据集

在雷达资料（反射率、径向风）同化的基础上，增加项目获取的外场观测资料（风廓线雷达、气球探空、下投探空等），建立了多平台协同观测资料的联合同化系统。考虑到台风本身的多尺度特性以及多平台资料代表尺度的差异，项目还发展了基于空间滤波的多尺度资料同化技术，实现对不同尺度资料的有效同化。

利用1909号台风“利奇马”测试了不同平台观测资料对预报的影响（图5.65）。可见，无论是项目外场观测（浙江舟山探空和风廓线资料）还是雷达资料都对强度预报有改善作用。相比单平台资料，台风外场观测的探空、风廓线以及雷达反射率、径向风多平台资料的联合同化效果最佳。

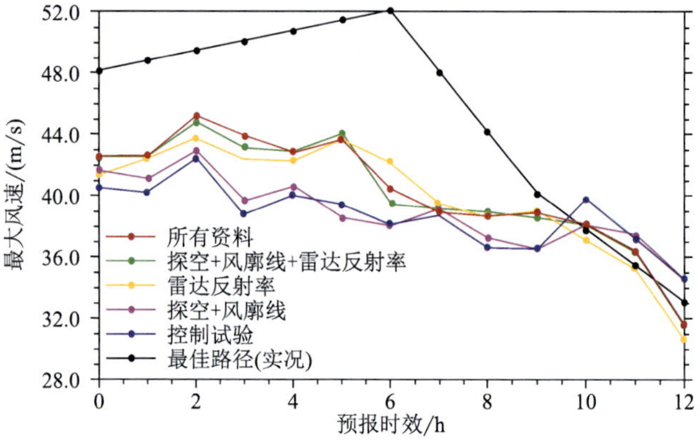

图5.65　不同平台资料及联合同化对1909号“利奇马”台风的强度预报对比

（起报时间：2019年8月9日12时；蓝色-控制实验（不同化），紫色-外场观测（探空+风廓线）资料同化，黄色-地基雷达（反射率）资料同化，绿色-外场观测（探空+风廓线）及雷达（反射率）资料同化，红色-外场观测（探空+风廓线）及雷达（反射率+径向风）资料同化）

在上述研究的基础上，开展了1907号“韦帕”、1909号“利奇马”、2003号“森拉克”、2016号“浪卡”、2106号“烟花”和2114号“灿都”6个典型台风的多平台观测资料的联合同化试验，生成了目标台风精细结构的同化分析数据集（3 km空间分辨率、1 h时间间隔）。

图5.66为2016号台风“浪卡”的分析数据样例（红色实线），联合同化了气球探空、风廓线、飞机下投探空、沿海地基雷达资料。对比不同化的WRF模式预报（蓝色），同化后的分析场更加靠近最佳路径实况数据（黑色），对“浪卡”台风的再现能力

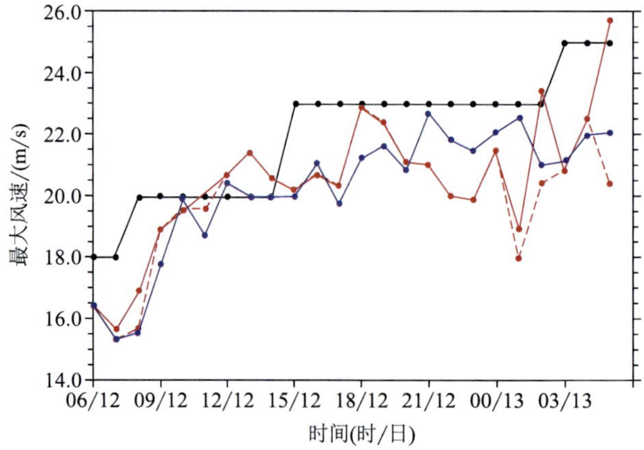

图5.66　2016号台风“浪卡”中心附近最大风速变化（2020年10月12日06时—13日05时，红色实线-多平台观测资料联合同化，红色虚线-同化前的背景场，蓝色-不同化控制实验，黑色-实况）

更强。从每一个同化时刻看，同化后（红色实线）均比同化前（红色虚线）的效果好，部分时刻同化改进的幅度很大，说明联合同化对数据集有正贡献。

（5）共享数据库的目标观测资料进一步得到扩充

项目获取的所有目标台风的协同观测资料和收集的相关业务气象观测站网观测资料（包括原始观测资料、质量控制后的观测资料及同化分析后的结构资料等），以及收集的 21 个历史目标台风的外场观测资料，均已完成整理和入库（中国气象局上海台风研究所台风外场观测数据库）。

此外，项目研究过程中，通过改进 QPE 算法，利用 FY-4 静止卫星的多通道扫描成像辐射计（AGRI）所观测的云顶亮温图像对降水进行了反演。用全球降水观测计划（Global Precipitation Mission，GPM）的 IMERG（the Integrated Multi-satellite Retrievals for GPM）降水产品作验证和校准融合，对 2019 年 8 月 12—14 日的反演结果进行了检验，西北太平洋区域降水率反演均方根误差（RMSE）的平均值为 3.38 mm/h，表现出较好的台风降水反演能力。在此基础上，应用改进后的降水融合技术，反演得到西北太平洋区域 2019—2021 年 19 个典型台风的降水融合产品数据集。

值得注意的是，因资料（特别是第一手原始观测数据）保密期等原因，目前部分观测数据只能通过离线联系方式进行获取（提供电子邮件传输、硬盘拷贝等）。

5.5.4 台风边界层和云微物理过程分析及模式参数化方案改进

5.5.4.1 台风条件下边界层过程及特征研究

结合历史目标台风观测资料，对典型目标台风边界层结构特征及台风条件下海表面波过程等海洋对台风的响应进行了分析，并据此改进了台风条件下模式边界层过程参数化方案，开展了理想模拟及典型个例业务预报的效果验证。

（1）强台风“山竹”登陆期间边界层结构特征分析

收集整理了强台风“山竹”（1822 号）登陆期间深圳气象塔和香港天文台的观测数据，并据此开展台风边界层分析研究，包括风场结构、动量通量、垂直涡扩散系数与混合长度等参数的特征（图 5.67）。结果表明，深圳梯度塔在分析时段始终处于入流层内，边界层存在强烈径向入流，入流最强高度在 250～300 m，与最大风速观测高度（350 m）存在显著差异。涡度廓线分析显示，有满足拐点不稳定的涡度垂直廓线出现；垂直涡扩散系数在 10～160 m 高度范围随高度升高而增大，之后随高度升高而降低；垂直涡扩散系数随风速的变化表明，在低风速范围内它随风速的增大而增大，直至风速达到 21 m/s，之后随风速增大而减小；对垂直涡扩散率 K 廓线参数化方案的检验显示，该方案适用于台风。

（2）海洋对台风的响应特征分析

通过半解析模型分析得到海洋表层对台风的响应形态，可根据无量纲移速（*S* 为局

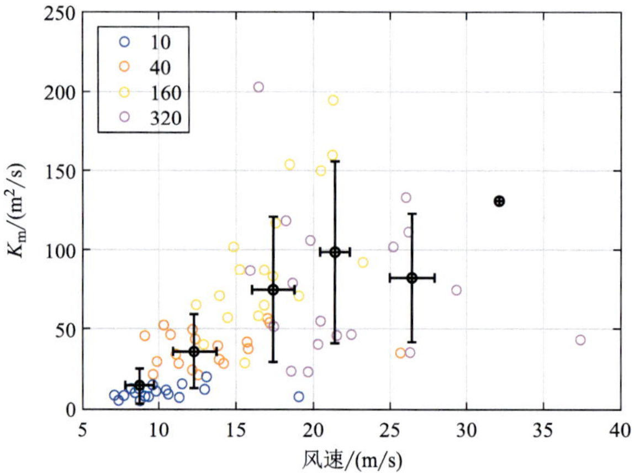

图 5.67　台风“山竹”登陆期间各通量层的垂直涡扩散率 K_m 随风速的变化
（图中箱线为所有样本在 5 m/s 宽度风速区间的均值与标准差）

地惯性周期和台风作用时间之比）大致分为三种情况：$0 < S \leqslant 0.4$ 时，主要为埃克曼（Ekman）辐散形式响应；$0.4 < S \leqslant 5$ 时，主要为台风后部近惯性振荡形式响应；$S > 5$ 时，主要为右（左）侧向路径前（后）方流场响应。

利用 2016 年“莎莉嘉”和“海马”台风经过布设在南海北部的锚系浮标阵列时的直接观测资料，对海洋温盐流的响应进行了初步分析（图 5.68）。结果表明，台风“莎莉嘉”和“海马”冷却海表温度约 4 ℃和 2 ℃（最大冷却出现在台风过境后的一天时间），升高海表盐度约 1.2 psu 和 0.6 psu。连续 2 个台风引起的最大混合层流约 80 cm/s，其能加深混合层深度并增暖次表层。其中，“莎莉嘉”能增加混合层深度、增暖次表层约 1 ℃，“海马”可引起 1.8 ℃暖异常。此外，台风降水会淡化海表并引起盐度减少，海洋表层盐度降低进而增强层结，使得混合层相比没有降水的情况更浅，最终导致上层响应程度减弱。

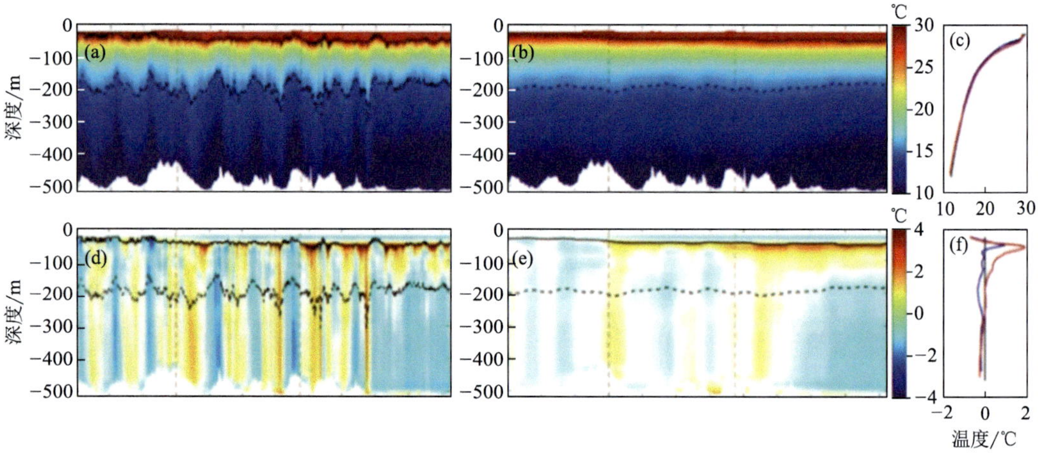

图 5.68　台风“莎莉嘉”和“海马”过程上层海洋温度（a）、温度异常（d）以及它们的净值（b、e），2 个台风之前（黑）、“莎莉嘉”过后（蓝）和“海马”过后（红）的平均温度（c）和温度异常（f）。图 a、b、d 和 e 中黑色实线为混合层深度、黑色虚线为 15 ℃等温线深度

台风引起的海表面波在海 - 气相互作用过程中扮演重要的角色，但以往的观测研究较少。2017 年 8—10 月波浪滑翔器入海试验期间，捕捉到了台风“天鸽”“帕卡”和“玛娃”，对其引起的海表面波变化的分析表明，这 3 个台风能将海表面波周期从 4～6 s 提高到 8～10 s，海表面波高从 0～1 m 提高到 3～8 m，1024 s 内波峰数从 100～150 减少到 60～75；台风路径右侧波向顺时针旋转、左侧逆时针旋转；局地波数减少，海表粗糙度亦快速增加。

台风是海 - 气相互作用中强的天气尺度现象。对台风上层海洋引起的响应过程的研究进展进行了综述（图 5.69），包括流场、海表面波、温盐和生物的响应过程。台风通常引起上层海洋出现近惯性流，增强海表面波，冷却海洋表层并增暖次表层，增加海表盐度并减少次表层盐度，引起浮游生物骤增。上层海洋对台风的响应过程受台风引起的混合、输运和海表通量控制，这些通常在北（南）半球偏向于台风路径右（左）侧。上层海洋的响应过程通常在几天到几周内恢复。上层海洋的响应特征通常由台风本身的要素（如台风强度、移动速度和大小）以及环境要素（如海洋层结和中尺度涡）控制。最近几十年，由于观测技术和数值模式的改进，对于上层海洋对台风响应过程的认识有所提高。在未来，更多的上层海洋对台风响应过程有待学者研究。

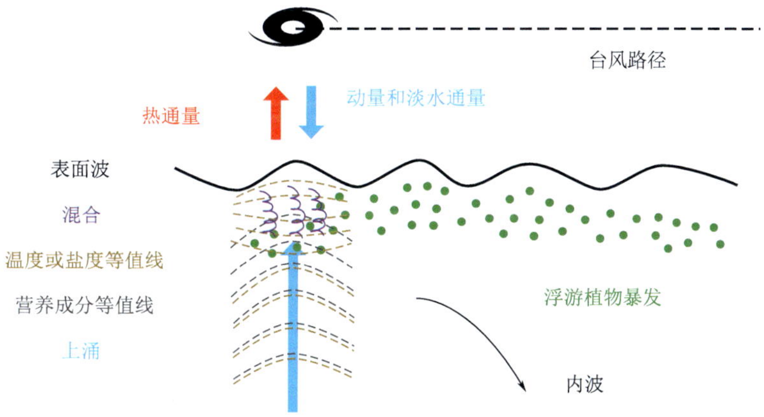

图 5.69　台风引起的上层海洋响应过程示意图

（3）海洋对台风的影响分析

采用海 - 气 - 浪（ROMS-WRF-SWAN）耦合的数值模式（COAWST）模拟了 2014 年台风“海鸥”的移动及强度变化过程。通过一系列大气、海洋和海浪单独模拟、两两耦合和全耦合的试验（图 5.70），结果表明，模式耦合并不明显改进台风路径模拟。将海浪引起的海洋飞沫在模式中进行参数化应用，并通过理想实验模拟分析海洋飞沫在不同 C_d 参数化方案下对台风发展的影响。C_d 参数化方案分别采用 WRF 模式参数化方案与 Donelan（2018）基于观测试验得到的参数化方案。结果显示，考虑海洋飞沫作用以后，台风强度均有所增强，但是对台风增强速率的影响不同。Cd_WRF 方案在考虑海洋飞沫以后台风增强速率变大，而 Cd_Donelan 方案在考虑海洋飞沫以后台风增强速率却减小；不同 C_d 参数化方案下海洋飞沫作用的不同是因为 Cd_Donelan 方案下，C_d 在台

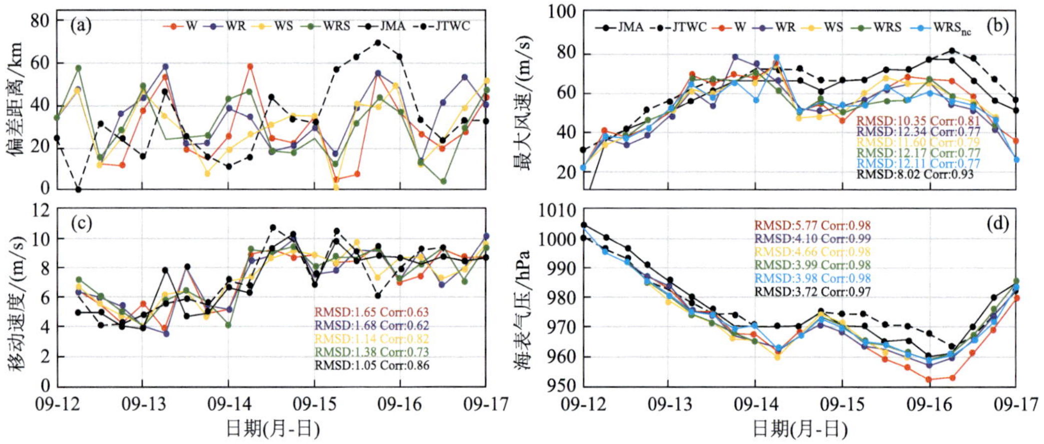

图 5.70 单独 WRF 模式（W，红）、WRF 和 ROMS 耦合（WR，蓝）、WRF 和 SWAN 耦合（WS，橙）以及全耦合（WRS，绿）情况下，模拟的台风“海鸥”路径（a）和移速（c）相对于 JMA（粗黑）和 JTWC（虚黑）数据的偏差，以及最大风速（b）和海表气压（d）

风眼墙外围要大于眼墙内，从而造成惯性稳定性的增强，不利于海洋飞沫蒸发的水汽向眼墙内输送，导致台风增强速率减缓（图 5.71）。

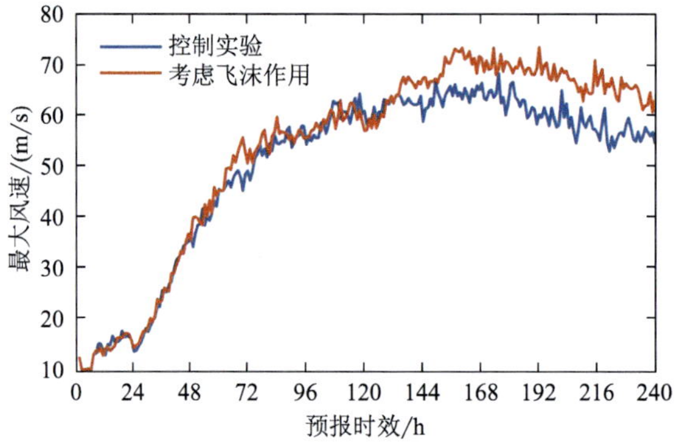

图 5.71 Cd_Donelan 方案下考虑海洋飞沫作用以后台风强度

超强台风“利奇马”（Lekima）于 2019 年袭击我国，造成了严重灾害。采用高分辨率波流耦合模式研究了“利奇马”期间波流相互作用对海表面波高、风暴潮、海洋流动和动量平衡的影响，模式结果和观测吻合。

结果显示，在开阔海域，台风的强风引起的强流减小了台风引起的最大有效波高 6%～15%。海水斜压效果也微弱减小了最大有效波高约 3%。在沿岸地区，考虑水体的反馈作用后最大有效波高增大 6%～15%。台风引起的最高风暴潮出现在台风登陆位置右侧水体中。非保守的波应力对最强风暴潮（3 m）的贡献为 0.1～0.4 m，这个效果在沿海地区最显著。海水斜压作用通常增强风暴潮，但对于非常浅的水体影响微弱。潮汐在大部分沿岸水体地区倾向于加强风暴潮，但在一个小的海湾中则减弱风暴潮。波大体上通过波破碎引起的加速过程增强离岸的海流。跨岸的动量守恒分析显示，当台风临近岸边时，动量方程中主要项是水平压力梯度和海表风应力，波破碎的作用和风应力类似但更小一些。本研究对深入认识模式模拟的台风及其对沿岸环境的影响有一定的指导意义。

2014 年，4 个连续的台风在西北太平洋上生成和发展，对海洋环境和沿海地区产生显著的影响。基于多个卫星观测、Argo 剖面和再分析数据，研究海洋环境和连续台风的相互作用。超强台风“浣熊”（Neoguri）首先通过研究区域，最大风速 140 节（约 72 m/s），引起其路径上强烈的冷却，最强冷却位置和预先存在的冷涡位置一致，平均海表温度冷异常超过 5 ℃。之后，台风“麦德姆”（Matmo）、“娜基莉”（Nakri）和“夏浪”（Halong）先后经过研究区域。在冷涡区域，由于海洋层结已被前一个台风“浣熊”严重破坏，后面 3 个台风很容易引起海洋响应，但是不容易造成二次海表温度冷却。不过，超强台风“夏浪”还是引起了很强的二次冷却（超过 8 ℃），期间上升流很深，超过了 700 m。在暖涡区域，由于“浣熊”引起很强的海水混合，后续的弱台风不容易将深层冷的和咸的水带到表层，因此阻碍了二次冷却过程，甚至超强台风“夏浪”只引起和“浣熊”差不多的海表冷却。因此，海洋对连续台风的响应不只取决于台风的强度，也和前后台风路径顺序以及海洋中尺度涡有关。首个台风引起的海表冷却会引起后续台风不同的反馈作用（图 5.72）。

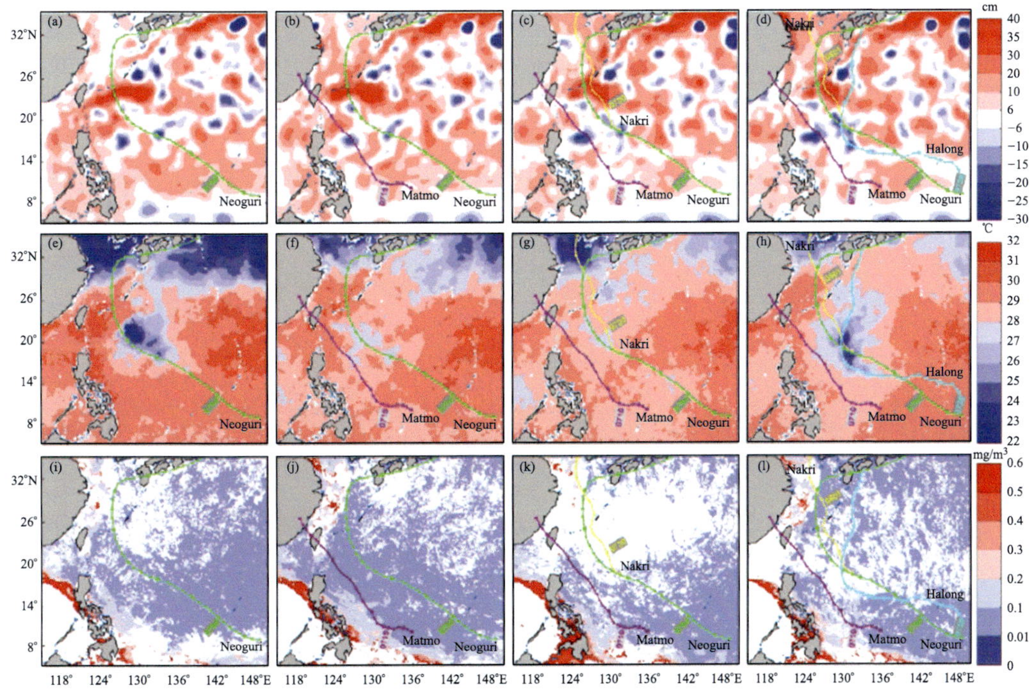

图 5.72 4 个台风前后的海表高度异常（a～d），海表温度（e～h）和叶绿素浓度（i～j）
（彩色的线代表台风的路径）

（4）台风边界层内的小尺度动力过程

基于大涡模拟方法（LES），对台风条件下边界层内小尺度动力过程进行模拟研究。

结果表明，当模型网格间距减小到惯性子区时（约几百米至几米），包含能量的大涡会被明确解析，因此，需要参数化的是那些尺度小于惯性子区的湍涡。惯性子区是指湍流能谱上的中间尺度范围，其中来自大尺度涡旋的能量与向下级联到小尺度涡旋的净能量处于平衡状态。尺度小于惯性子区的涡旋通常被认为是各向同性的。正因为如此，各向同性涡旋引起的水平和垂直子网格尺度（SGS）混合由模型建立的同一 SGS 模型处理。在这种情况下，不需要额外的物理模块单独处理垂直湍流混合。由于尺度小于惯性子区的涡旋包含的能量要少得多，并且比包含大能量的涡旋更少依赖于流动，因此人们通常认为 LES 方法对 SGS 模型的参数化细节和相关参数设置并不敏感，当难以获得直接观测时，LES 产生的湍流通常被用作真实值。

目前使用较多的大涡模拟方案主要包括 SMAG、TKE 和 NBA 等 3 种，本研究采用这 3 种不同的大涡模拟方案，使用 300 m 和 100 m 分辨率进行台风模拟，并与 900 m 分辨率基于 MYNN 边界层参数化方案的模拟进行对比。对比结果显示，所有模拟都合理地再现了最佳路径的风速，但各实验间存在明显的差异，并且 MYNN-900 实验和 LES 实验之间差异较大。相比于最佳路径数据，MYNN-900 实验低估了最大风速，而所有的 LES 实验都与最佳路径更为接近。并且，这 3 个大涡模拟实验中得到的 TKE 和湍流动量通量的大小及其与平均风速的关系与飞机测量总体一致（图 5.73）。

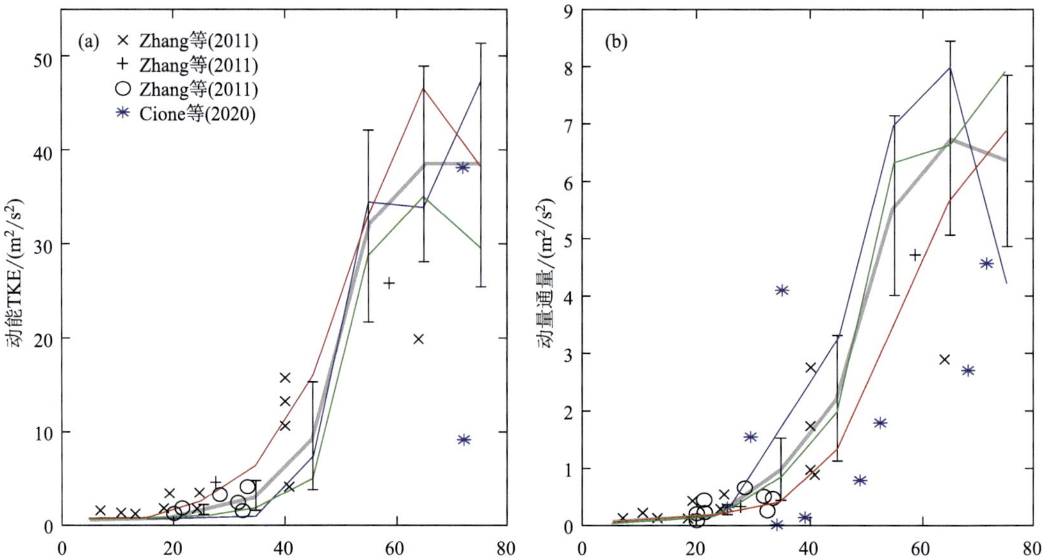

图 5.73　3 种大涡模拟实验得到的方位角平均 TKE（a）和湍流动量通量（b）与平均方位角平均风速的函数，蓝色为 SMAG-100，绿色为 TKE-100，红色为 NBA-100，灰色粗线为 3 种方案平均，所有数值均为 415～615 m 高度和 03—08 时的平均。黑色○，+，和 × 表示在约 500 m 高度上通过飞机测量估算的 TKE 和湍流动量通量。蓝色 * 表示高度约 600 m 处的数据

眼壁处小尺度扰动对模型水平网格间距和大涡模拟方案存在依赖性。LES-100 系列实验（即 100 m 分辨率的大涡模拟实验）中的上升 / 下降气流比 LES-300 系列实验中的上升 / 下降气流具有更精细的尺度（图 5.74）。

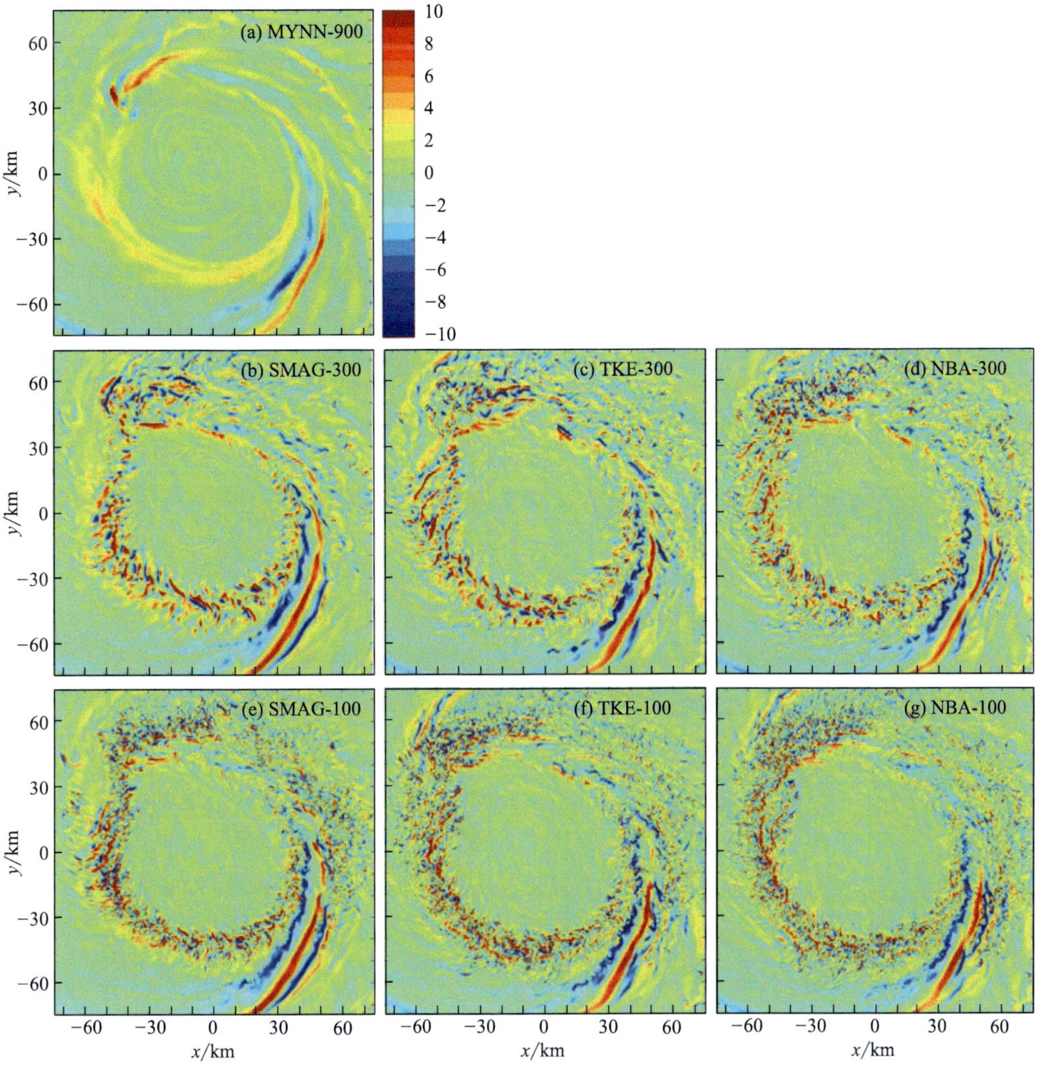

图 5.74　7 个实验于 9 月 12 日 03 时台风中心区（d05）区域内 1000 m 高度处垂直速度（m/s）分布状况

NBA 方案产生的眼壁小尺度扰动比 SMAG 方案和 TKE 方案产生的眼壁小尺度扰动具有更精细的尺度，尤其是在 300 m 水平网格间距处。大涡模拟实验得到能谱特征，遵循了科尔莫戈罗夫（Kolmogorov）幂律，随着模型网格间距的减小，谱峰向较短波长移动。此外，NBA 方案产生的小尺度涡旋比 SMAG 和 TKE 多，大尺度涡旋比 SMAG 和 TKE 少，但是这些大涡模拟方案之间的差异都较小，尤其是在 100 m 水平网格间距下它们之间的差距非常细微。大涡模拟结果显示，在眼壁中可以看到较大的垂直通量。对于尺度小于 1 km 的涡旋，模型解析动量通量的峰值出现在边界层（按照通常的边界层高度定义，即约 1 km）。这一结果与典型的边界层一致，即峰值能谱出现在几百米处。尽管如此，在眼壁边界层上方仍存在不可忽略的通量，表明百米至千米尺度的涡旋也在眼壁边界层上方的动量垂直输送中发挥了作用。由于通量计算中包含了大于 1 km 的大涡，模型解析的动量通量随着高度的增加而显著增加。

当计算中包含尺度高达 6 km 的涡旋时，对流层中部 5～7 km 高度附近的第二个通量峰值开始形成（图 5.75）。因此，眼壁对流产生的千米级大涡是眼壁边界层上方垂直动量输送的主要贡献者。

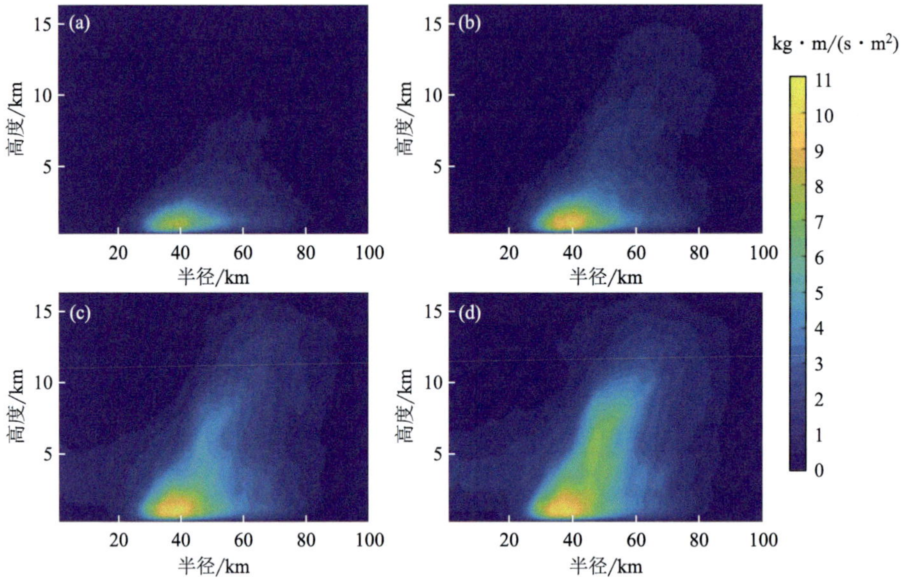

图 5.75　TKE-100 实验中解析的方位角平均垂直动量通量［$\tau=(\overline{w'u'}^2+\overline{w'v'}^2)^{\frac{1}{2}}$］的半径高度分布图（图中结果为 2003 年 9 月 12 日 03—08 时的平均。a. 小于 1 km；b. 小于 2 km；c. 小于 4 km；d. 小于 6 km）

（5）边界层（表面层）通量与风向和浪向的关系

使用台风过境时的浮标观测数据，对比 10 m 风速与涌浪方向的关系发现，同向（风与浪方向相同）、切向（风与浪方向夹角为 90°）或反向（风与浪方向相对）情况下，有效波高与 10 m 风速呈现明显不同的关系。相比于同向和切向，反向情况下随着风速的增加波高的增幅较小。

基于量纲分析和回归拟合，获得了摩擦速度与波浪状态之间的函数关系：

$$u_*=0.0353u_{10}^{4/3}/c_p^{1/3} \quad (5.1)$$

$$u_*=0.024u_{10}(gH_s/u_{10}^2)^{-1/4} \quad (5.2)$$

式中：u_* 为摩擦速度；u_{10} 为 10 m 风速；c_p 为比定压热容；H_s 为有效波高。该函数关系在不同的涌浪方向下均适用。

（6）边界层（表面层）通量与相对台风中心距离的关系

项目利用收集的飞机下投探测获取的台（飓）风风速廓线共计 3322 条（经质量控制），并将每条廓线的测值插值为 10 m 高度间隔，再依据风速和所在位置距台风中心的距离（半径，R）与台风最大风速半径（RMW）的比值（R/RMW）进行分组和求平均

（表 5.5），并根据 Powell 等（2003）的方法拟合风速廓线求出湍流动量通量交换系数和摩擦速度（图 5.76）。

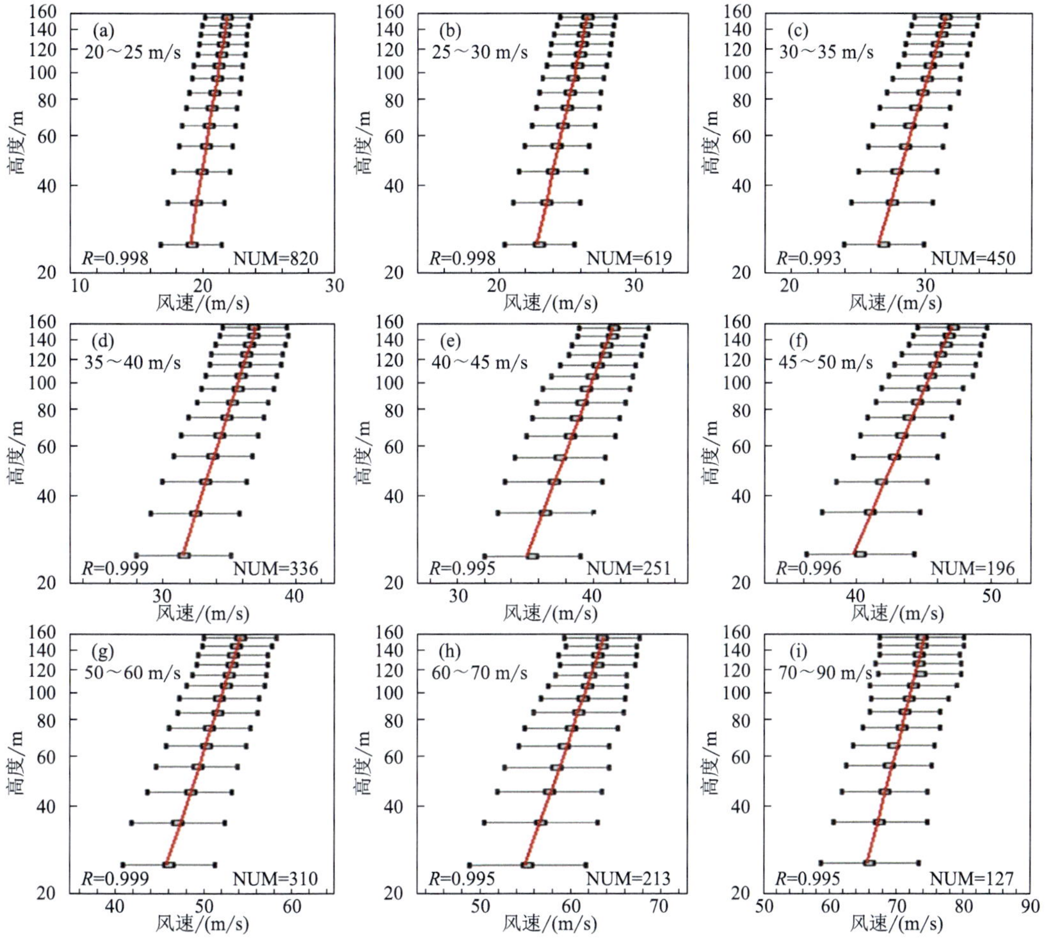

图 5.76　不同风速组（a—i）下的台风风廓线及对数线性拟合（NUM 表示样本数）

表 5.5　不同风速和 R/RMW 范围内各廓线的数据量

风速组 /（m/s）	R/RMW 范围								
	All	>1.05	<1.05	<1.00	<0.95	<0.90	<0.85	<0.80	<0.75
20 ～ 25	820	722	98	92	85	77	73	70	64
25 ～ 30	619	491	128	117	113	107	100	88	80
30 ～ 35	450	355	95	92	87	83	73	64	53
35 ～ 40	336	245	91	86	79	76	71	67	59
40 ～ 45	251	143	108	92	82	75	68	57	44
45 ～ 50	196	104	92	84	74	65	52	39	29
50 ～ 60	310	135	175	160	144	128	113	96	83

续表

风速组 / (m/s)	R/RMW 范围								
	All	>1.05	<1.05	<1.00	<0.95	<0.90	<0.85	<0.80	<0.75
60 ~ 70	213	67	146	139	127	117	107	87	70
70 ~ 90	127	35	92	79	70	61	51	41	35
数据量	3322	2297	1025	941	861	789	708	609	517

上述结果表明，台风中的风速廓线可以很好地满足对数廓线关系，经过平均后的风速廓线的对数线性拟合相关性均超过 0.99。前人研究表明，在台风条件下，湍流动量通量交换系数随风速呈现抛物线关系，但是，随着相对台风中心位置的不同（即不同半径处），这种抛物线关系发生变化，特别是当 R/RMW 小于 0.95 时，湍流动量通量交换系数随风速的变化趋势不明显（图 5.77）。

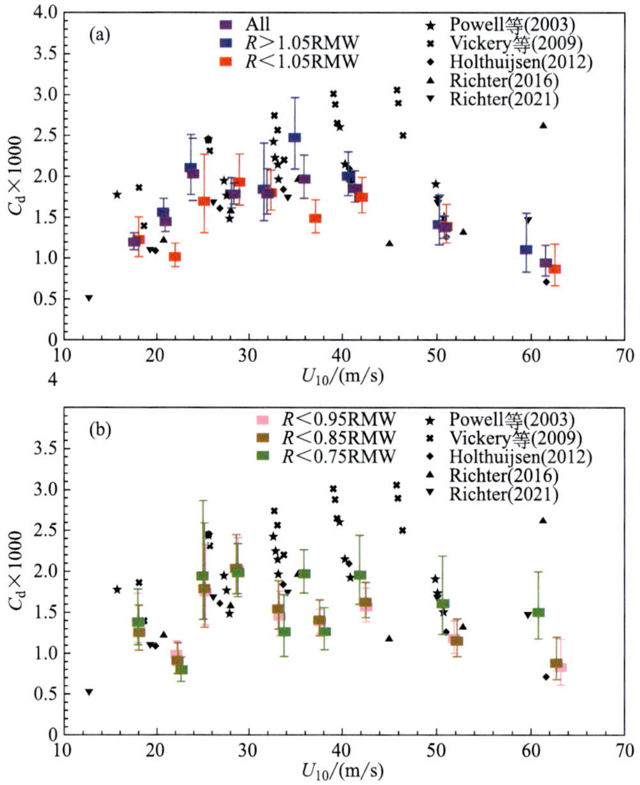

图 5.77　不同 R/RMW 范围下湍流动量通量交换系数（C_d）与 10 m 风速的关系
（颜色方块为本研究结果，其他黑色符号为前人研究结果）

5.5.4.2　边界层（表面层）通量参数化方案改进

基于台风时期近海铁塔观测数据，分析曳力系数和粗糙度随风速的关系。结果表明，曳力系数和动力粗糙度随着风速的增大而增大，但在 24 m/s 附近达到峰值，随后随风速的增大而减小（图 5.78）。在此基础上，拟合得到曳力系数 C_{dN} 及动力粗糙度 z_0 和风速及摩擦速度的关系如下：

$$C_{dN}=0.009(u_*-0.83)^2+0.00126 \tag{5.3}$$

$$C_{dN}=0.0013(u_{10}-23.69)^2+0.00126 \tag{5.4}$$

$$z_0=0.00077\exp[-34.728(u_*-0.83)^2]+0.00002 \tag{5.5}$$

$$z_0=0.00077\exp[-0.0165(u_{10}-23.69)^2]+0.00002 \tag{5.6}$$

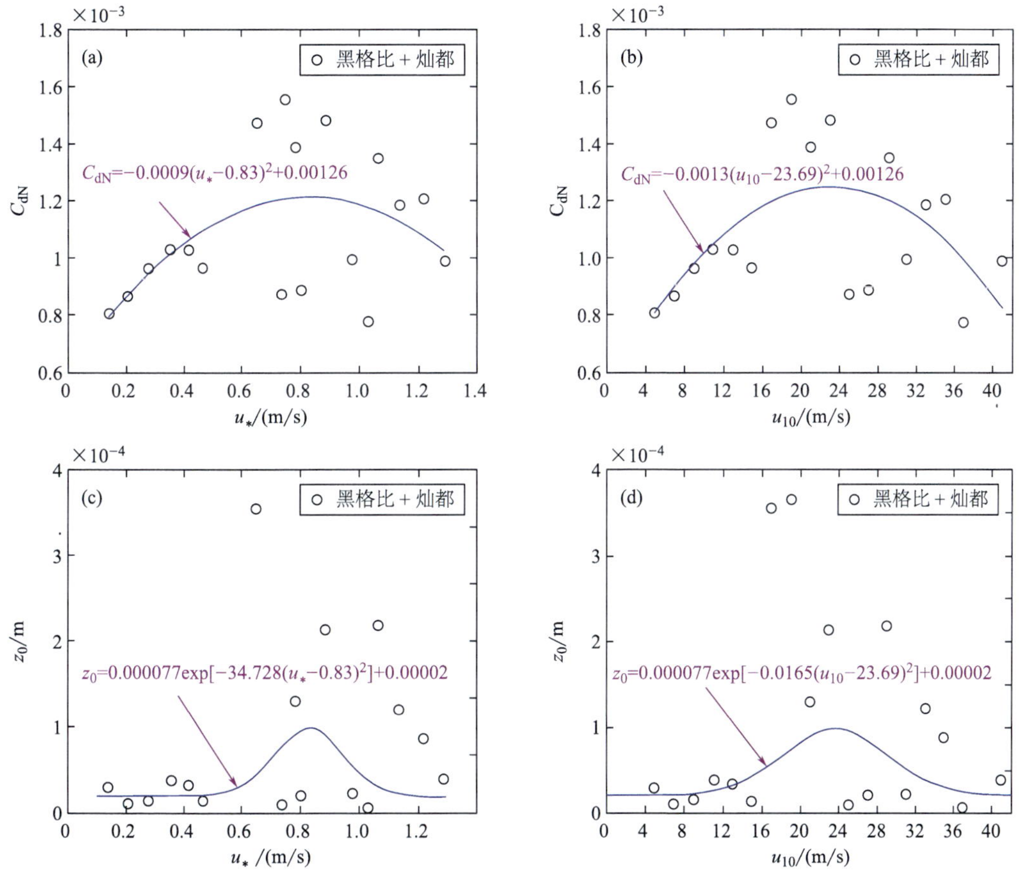

图 5.78 曳力系数（C_{dN}）和动力粗糙度（z_0）与摩擦速度（u_*）及 10 m 高度风速（u_{10}）之间的关系

基于台风条件下飞机下投探空的风速及湍流动量交换系数等观测数据，分析湍流动量交换系数随风速的变化特征，在风速较小时，湍流动量交换系数随风速的增大而增大；当风速达到 22～23 m/s 附近时，湍流动量交换系数达到最大值，随后随着风速的增大，湍流动量交换系数有所减小。

基于这些观测数据，拟合得到了新的表面层动量通量交换系数参数化方程——式（5.7）。在新方程中，动量通量交换系数与风速呈抛物线关系。新方程在模式中的使用将有助于提高台风状况下表面层通量计算的可靠性。

$$C_d=\begin{cases}0.0113/u^{1.785} & u\leqslant 4.5\ \text{m/s}\\ 3.5\times10^{-5}\times u+0.6\times10^{-3} & 4.5\ \text{m/s}<u\leqslant 10.5\ \text{m/s}\\ -4.4\times10^{-6}\times(u-23)^2+1.7\times10^{-3} & 10.5\ \text{m/s}<u\leqslant 33.5\ \text{m/s}\\ 1.20\times10^{-3} & u>33.5\ \text{m/s}\end{cases} \quad (5.7)$$

依据观测数据对台风条件下的表面层湍流动量与热量通量交换系数的模式（WRF）参数化方案进行比较分析。结果表明，WRF 模式中的 3 种海表面层交换系数的参数化方案均较观测有明显偏离，而修正的海表面层参数化算法则更接近实际观测值。

5.5.4.3 边界层（表面层）通量参数化改进方案的效果验证

首先，基于对称理想台风对新的湍流通量参数化方案进行测试。结果表明，新方案在风速较小时区别不大，台风起旋（spin-up）时期两种方案的风速增长基本接近，但 24 h 后旧方案已停止增强，而新方案则继续增强，因此相比于旧方案，新方案可以较大地提升台风强度，其中在 60 h 处最大风速由原来的约 65 m/s 提升至约 95 m/s（图 5.79）。

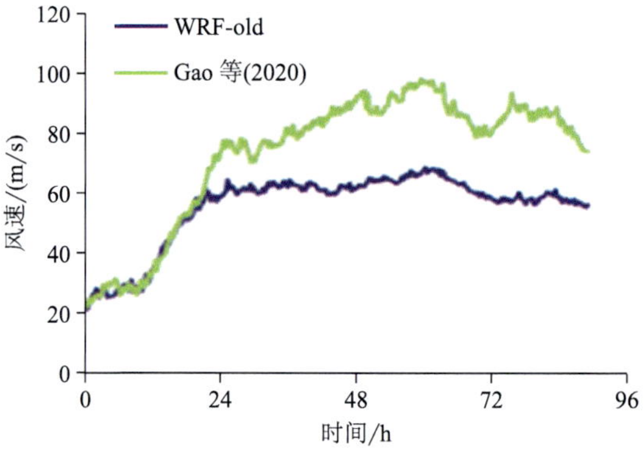

图 5.79　基于理想对称台风的新旧边界层通量参数化方案对比起旋试验

然后，利用科研业务较常用的中尺度模式（WRF）对典型台风个例（1822 号台风“山竹”）的模拟进行测试，图 5.80 给出了采用改进的表面层通量参数化方案后的 WRF 模式对 1822 号台风“山竹”的路径和强度模拟结果。由图可见，相对于 WRF 的原方案（如 OPT2 方案等），改进的新方案使模拟的台风强度得到增强。

在此基础上，将改进的新方案应用于国家气象中心（中央气象台）的台风业务模式（CMA_TYM，原名 GRAPES_TYM），并对典型台风“利奇马”（1909 号）的 48 h 路径和强度预报效果进行测试。对比发现，相比于使用原方案（exp_CTRL 和 TYMoper9 km）的模拟，采用改进的新方案（exp_newUST）后，模式对台风路径和强度变化更接近实况（图 5.81）。

进一步的批量测试（2020—2021 年的 11 个高影响台风）结果显示，新方案模拟对台风路径预报的误差较原方案减小 5% 及以上的台风个例数比率约为 45.4%，强度预报改善达 5% 以上的台风个例数比率约为 72.7%（表 5.6）。在其他未改善的个例中，新旧方案未出现明显区别。这些基于新表面层湍流通量参数化方案的台风业务模式测试试验验证了新方案的可靠性。

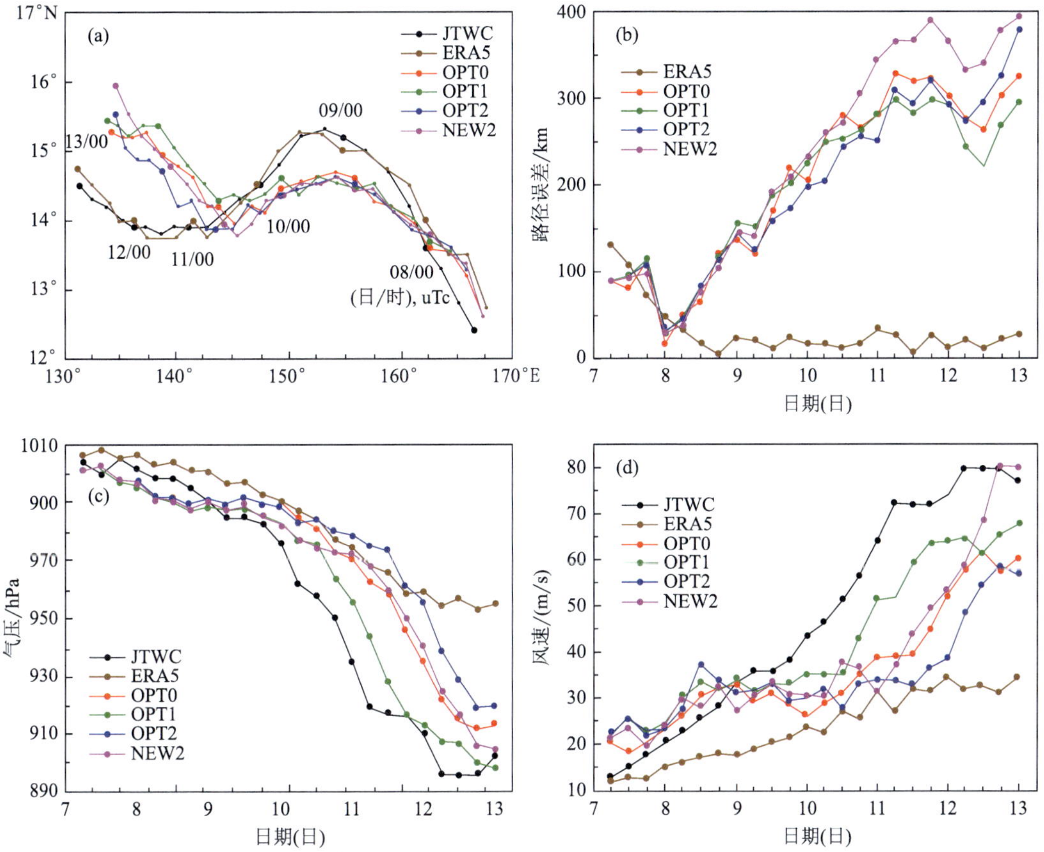

图 5.80 边界层（表面层）通量参数化改进方案在 WRF 对 1822 号台风“山竹”的路径（a）及路径误差（b）、中心最低气压（c）和中心附近最大风速（d）的模拟

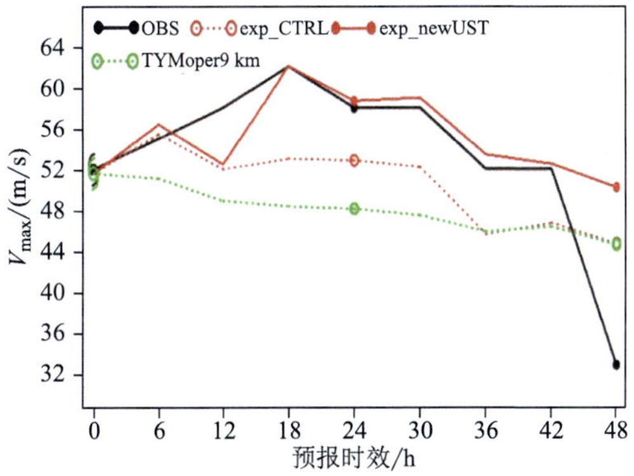

图 5.81 改进的边界层参数化方案应用于业务模式（GRAPES_TYM）后对 1909 号台风“利奇马”强度（b）的 48 h 预报（黑线 - 最佳路径 OBS，红虚线 -3 km 分辨率原方案 exp_CTRL，绿虚线 -9 km 分辨率原方案 TYMoper9 km，红实线 -3 km 新方案 exp_newUST）

表 5.6　使用新方案后平均路径和强度预报误差比原方案减小 5% 及以上的频次

		平均路径误差减小 5% 以上	平均强度误差减小 5% 以上
台风编号	2004	√	
	2007	√	√
	2008		√
	2009		
	2010		
	2106	√	√
	2107		√
	2109	√	√
	2114		√
	2117		√
	2118	√	√
2020 年合计		40%（即 2/5）	40%（即 2/5）
2021 年合计		50%（即 3/6）	100%（即 6/6）
2020—2021 年合计		约 45.4%（即 5/11）	约 72.7%（即 8/11）

5.5.5　台风降水的云微物理特征及参数化方案改进

（1）台风降水的云微物理特征

为加深对台风降水过程中云微物理特征及其变化的理解，对比分析典型台风（1323 号“菲特”）外雨带（台风环流消亡时与北方弱冷空气结合产生）与海陆锋雨带中的降雨 RSD（raindrop size distribution）特征和演变。台风外雨带对流性降雨（ORR）和海陆锋对流性降雨（CFR）具有不同的降雨参数、雷达反射率 - 降雨率（Z-R）和形状 - 斜率（μ-Λ）关系，其中 ORR 在所有雨滴直径档上的浓度都比 CFR 高，雨滴谱宽也更大，从而导致 ORR 的降雨概率更大（图略）。

利用项目发展的基于双偏振水平反射率、差分反射率和差分相位等观测资料同时进行雨滴谱反演和定量降水估测的方法，计算和统计分析 6 次典型历史登陆华南的台风不同区域的云微物理结构和特征。如图 5.82 所示，零度层以下台风内核区的回波分布最窄，内雨带区域比内核区的分布稍宽但强度比内核区小；外雨带区的对流回波分布最宽，且强度相对强（最大可超过 60 dBZ），但同时也存在较多低于 20 dBZ 的值；零度层以下外雨带区的差分反射率相对较大，回波分布相对更宽，7.5 km 的 5% 频率回波对应值可超过 40 dBZ，对应更加显著的冰相过程；内雨带区的冰相过程最不活跃，回波也最弱。表明台风（内核、内雨带和外雨带）降水总体上是由自转化和碰并等暖雨过程主导，但外雨带区域相对于内核和内雨带具有更强的冰相过程和更弱的自转化过程，融化后的雨滴具有更大的尺寸并对应了更加显著的破碎过程。

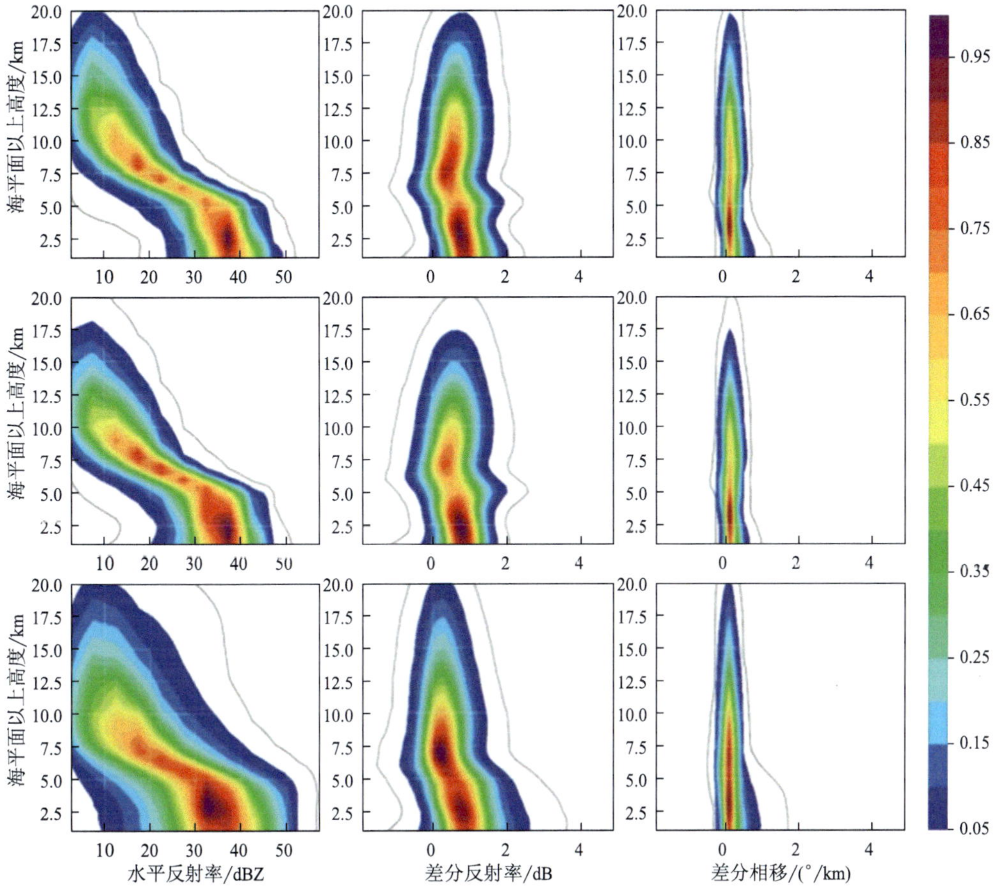

图 5.82 双偏振雷达观测的登陆台风内核（上）、内雨带（中）、外雨带（下）区域对流性降水的水平反射率（左）、差分反射率（中）、差分相移（右）的频率高度分布

（2）台风降水中云微物理与动力过程的耦合

以 1909 号超强台风“利奇马”为例，进一步分析台风降水中云微物理与动力过程的关系。结果显示，在台风双眼墙发展阶段，外眼墙的上风切区域具有显著的强降水和强对流，且上风切右侧区域相比左侧的强降水频率和平均降水强度均稍大，还出现明显更大的霰粒子频率，说明两个区域的微物理过程具有显著差异。

分析结果表明，上风切左侧区域强对流主要发展在 38～45 km 的外眼墙。由涡旋罗斯贝波的分析可知，内眼墙传出的 2 波在外眼墙内侧衰减，其原因可能是丝化作用（filamentation）或者弱回波区域的下沉作用。外传的 2 波和外眼墙内侧的 1 波相互作用在 40 km 附近形成上升运动和对流。由于上升运动不是特别强，冰相过程相对不活跃，低层暖雨过程导致了左侧强降水。而在外眼墙内侧的 2 波相比 1 波气旋性传播更快，在上风切右侧叠加并在外眼墙外侧锁相增长，形成相比于上风切左侧更加倾斜、强度更高的对流，在零度层以上具有更强的冰相增长和霰粒子区域，冰相和暖雨作用共同导致了右侧强降水，表明超强台风“利奇马”登陆前双眼墙过程中，非对称结构差异与涡旋罗斯贝波的径向外传和耦合相关；双眼墙各象限微物理过程有所差异，即在上风切右侧，暖雨增长和冰相增长是强降水增长的共同机制，而在上风切左侧，冰相增长较弱，暖雨增长是该区域强降水增长的主要机制（图略）。

（3）台风微物理参数化方案改进

针对云微物理参数观测及反演资料相对较完整的目标台风（1909 号台风“利奇马”）的降水过程，利用数值模式（WRF）分析了云微物理过程参数化方案（Morrison）对雨滴等微物理参数的模拟性能，发现 Morrison 方案有使模式对台风雨滴模拟过大的现象。为此，通过调整 Morrison 方案在暖雨碰并、破碎等过程的参数和相关阈值，设置了多组模拟试验，并对比了双偏振雷达观测和各试验模拟的双偏振雷达和微物理特征变量分布结果。

由双偏振雷达变量雷达反射率因子（ZH）和差分反射率（ZDR）的水平分布可见，Morrison 方案模拟的 ZH 与实际观测结果较为接近，但代表雨滴平均直径的 ZDR 在眼墙和外围雨带区域均较观测明显偏高。通过调整雨滴破碎和碰并的粒径参数，Morrison-BRK 试验模拟的 ZDR 数值明显降低，尤其在眼墙和外围雨带的对流区域，与双偏振雷达观测总体相似，对应的 ZH 数值也更接近实际观测，但在层云区的粒子平均直径仍然偏大（图略）。

在此基础上，增加了弱降水区域粒子谱参数阈值设置（Morrison-N0T）的试验。结果表明，该试验方案能够进一步改进弱降水区域的 ZDR 数值（即层云区的雨滴微物理特性）。此外，还进一步对比了模式模拟和双偏振雷达观测的 Z-ZDR 关系以及液态水含量廓线，均发现 N0T 试验相比原方案在微物理模拟方面具有更高的精度（图略）。

（4）台风降水云微物理过程参数化改进方案的效果验证

为进一步验证改进后的台风降水云微物理过程参数化方案（Morrison 新方案）对台风降水的模拟能力，选取登陆我国华东和华南地区的 6 个台风（2016 年“Nida”，2017 年“Hato”，2019 年“Bailu”“Lekima ”和“Wipha”及 2020 年“Nangka”）进行模拟，并利用自动气象站的小时降雨观测进行检验评估。为了更加客观地评估微物理参数化方案对降水的预报效果，除了原始 Morrison 方案、改进后的 Morrison 方案以外，还检验了常用的双参数微物理方案——Thompson 方案。

图 5.83 为不同小时降水量（> 1 mm、> 5 mm、> 10 mm、> 20 mm）等级下不同微物理参数化方案的 ETS 评分。可见改进后的 Morrison 方案的 ETS 相比原始 Morrison 方案的表现在不同的个例中存在一定差异，但总体是明显提升。例如，对 > 1 mm 的降水，台风“Nida”“Lekima”和“Nangka”的 ETS 均大幅度提升，而台风“Hato”和“Wipha”则表现出略有下降。对 > 5 mm 和 > 10 mm 的降水，改进后的 Morrison 方案仅在个别台风中表现出小幅下降，其他均明显提升。值得注意的是，虽然新方案对台风“Nida”模拟的路径误差比原始 Morrison 方案要更高（图略），但登陆后的降水却有

显著改进，表明其改进不仅仅源自于路径的变化，更重要的是源于对模拟微物理特征的调整。

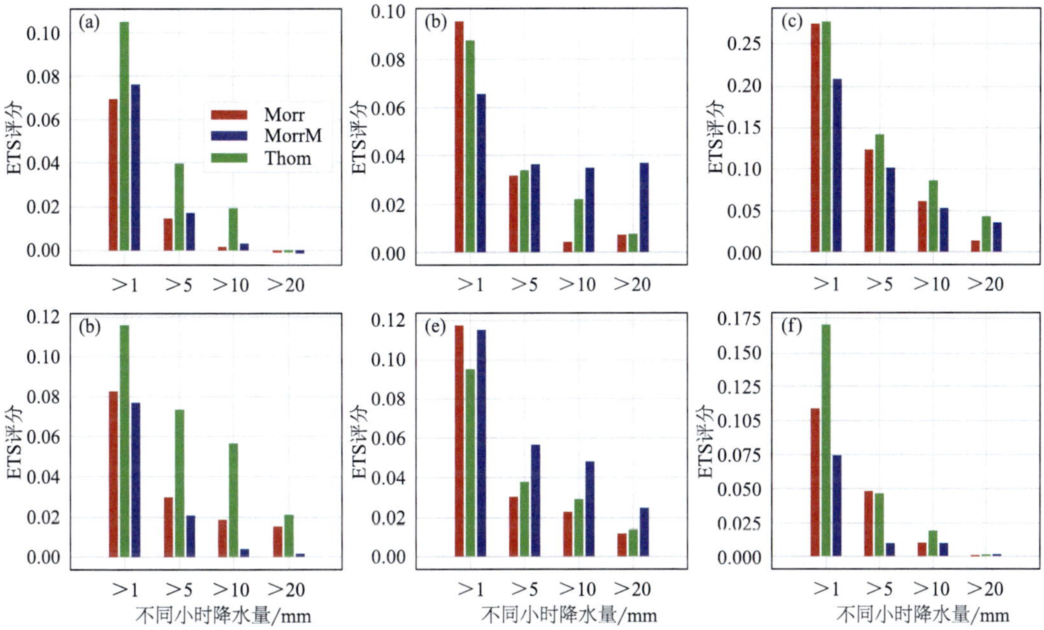

图 5.83 云微物理参数化改进方案对“Nida”（a）、“Hato”（b）、“Bailu”（c）、“Lekima”（d）、“Wipha”（e）、“Nangka”（f）台风降水模拟的 ETS 评分（Morr、MorrM 和 Thom 分别代表原始 Morrison 方案、改进后 Morrison 方案和 Thompson 方案）

表 5.7 给出了多次试验的所有匹配降水的 ETS 统计结果。可见在所有台风个例中不同等级的降水上，改进后的 Morrison 方案比原始方案存在降水评分上的显著提升，幅度大于 5%。

表 5.7 不同等级下，台风试验的平均 ETS 评分
（Morr：原始 Morrison 方案；MorrM：改进后的 Morrison 方案）

台风降水级别	Morr	MorrM
> 1 mm	0.1230	0.1422
> 5 mm	0.0419	0.0730
> 10 mm	0.0219	0.0516
> 20 mm	0.0140	0.0196

5.5.6 边界层和云微物理参数化改进方案在台风业务模式中的应用

5.5.6.1 批量试验

将本项目第四和第五课题研发（改进）的边界层和云微物理过程参数化方案，

接入国家气象中心（中央气象台）的业务台风模式（CMA_TYM，原名 GRAPES_TYM），并对 2019—2021 年 11 个重要台风（1909、2004、2008、2009、2010、2019、2106、2107、2109、2114、2118 号）的路径和强度变化进行批量（123 个样本）模拟试验。

对 11 个台风批量试验的路径和强度预报性能进行统计分析，得出以下结论。

（1）路径预报

集成改进的边界层（CD）和微物理（MICRO）过程参数化方案后，业务模式 24 h 后的路径预报均有提高，其中 96 h 的路径预报平均误差减小了 5.16%（图 5.84）。

（2）强度预报

图 5.85 显示的是 11 个典型台风批量（123 个样本）试验的平均强度预报误差和相对于原业务模式预报技巧。由图可见，集成改进的边界层和微物理过程参数化方案后，业务模式 24～120 h 的台风强度预报均有改进。其中，48 h、72 h、96 h 和 120 h 的强度预报平均误差分别减小了 7.02%、8.77%、16.0% 和 8.7%，尤以微物理过程（MICRO）参数化改进方案在模式预报后期（72～96 h）的作用更为显著。

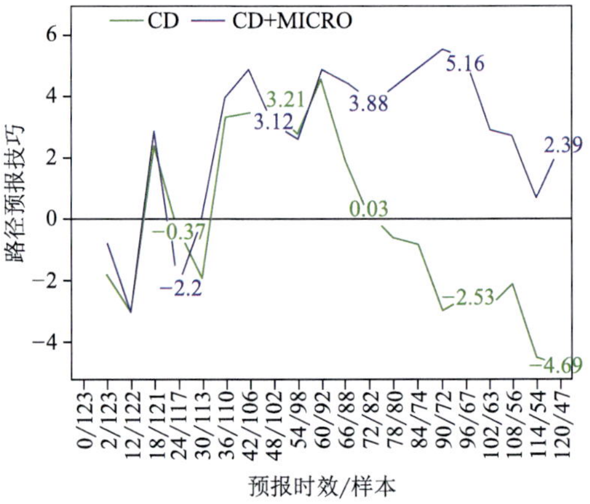

图 5.84　批量试验的台风路径和预报技巧

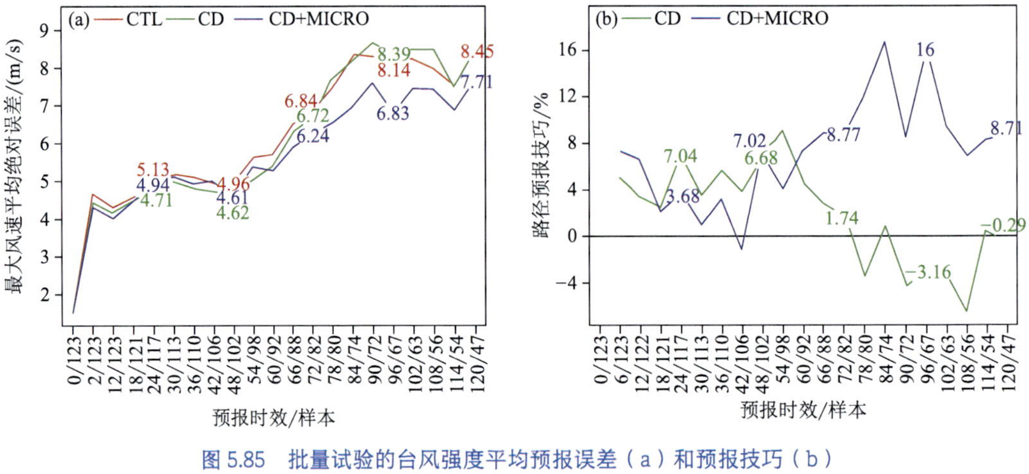

图 5.85　批量试验的台风强度平均预报误差（a）和预报技巧（b）

5.5.6.2　典型个例分析

选取 1909 号“利奇马”、2010 号“海神”和 2106 号“烟花”进行典型个例分析。

（1）1909 号超强台风“利奇马”

2019 年超强台风“利奇马”的一次预报，初始时刻为 2019 年 8 月 5 日 12 时（世界时，下同），预报时效为 120 h。从路径预报来看，边界层参数化（海气交换系数）的改进对其路径预报影响不大，而微物理过程的参数化方案改进则使得预报路径与观测更接近。从强度预报来看，海气交换系数的改进可以显著改善模式 60 h 后对“利奇马”强度的预报，60～84 h 预报的最大风速相比于控制预报每 6h 分别增加了 6.37 m/s、5.5 m/s、9.28 m/s、10.68 m/s、8.36 m/s，同最佳路径数据更接近。微物理过程的集成对提高此时刻强度极值预报没有明显正效果，96 h 后的强度预报有所改善。

图 5.86 为台风“利奇马”平均路径误差和强度误差的预报技巧。其中，海气交换系数对路径预报影响有正有负，而微物理过程方案的改进对平均路径误差的减小呈现了明显的正技巧；边界层（海气交换系数）方案的改进对 24～72 h 的平均误差表现为明显的正技巧，最大的正技巧出现在 72 h，达到了 28.43%。从整体集成效果来看，海气交换系数和微物理过程方案的改进和集成使用，明显改进了模式对超强台风“利奇马”的路径和强度预报。

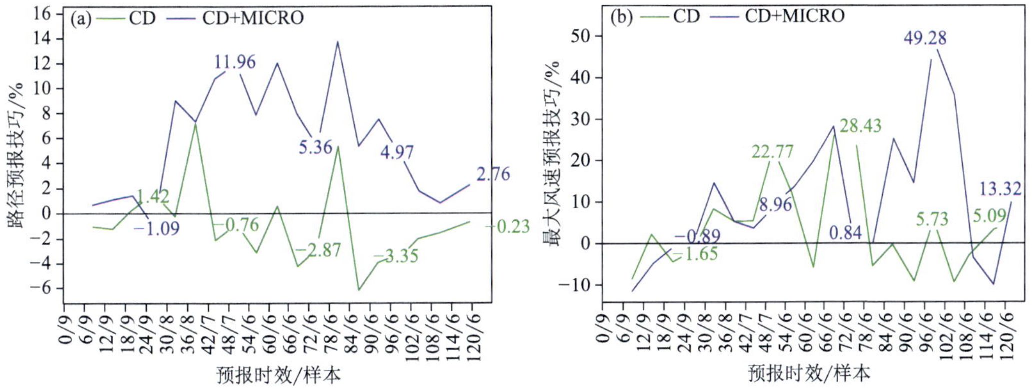

图 5.86 台风“利奇马”平均路径误差（a）及强度预报误差（b）相对于控制预报（原业务模式）的技巧

（2）2010 号超强台风“海神”

2020 年第 10 号台风“海神”的一次预报，预报起始时间为 2020 年 9 月 1 日 12 时，预报时效为 120 h。海气交换系数和微物理过程的改进均对路径预报影响不明显，而海气交换系数的改进对“海神”强度极值的作用较为明显，尤其是 72～96 h“海神”达到其生命史最强阶段，改进海气交换后其预报强度极值更接近实况。微物理过程改进对前期强度预报影响较大，对 72 h 以后的预报影响不明显。

图 5.87 为“海神”平均路径误差和强度误差的预报技巧。其中，海气交换系数的改进对路径预报影响呈现了较为明显的正技巧，而微物理过程的改进对平均路径误差的减小在 72 h 后更明显；海气交换系数改进对 24～72 h 的平均误差表现为明显的正技巧，集成后的整体效果在 48 h 后效果显著，均超过了 5%。

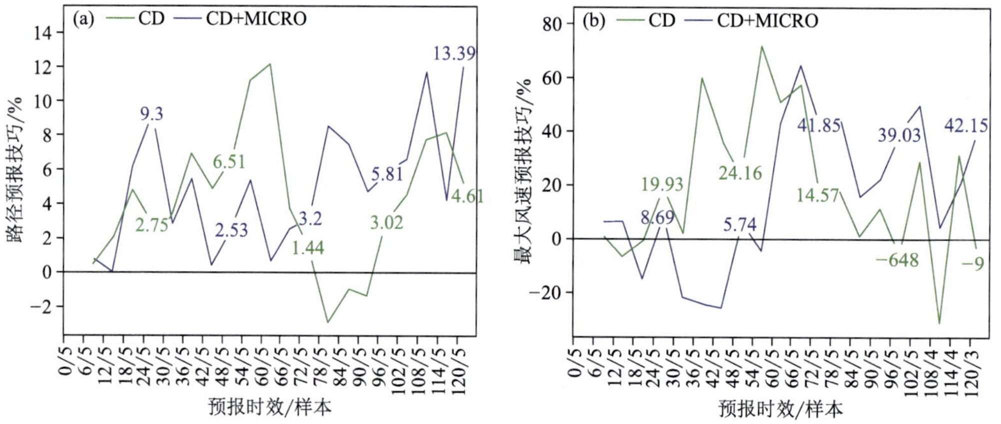

图 5.87 台风“风神”平均路径误差（a）及强度预报误差（b）相对于控制预报（原业务模式）的技巧

（3）2106 号台风“烟花”

2021 年第 6 号台风“烟花”的一次预报，初始时刻为 2021 年 7 月 23 日 00 时，预报时效为 120 h。此次预报为“烟花”达到强度极值点后的一次预报，由于涡旋初始化对分析场中海平面中心气压低于观测值而不发生作用，因此，对于这个时次的预报实际上是无涡旋初始化的。预报路径显示，海气交换系数和微物理过程改进对本次预报后期有影响，相比而言，控制预报（原业务模式）对于此次预报的路径同观测更为接近。强度预报方面，海气交换系数的改进可以减小积分前 6 h 的 SPIN-DOWN，对于 72 h 前的强度的预报也同观测更为接近，72 h 后预报偏强。

图 5.88 为“烟花”平均路径误差和强度误差及相对于原业务模式的预报技巧。除个别时次外，海气交换系数和微物理过程参数化方案改进对平均路径误差均无正技巧，尤其是 120 h 预报；海气交换系数对平均强度预报误差的影响表现为正负相间的形式，而微物理过程集成后，强度预报误差有明显减小，除个别时次外，为明显的正技巧。

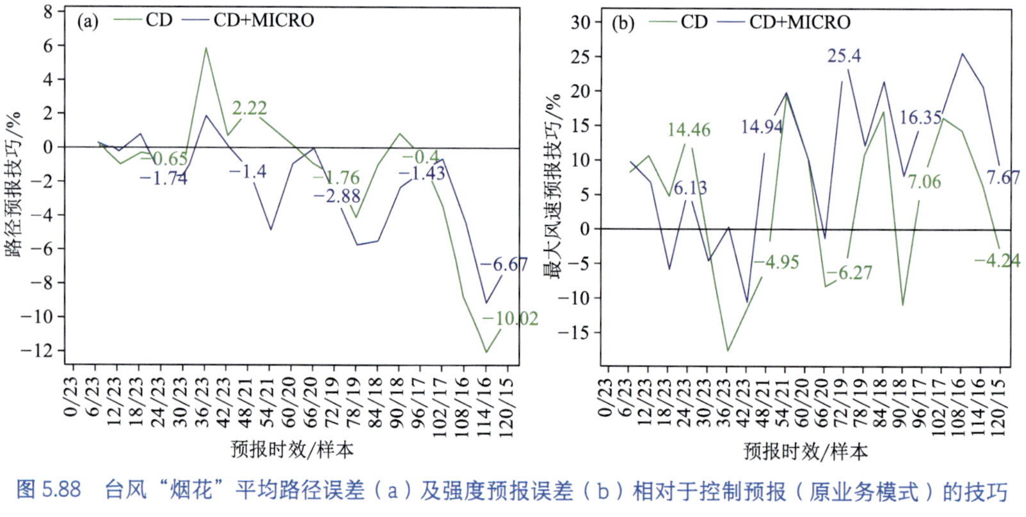

图 5.88 台风“烟花”平均路径误差（a）及强度预报误差（b）相对于控制预报（原业务模式）的技巧

5.5.6.3 降水预报

（1）2020 年影响东北地区的 3 个台风降水检验

CMA_TYM（原名 GRAPES_TYM）在引入改进后的 CD+MICRO 新方案后，对 2020 年影响东北的 3 个台风（2008 号“巴威”、2009 号“美莎克”和 2010 号“海神”，时间段为 2020 年 8 月 22 日—9 月 6 日）影响期间的降水进行了回报，并针对不同量级的降水量（≥0.1 mm、≥10 mm、≥25 mm、≥50 mm、≥100 mm）进行了 TS 评分。

结果表明，24 h 的小雨和大暴雨、48 h 的小中大雨和大暴雨、72 h 的小雨和 96 h 的小、大、暴雨和大暴雨的降水预报能力相对于原业务模式均有不同程度的提升（图 5.89）。其中，对降水量级超过 0.1 mm 但小于 10 mm 的小雨量级的降水 TS 评分均有提高，对 24 h 和 48 h 的大暴雨 TS 降水预报评分提升幅度分别达到 24.37% 和 8.42%，对 96 h 的暴雨 TS 降水预报评分提升幅度达到 15.4%。

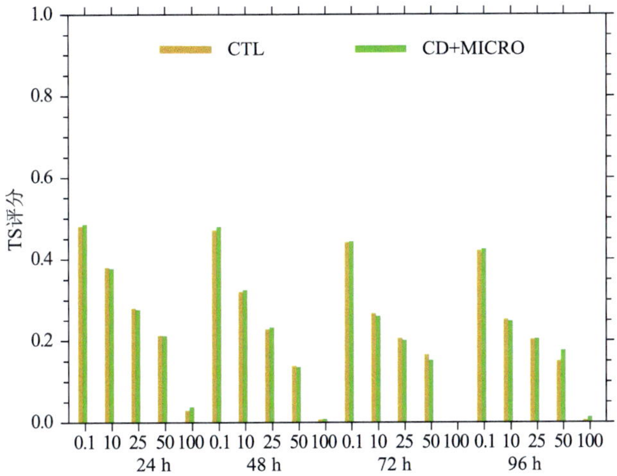

图 5.89 2020 年东北 3 个台风影响期间，CMA_TYM 业务模式和使用 CD+MICRO 新方案后的 TS 降水预报评分

（2）2021 年影响华东地区的“烟花”台风降水检验

对于“烟花”临近登陆至在山东境内逐渐减弱为热带低压期间，引入新方案后 CMA_TYM 的 24 h 小雨、大雨和大暴雨，48 h 中雨、大雨和大暴雨，72 h 中雨、暴雨和大暴雨以及 96 h 中雨、暴雨 TS 降水预报评分均有不同程度的提升（图 5.90）。其中，对于 24 h 大雨和大暴雨 TS 降水预报评分改进幅度分别达到 3.10% 和 4.68%，48 h 大雨和大暴雨 TS 降水预报评分改进幅度分别为 3.79% 和 3.23%，72 h 中雨和大暴雨 TS 降水预报评分改进幅度分别达到 3.69% 和 7.10%，96 h 暴雨 TS 降水预报评分改进幅度达到 6.19%。

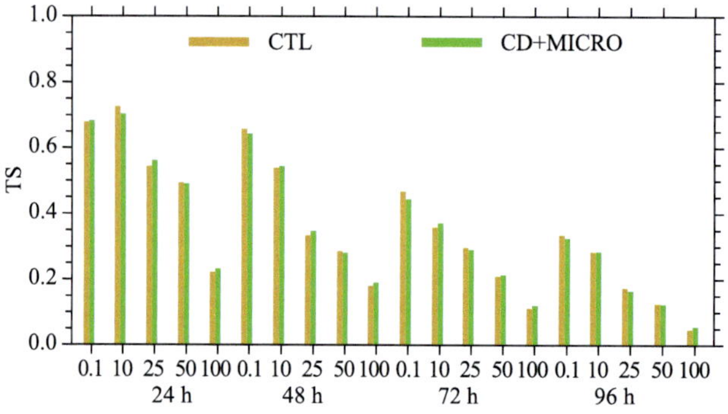

图 5.90　2021 年台风“烟花”登陆舟山前 3 h（2021 年 7 月 25 日 08 时）到在山东境内减弱为热带低压（2021 年 7 月 29 日 20 时）期间，CMA_TYM 业务模式和使用 CD+MICRO 新方案后的 TS 降水预报评分

5.5.6.4　业务应用示范平台

（1）业务示范应用平台建设（网页端）

为了更加便捷地展示项目成果，基于 html、css、javascript 等语言，在 vue-cli 3.0.4 前端框架下开发了项目成果的业务应用示范平台，其中的重要插件 vue 为 2.6.10 版本，axios 为 0.24.4 版本，vue-router 为 3.0.3 版本。平台运行使用 Nginx 1.18 作为 web 服务器，部署网站及图片产品。图片产品来源于模式数据后处理，基于一系列统计、诊断方法，生成台风路径、台风强度、形势场（环流场、海平面气压场）、台风诊断（垂直风切变、暖心、中层相对湿度、高层出流、水汽净流入、低层辐合、引导气流、高空出流、视热源、视热源剖面）等图形产品。网站部署服务器的系统为 RedHat 4.8.5-36，内存为 256 G，处理器为 Intel（R）Xeon（R）Gold 5118 CPU @ 2.30GHz。

业务示范应用平台（网页端）除了对项目和模式进行简介外，主要集成了 3 类（台风预报产品、台风诊断分析产品、检验评估报告）14 种产品（图 5.91）。其中，预报产品主要包括台风路径、强度、大风和降水预报，诊断产品主要包含台风形势场和台风诊断分析等 10 种产品。在调阅每一种产品时，均有年份、台风编号、起报时间、预报时效、高度层等 5 个次级选项，用户可以根据自己的需要依次选择每一个选项，确定选择后，网页会在最短的时间定位目标产品，提高了分析和预报的效率。

（2）业务平台示范应用（业务端）

为了在实际业务中更好地展示和应用项目成果，项目组对国家气象中心（中央气象台）的台风业务预报平台（TYMIS）进行了改进，实现改进后模式产品在台风业务平台的调用显示，实时输出台风强度、路径、大风和降水预报产品，实现与其他模式产品或官方预报结论的对比分析。

在搭建业务示范平台过程中，开展了基于气候持续性的台风风圈半径预报方法的研究，并研发了基于数值模式的风圈半径预报技术，为台风大风预报提供技术支撑；还构造了高空出流指数 ULFI 和大气视热源两个台风快速增强指数。其中，台风高空出流

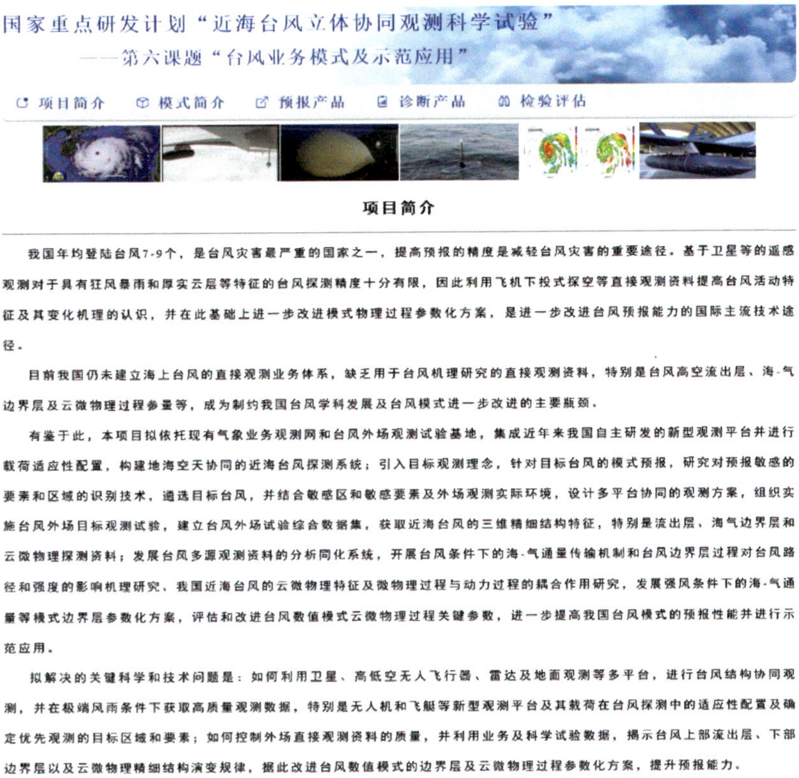

图 5.91　业务示范应用平台（网页端）首页

是台风快速增强的重要因素之一，目前国内外可用于高空出流定量分析的研究成果不多。2020 年项目组在中国科学院南海所研究的基础上，将高空出流指数 ULFI 在台风预报业务中进行应用和改进。典型个例试验结果表明，高空出流指数对诊断台风快速加强有提示作用，特别是对与西风槽、西风急流相互作用造成的台风快速加强，有明显指示意义。

为定量研究非均匀非绝热加热演变与台风突然增强的关系，将大气视热源作为台风增强的预报指数之一。典型个例试验结果表明，基于模式预报场计算的台风中心附近视热源变化对台风强度变化有很好的指示意义，特别是快速增强阶段，在业务台风强度预报中具有很好的应用价值。

综上所述，经过 3 年的研究，项目“近海台风立体协同观测科学试验”（2018YFC1506400）完成了平流层飞艇及多款（高、中、低空）无人机等我国近年来自主研发平台及下投探空等多种载荷的台风探测适应性改装，并依托现有气象业务观测网和台风外场观测试验基地构建了我国近海台风立体观测的多基平台协同体系。首次在台风外场观测研究中引入目标观测理念，针对目标台风的模式预报，研究对预报敏感的要素和区域的识别技术，并设计了基于敏感区识别的台风多平台协同目标观测方案，指导组织实施了 16 个目标台风的外场观测（含 7 个目标台风的多基平台协同观测）试验并成功获取第一手观测资料。利用外场观测资料对台风数值模式的边界层和云微物理过程参数化方案进行了改进，并应用于国家气象中心（中央气象台）的台风业务模式

（CMA_TYM），对 2019—2021 年的台风批量试验和典型个例比对分析结果表明，模式 24～120 h 台风路径和强度预报精度的提高幅度分别可达 5.16% 和 16.0%，各级台风降水的 TS 评分也有明显提高，其中大雨提高 3.1%～3.8%、暴雨提高 6.2%～15.4%、大暴雨提高 3.2%～24.4%。此外，还搭建了项目成果业务应用示范平台，并已将项目相关产品直接嵌入中央气象台的实时业务平台，为实时业务提供了重要参考。

第 6 章

展望未来

自 1945 年美国实施第一例飓（台）风飞机探测试验以来，台风外场观测对于提高台风活动规律的认识及其数值预报能力提升等的独特作用和价值，得到充分证实。美国建立和实施的飓风飞机探测业务，在相当大程度上确保了其飓风研究中心（HRD）和国家飓风中心（NHC）在国际台风科学研究和业务预报界长达近 80 年的“领先”地位。

我国台风外场观测自 2002 年起步，经过 20 余年的艰难实践，观测平台从“小拖车”发展到高空无人机和火箭弹，观测试验也从“守株待兔”的有 / 无观测发展到“有的放矢”的目标观测和多平台的协同观测，正如第 4 章和第 5 章所展示的取得了长足进步。然而，总体上仍远不及美国和日本等发达国家，特别是针对海上台风的直接观测，至今尚未形成业务，甚至落后于中国香港和中国台湾地区。不过，随着我国经济社会的迅猛发展，特别是先进制造业的不断突破，可望用于台风外场直接观测的平台和技术已呈现超越和领跑国际的良好势头。

6.1 未来 20 年

6.1.1 观测体系

在我国台风探测科技工作者的共同努力下，预期再过 20 年，针对进入我国 24 h 警戒区的近海及登陆台风，“固定 + 移动”相结合的多平台协同观测体系已经建立且分布趋于合理，总体性能接近或达到美国等先进国家同期水平。其中，固定平台除正常的气象业务观测站网外，主要由陆基及海基观测基地组成，移动平台则主要由“追风”观测车（陆地上跑）、海上无人艇（海洋上游）、高 - 中 - 低空无人机、平流层飞艇及火箭弹（天空中飞）等组成。

常规的气象观测业务站网，包括卫星（气象卫星、海洋卫星、环境卫星及高分卫星等）、雷达（双偏振 X 波段雷达、双偏振相控阵雷达、海面风地波和 SAR 雷达、激光测风雷达等）、探空和地面气象站（含有人站和无人的自动站）等。

台风外场观测基地，主要用于台风影响期间边界层通量特征等的特种观测、台风科学试验外场观测和相关设备的测试及人员培训，主要配置涡动相关仪、激光测风雷达、微型测雨雷达、雨滴谱仪等。完整的台风外场观测网由陆基和海基（含海岛和海上平台）观测基地及科学试验观测点等组成。

针对南海区域的台风，构建了包括海南三沙（永兴岛）台风外场观测基地、海南三亚台风外场观测基地和广东博贺海洋气象观测基地及海南万宁、博鳌科学试验外场观测点组成的外场观测网。其中，三沙（永兴岛）台风外场观测基地主要增配了多型雷达（双偏振 X 波段多普勒及相控阵雷达等）和中 - 低空无人机，并用作海上无人艇的下水施放点，更多地侧重于南海台风生成及发展初期的探测；三亚台风外场观测基地主要增配的是梯度观测塔，侧重于台风登陆海南岛前后边界层结构及其垂直分布变化的探测；

博贺海洋气象观测基地主要依托海上梯度塔增配海-气通量的观测，并用作海上无人艇的下水施放点，侧重于获取近岸台风海-气相互作用的相关物理量及其变化；万宁科学试验外场观测点主要用作下投探空火箭弹发射和平流层飞艇施放点，侧重于对近海及登陆台风中-高空结构的探测；博鳌科学试验外场观测点则主要依托机场，实施台风的飞机探测（含有人飞机及高、中空无人机），侧重于获取台风内核云微物理结构等的特征变化。

针对东海区域的台风，构建了包括福建三沙（霞浦县境内）台风外场观测基地、浙江大陈（台州市境内）及舟山科学试验基地组成的外场观测网。其中，三沙（霞浦）台风外场观测基地主要增配多型雷达、中-低空无人机，并用作下投探空火箭弹发射及平流层飞艇的施放点，是东海台风及华东登陆台风的综合外场观测基地（主站），也是“追风”观测车等外场观测装备的主要补给及调试站；大陈科学试验基地侧重于台风影响下的海岛边界层及海-气通量观测，并用作海上无人艇下水施放点；舟山科学试验基地则侧重于飞机（中-高空无人机等）探测。

针对登陆后深入内陆及沿黄渤海近海北上的台风，依托国家气候观象台和野外观测基地等，构建了由江西赣州、江西南昌（国家气候观象台）、福建武夷山（国家气候观象台）、湖南岳阳（国家气候观象台）、安徽寿县（国家气候观象台）等组成的内陆台风观测网，以及由上海宝山（国家气候观象台）、江苏金坛（国家气候观象台）、山东长岛（国家气候观象台）、辽宁大连、辽宁盘锦（国家气候观象台）等组成的近海北上台风观测网。前者针对的是内陆高山（武夷山）、丘陵（赣州）和平原（寿县）地形及大型水体（南昌站的鄱阳湖及岳阳站的洞庭湖）等对台风陆上维持等的影响，后者主要针对台风近海北上过程中海岸带地区海-陆-气的相互作用及其对台风非对称风雨分布的影响。另外，根据台风移动的不同路径，可选用不同测站的组合对台风进行“全程”监测。

移动观测平台的综合性能将进一步提高，具备对台风进行“伴随式”观测的能力。其中，“追风”观测车能抗16～17级大风，能在我国东南沿海的全地形条件下进行快速机动，实现陆上“追风”观测；海上无人艇具备在9级恶劣海况下，以10节（18.5 km/h）以上的航速（基本能“追”上正常移速的台风）连续航行一周以上；中-高空无人机具备穿越台风中心及眼墙的能力，能在3～20 km的巡航高度飞行一周以上，可对台风流出层及内核结构进行下投探空等直接探测，低空无人机能在3 km以下（最低飞行高度可达100 m及以下）、台风10级风圈外的区域巡航6 h以上；平流层飞艇能在30 km以上的高度以20 km/h的航速巡航1个月及以上，并进行雷达遥测及下投探空观测；下投探空火箭弹已成序列化，有300 km、500 km、1000 km、1500 km、3000 km及5000 km等不同射程的型号，飞行高度在10～60 km可调，火箭弹从起飞至落地（入海）约6 min，可实现“即要即测”。此外，车/船/机载观测设备也得到充分发展，具备对台风内核风、温、压、湿及滴谱等云微物理结构特征进行全量观测的能力。

6.1.2 业务流程

多方协作的中国台风外场观测业务已建立，针对进入我国24 h警戒区的目标台风实施多平台协同的外场观测。目标台风的遴选，主要依据实时台风的活动特征及业务

（定位定强及预报）难点，由中国气象局上海台风研究所和国家气象中心的台风与海洋气象预报中心分别从科学价值及业务需要的角度共同确定，外场观测作业则由专业化的台风外场观测团队实施。该团队是国家层面的、专业化的、跨部门的联合作业团队，由气象部门、海洋部门、设备供应及维护方、机场（民航）、军方以及地方安保部门等成员单位组成。其中，机场（民航）协调并保障台风外场探测作业的空域及飞机起飞 / 着陆的场地安排等。海洋部门负责台风探测作业区域的海域。设备供应及维护方负责观测设备的调试和使用（有人飞机的探测由空军或民航的专业飞行员为主实施，火箭弹下投探空等专业化设备的施放使用由专业化设备供应及维护方负责）。地方安保部门负责作业区域的人员疏散、秩序维护及相关后勤保障。气象部门负责台风探测作业的设计，含目标台风的遴选、外场探测作业的指挥及探测资料的分析和应用等，涉及的气象部门主要有上海台风研究所、国家气象中心的台风与海洋气象预报中心、气象探测中心及沿海相关省（市）气象局。上海台风研究所负责目标台风的遴选、外场观测作业方案（如飞行路线和观测要素等）的确定、探测资料数据库建设、探测资料分析和模式应用，并参与台风外场业务观测；国家气象中心的台风与海洋气象预报中心主要参与目标台风的遴选，负责探测资料在实时台风定位定强及业务预报中的应用；气象探测中心主要负责台风业务探测平台的建设和运维，并依据确定的外场观测作业方案组织实施台风外场观测作业；外场观测所涉及的相关各省（市）气象局则主要负责台风外场观测的后勤保障和观测资料的属地化应用。

为增强参与各方的有效协作，设立台风外场作业协调中心及前线指挥所，前者为常设机构，挂靠上海台风研究所，后者为常设性临时机构，依托气象探测中心和外场作业所在省（市）气象局及外场观测主要参与方共同在外场观测地设立，由气象探测中心负责并与设于上海的协调中心保持单线联系。实际业务中，国家气象中心对西北太平洋（含南海）的台风进行全天候监视，一旦发现有台风进入 24 h 警戒区，即对其业务定位定强及预报的不确定性（疑难点）进行评估，并提出外场观测的业务需求。同时，上海台风研究所（及亚太台风研究中心）则从台风活动（异常）特征评估其科学价值，并提出外场观测的科研需求。一旦确定有外场观测的需求，则该台风即确定为目标台风，上海台风研究所（协调中心）立即发布针对该目标台风的外场观测启动指令，并根据观测需求，基于目标观测理念，同步完成其外场观测方案的设计（包括作业平台、作业方式、作业时间、作业场所的海 - 空域及目标观测区域和要素等）；外场观测联合作业团队的各相关成员单位接到启动指令后，按外场观测方案迅速完成集结和相关工作的准备；气象探测中心立即完成前线指挥所的组建。前线指挥所依托外场观测方案，组织开展并完成对该目标台风的外场观测作业，直至方案设定的作业结束，期间如遇台风转向严重偏离设定的作业区等“突发”情况，前线指挥所应及时向协调中心报告并由协调中心下达提前中止或结束作业的指令。外场观测作业期间获取的所有观测资料及影像数据（含固定和移动观测平台），均同步传输至协调中心并接入国家气象大数据云平台（供国家气象中心的预报业务平台和数值预报中心的数值预报模式等实时调用）。

为保证飞机等多平台协同的台风外场观测业务的正常开展，国家设立台风外场观测业务专项，所需经费纳入财政预算按年度拨付，结合实际作业支出，实行“多退少补”，并委托中国气象局管理。

此外，伴随先进制造业的进步，各类新型观测平台及探测技术（新建和改进）在台风观测中适应性应用的测试（科学试验），将依托国家级的台风外场观测联合团队组织实施，建立了从“观测业务”需求中来，经“科学试验”测试验证，再到投入“观测业务”的“旋转门”机制，实现台风外场观测体系及业务流程的不断迭代升级。

6.2 未来 40 年

再过 40 年（即第二个 20 年），台风外场观测的需求将进一步增长。例如，不再局限于对进入 24 h 警戒区的台风进行观测，而是 48 h 甚至是整个西北太平洋（含南海）区域；也不再局限于侧重台风的登陆过程，而是针对台风的全生命史。再如，台风的尺度及垂直伸展高度、台风影响下的声音等将成为业务探测的基本要素。

再过 40 年，台风外场观测体系的综合性能均将进一步跃升，主要观测平台及设备均基本具备对西北太平洋（甚至全球）全域进行全天候和台风全生命史外场观测的能力。例如，用于台风观测的各类探头（传感器）更具针对性，湿度等探测设备的探测精度和对台风环境的适应性进一步提高。探测器和搭载探测器的接口均实现标准化，可基于观测需要进行“自由插拔”配置。搭载探测器的平台兼具多样性和综合性，用于台风外场观测的专业卫星（“星座”及“星链”）、无源雷达、海上和空中无人探测母舰等多类型的观测平台将不断涌现并趋于成熟。海上无人探测母舰，可搭载无人艇及可海上起飞降落的各型高 - 中 - 低空无人机，其中无人艇包括半潜和全潜两类，全潜无人艇可携带多枚探空火箭弹事先潜游至台风内核或预期位置（也可伴随潜游），并从海面以下发射探空火箭弹完成探测，观测数据可通过卫星（如北斗）也可通过母舰上起飞的无人机作为中继完成与后方（前线指挥所和协调中心等）的传输。空中无人探测母舰，主要用于高 - 中空无人机的空中加油和充电平台、低空无人机的搭载和释放平台，也可搭载各型雷达。海上和空中无人探测母舰均采用油、电（太阳能）混合的方式提供动力，可长期（1～3 个月）驻海和滞空航行。

再过 40 年，台风外场观测的多方协作机制进一步完善，中国香港和中国台湾的飞机探测等将深度融入中国大陆的台风外场观测体系及作业流程。全球不同海域台风的协同作用受到关注，亚太地区及全球范围内的多国别台风外场协同观测，不再局限于国际合作的大科学试验，将成为业务化的常态。此外，基于科学验证、预报和防台减灾需要的目标观测更具针对性。例如，随着吸湿弹和增温弹等制造技术的进步，其“当量”得到很大提高，具备显著改变台风局部结构的能力，因此依托外场观测对目标台风实施有限的人工影响作业（在弱环境场等特定环境下通过施放吸湿弹和增温弹等，改变台风局地温湿非对称结构，从而对台风路径和强度造成“符合预期”的“有限”影响），将从科学试验逐渐走向业务，使从源头进行“工程化”防台减灾和趋利避害成为现实。

值得注意的是，在气象卫星出现之前，美国主要依靠军用飞机监测台风的生成，受各种客观因素的限制，难免会漏掉一些台风。气象卫星的问世对台风的监测产生了革命性影响，台风形成之前的早期迹象，如热带扰动或热带低压，在卫星云图上已是一目了然，对台风的监测不再有“漏网之鱼”。从全球范围来看，气象卫星理应是开展台风监测最有效的手段，尤其是卫星遥测技术越来越先进，各种直接的观测和间接的反演产品越来越丰富，为台风的业务和科研工作提供了强有力支撑。但气象卫星也不是无所不能，它还不能对台风内部的气象要素进行直接测量，尚不能确定台风中心气压，也不能给出精确的风速信息，而这些信息对准确预报台风的发展和运动又是如此之重要。飞机能直抵台风外围的螺旋云带，甚至台风中心，并在不同高度层开展最直接的“现场（外场）”观测。和卫星大范围的遥测对比，飞机观测资料范围虽小，但从业务角度来讲却至关重要，显得尤为珍贵。

飞机等直接观测在台风预报业务和理论研究中发挥了重要作用。即便将来卫星、雷达或者其他探测仪器得以进一步发展，飞机等直接观测仍将具有重要价值，因为作为一个移动观测平台，在常规观测资料稀缺的海洋上空获得的宝贵的现场观测资料除继续用于提高台风预报外，还将用于对卫星、雷达等遥感资料的评估和校正。

参考文献

蔡凝昊，宋金杰，赵坤，等，2009.“黄蜂 ”边界层风速分析——台风平均风速的时距选取与强度估计［J］. 气象科学，29（4）：461-466.

陈大可，雷小途，王伟，等，2013. 上层海洋对台风的响应和调制机理［J］. 地球科学进展，28（10）：1077-1086.

陈联寿，2006. 热带气旋研究和业务预报技术的发展［J］. 应用气象学报，17（6）：672-681.

陈联寿，2010. 热带气旋灾害及其研究进展［J］. 气象，36（7）：101-110.

陈联寿，罗哲贤，李英，2004. 登陆热带气旋研究的进展［J］. 气象学报，62（5）：541-549.

褚萌，雷小途，陈国民，2021. 热带气旋路径预报“真实”误差分析［J］. 大气科学学报，45（1）：22-29.

端义宏，陈联寿，梁建茵，等，2014. 台风登陆前后异常变化的研究进展［J］. 气象学报，72（5）：969-986.

段自强，李永平，于润玲，等，2016. 海洋飞沫方案改进对台风“威马逊”强度预报的影响［J］. 海洋与湖沼，47（6）：1075-1090.

范永祥，1996. 台风现场科学业务试验综述［M］// 85 - 906 项目组 . 台风科学、业务试验和天气动力学理论的研究（一）. 北京：气象出版社：1-113.

方平治，赵兵科，鲁小琴，等，2013. 华东沿海地带台风风廓线特征的观测个例分析［J］. 大气科学，37（5）：1091-1098.

方平治，赵兵科，张帅，等，2015. 中等到强风条件下近海拖曳系数随风速变化的观测［J］. 热带气象学报，31（5）：713-720.

胡敬，2016. 追风行动——记中国气象局上海台风研究所“追风小组”［J］. 科学中国人（11）：80-81.

矫梅燕，雷小途，虞俊，等，2020. 亚太防台减灾中国主要贡献概述［J］. 科学通报，65（9）：780-789.

雷小途，2001. 西北太平洋热带气旋最佳定位的精度分析［J］. 热带气象学报，17（1）：65-70.

雷小途，2015. 无人飞机在台风探测中的应用进展［J］. 地球科学进展，30（2）：276-283.

雷小途，2020. 中国台风科研业务百年发展历程概述［J］. 中国科学：地球科学，50（3）：321-338.

雷小途，2021. 中国台风联防与科研协作及其对中国台风学科发展的作用综述［J］. 气象学报，79（3）：531-540.

雷小途，陈佩燕，杨玉华，等，2009. 中国台风灾情特征及其灾害客观评估方法［J］. 气象学报，67（5）：875-883.

雷小途，余晖，2015. WMO 登陆台风预报示范项目研究进展［J］. 气象科技进展，5（2）：18-23.

雷小途，雷明，赵兵科，等，2017. 火箭弹下投探测台风气象参数新技术及初步试验［J］. 科学通报，62（32）：3789-3796.

雷小途，李永平，于润玲，等，2019a. 新一代区域海 - 气 - 浪耦合台风预报系统［J］. 海洋学报，41（6）：123-134.

雷小途，张雪芬，段晚锁，等，2019b. 近海台风立体协同观测科学试验［J］. 地球科学进展，34（7）：671-678.

李波，费建芬，黄小刚，等，2011. 0908 号台风“莫拉克”异常路径的诊断分析与数值模拟［J］. 海洋预报，28（2）：18-22.

李杨，马舒庆，王国荣，等，2009. 利用无人机探测台风海鸥的气象要素特征［J］. 应用气象学报，20（5）：579-585.

李永平，雷小途，2017. 围捕台风［J］. 科技纵览（3）：56-57.

梁建茵，陈子通，万齐林，等，2003. 热带气旋“黄蜂”登陆过程诊断分析［J］. 热带气象学报，19（增刊）：45-55.

梁进，任福民，杨修群，2010. 中美两套西北太平洋热带气旋资料集的差异分析［J］. 海洋学报，32（1）：10-22.

廖菲，邓华，赵中阔，等，2013. 热带气旋科学观测试验及研究进展概况［J］. 热带气象学报，29（4）：687-697.

林雯，方平治，雷小途，等，2016. 台风条件下不同时距最大平均风速之间的转换系数研究［J］. 热带气象学报，32（1）：42-50.

刘爱鸣，高珊，2011. 0908 号台风“莫拉克”异常路径及其对台湾海峡两岸强降水的影响［J］. 台湾海峡，30（2）：151-157.

刘俊杰，林炳章，陈宏，等，2016. 台风“天鹅”对“莫拉克”台风暴雨增幅影响的模拟分析［J］. 南京信息工程大学学报，8（1）：76-82.

刘霄燕，李永平，段自强，2017. 考虑飞沫影响的拖曳系数方案对台风条件下上层海洋海温数值模拟的影响［J］. 热带海洋学报，36（5）：24-32.

罗中云，2008. 追风敢死队招兵买马［N］. 北京科技报，2008-04-14（43）.

穆穆，段晚锁，2005. 条件非线性最优扰动及其在天气和气候可预报性研究中的应用［J］. 科学通报，50（24）：2695-2701.

钱传海，李泽椿，张福青，等，2012. 国际热带气旋飞机观测综述［J］. 气象科技进展，2（6）：6-16.

宋丽莉，毛慧琴，汤海燕，等，2004. 广东沿海近地层大风特性的观测分析［J］. 热带气象学报，20（6）：731-736.

王晨稀，倪允琪，2011. 影响热带气旋路径的敏感性试验与研究［J］. 气象学报，69（5）：757-769.

王晴，钱传海，张玲，2018. 2017 年西北太平洋和南海台风活动概述［J］. 海洋气象学报，38（2）：1-11.

王宇，2019. 台风报道是否一定需要追风出镜记者？［J］. 现代视听（7）：87.

WEATHERFORD C L，GRAY W M，吴天棋，1989. 利用飞机探测资料揭示台风结构［J］. 气象科技（5）：28-34.

吴俊杰，郭鸿基，林博雄，等，2003. 台风重点研究暨侵台台风之 GPS Dropsonde 飞机侦察观测试验［J］. 中国台湾气象学会会刊（44）：1-14.

吴影，陈佩燕，雷小途，2017. 登陆热带气旋路径和强度预报的效益评估初步研究［J］. 热带气象学报，

33（5）：675-682.

徐祥德，陈联寿，1998. TCM-90 现场科学试验台风 Flo“β 陀螺”“通风流”非对称动力结构特征［J］. 气象学报，54（4）：536-543.

闫敬华，丁伟钰，陈子通，等，2003. 热带气旋“黄蜂”动热力特征演变的模拟分析［J］. 热带气象学报，19（增刊）：12-24.

余晖，胡春梅，蒋乐贻，2006. 热带气旋强度资料的差异性分析［J］. 气象学报，64（3）：357-363.

张光智，徐祥德，王继志，等，2004. 采用外场观测试验资料对登陆台风“黄蜂”的风场及湍流特征的观测研究［J］. 应用气象学报，15（增刊）：110-115.

张胜军，徐祥德，吴庆梅，等，2004.“中国登陆台风外场科学试验”风廓线仪探测资料在四维同化中的初步应用研究［J］. 应用气象学报，15（增刊）：101-109.

赵兵科，邵德民，鲁小琴，等，2009. 多通道地基微波辐射计在 0713 号“韦帕”台风登陆前后探测性能及特征分析［J］. 地球科学进展，24（9）：1001-1008.

赵兵科，汤杰，雷小途，等，2022. 近海台风立体协同观测科学试验进展［J］. 地球科学进展，33（8）：771-785.

赵中阔，梁建茵，万齐林，等，2011. 强风天气条件下海气动量交换参数的观测分析［J］. 热带气象学报，27（6）：899-904.

智协飞，陈雯，2010. THORPEX 国际科学研究新进展［J］. 大气科学学报，33（4）：504-511.

中国大百科全书编委会，1987. 中国大百科全书（大气科学）［M］. 北京：中国大百科全书出版社.

周磊，陈大可，雷小途，等，2019. 海洋与台风相互作用研究进展［J］. 科学通报，64（1）：60-72.

ABERSON S D，2002. Two years of operational hurricane synoptic surveillance［J］. Wea Forecasting，17（5）：1101-1110.

ABERSON S D，2003.Targeted observations to improve operational tropical cyclone track forecast guidance［J］. Mon Wea Rev，131：1613-1628.

ABERSON S D，2010. 10 years of hurricane synoptic surveillance（1997–2006）［J］. Mon Wea Rev，138：1536-1549.

ABERSON S D，FRANKLIN J L，1999. Impact on hurricane track and intensity forecasts of GPS dropwindsonde observation from the first-season flights of the NOAA Gulfstream- Ⅳ jet aircraft［J］. Bull Amer Meteor Soc，80：421-427.

ABERSON S D，BLACK M L，BLACK R A，et al，2006. Thirty years of tropical cyclone research with the NOAA P-3 aircraft［J］. Bull Amer Meteor Soc，87：1039-1055.

ABERSON S D，CIONE J，WU C C，et al，2009. Aircraft observation of tropical cyclone［J］. Global perspectives on tropical cyclones from science to mitigation-world scientific，227-242.

BRAUN S A，NEWMAN P A，HEYMSFIELD G M，et al，2016. NASA’s hurricane and severe storm sentinel（HS3）investigation［J］. Bull Amer Meteor Soc，97：2085-2102.

BUIZZA R，MONTANI A，1999. Targeting observations using singular vectors［J］. J Atmos Sci，56：2965-2985.

BURPEE R W，FRANKLIN J L，LORD S J，et al，1996. The impact of Omega dropwindsonde on operational hurricane track forecast models［J］. Bull Amer Meteor Soc，77：925-933.

CHEN G M, YU H, CAO Q, et al, 2013. The performance of global models in TC track forecasting over the western North Pacific from 2010 to 2012 [J] . Trop Cycl Res Rev, 2: 149-158.

CHEN G M, ZHANG X P, CHEN P Y, et al, 2017. Performance of tropical cyclone forecast in Western North Pacific in 2016 [J] . Trop Cycl Res Rev, 6 (1/2) : 13-25.

CHEN L S, LUO Z X, 1995. Some relations between asymmetric structure and motion of typhoons [J] . Acta Meteor Sinica , 9 (4) : 412-419.

CHEN S Y, PRICE J F, ZHAO W, et al, 2007. The CBLAST-Hurricane program and the next-generation fully coupled atmosphere-wave-ocean models for hurricane research and prediction [J] . Bull Amer Meteor Soc, 88 (3) : 311-317.

CHOU K H, WU C C, LIN P H, et al, 2010. Validation of QuikSCAT wind vectors by dropwindsonde data from Dropwindsonde Observations for Typhoon Surveillance Near the Taiwan Region (DOTSTAR) [J] . J Geophys Res, 115, D02109, doi: 10.1029/2009JD012131.

CHOU K H, WU C C, LIN P H, et al, 2011. The impact of dropwindsonde observations on typhoon track forecasts in DOTSTAR and T-PARC [J] . Mon Wea Rev, 139: 1728-1743.

CIONE J J, BRYAN G H, DOBOSY R,et al, 2020. Eye of the storm: Observing hurricanes with a small unmanned aircraft system [J] .Bull Amer Meteor Soc, 101 (2) : 186-205.

CREASEY R L, ELSBERRY R L, 2017. Tropical cyclone center positions from sequences of HDSS sondes deployed along high-altitude overpasses [J] . Wea Forecasting, 32: 317-325.

DONELAN M A, 2018. On the decrease of the oceanic drag coefficient in high winds [J] . J Geoph Res: Oceans, 123 (2) : 1485-1501.

ELSBERRY R L, 1990. International experiments to study tropical cyclones in the Western North Pacific [J] . Bull Amer Meteor Soc, 71 (9) : 1305-1316.

ELSBERRY R L, HARR P A, 2008. Tropical cyclone structure (TCS-08) field experiment science basis, observational platforms, and strategy [J] . Asia-Pacific J Atmos Sci, 44: 209-231.

EMANUEL K A, LANGLAND R H, 1998. FASTEX adaptive observations workshop [J]. Bull Amer Meteor Soc, 79: 1915-1919.

EMANUEL K, ZHANG F Q, 2016. On the predictability and error sources of tropical cyclone intensity forecasts [J] . J Atmos Sci, 73 (9) : 3739-3747.

FFIELD A, 2007. Amazon and Orinoco River plumes and NBC Rings: Bystanders or participants in hurricane events? [J] . J Clim, 20: 316-333.

FRANKLIN J L, BLACK M L, VALDE K, 2003. GPS dropwindsonde wind profiles in hurricanes and their operational implications [J] . Wea Forecasting, 18: 32-44.

FRIEDRICH K, HIGGINS S, MASTERS F J, et al, 2013. Articulating and Stationary PARSIVEL disdrometer measurements in conditions with strong winds and heavy rainfall [J] . J Atmos Ocean Technol, 30: 2063-2080.

GAO Z, PENG W, GAO C Y, et al, 2020. Parabolic dependence of the drag coefficient on wind speed from aircraft eddy-covariance measurements over the tropical Eastern Pacific [J] . Sci Rep, 10: 1805.

GARRATT J R, 1977. Review of drag coefficients over oceans and continents [J] . Mon Wea Rev,105: 915-

929.

GODFREY S，LINDSTROM E R，1989. The heat budget of the equatorial western Pacific surface mixed layer［J］. J Grophys Res，94：8007-8017.

GRAY W M，1979. Tropical cyclone intensity determination through upper-tropospheric aircraft reconnaissance［J］. Bull Amer Meteor Soc，60：1069-1074.

GRAY W M，NEUMANN C，TSUI T，1991. Assessment of the role of aircraft reconnaissance on tropical cyclone analysis and forecasting［J］. Bull Amer Meteor Soc，72：1867-1883.

GRIFFIN J S，BURPEE R W，MARKS JR F D，et al，1992. Real-time airborne analysis of aircraft data supporting operational hurricane forecasting［J］.Wea Forecasting，7：480-490.

GUIMOND S R，HEYMSFIELD G M，REASOR P D，et al，2016. The rapid intensification of Hurricane Karl（2010）：New remote sensing observations of convective bursts from the Global Hawk platform［J］. J Atmos Sci，73：3617-3639.

HARNISCH F，WEISSMANN M，2010. Sensitivity of typhoon forecasts to different subsets of targeted dropsonde observations［J］. Mon Wea Rev，138（7）：2664-2680.

HENDERSON R S，1978. USAF aerial weather reconnaissance using the Lockheed WC-130 aircraft［J］. Bull Amer Meteor Soc，59：1136-1143.

HOCK T F，FRANKLIN J L，1999. The NCAR GPS dropwindsonde［J］. Bull Amer Meteor Soc，80：407-420.

HOLLAND G J，WEBSTER P J，CURRY J A，et al，2001. The aerosonde robotic aircraft：A new paradigm for environmental observations［J］. Bull Amer Meteor Soc，82：889-901.

HOLTHUIJSEN L H, POWELL M D, PIETRZAK J D，2012. Wind and waves in extreme hurricanes［J］. J Grophys Res：Oceans，117：1-15.

HOWARD J R，BLAIR S F，FINNEY J C，et al，2005. Near-Ground Observations from Hurricanes Frances and Ivan（2004）. Proceedings，10th Americas Conference on Wind Engineering，Baton Rouge，Louisiana.

JAFFRAIN J, BERNE A，2011. Experimental quantification of the sampling uncertainty associated with measurements from PARSIVEL disdrometers［J］. J Hydrometeorol, 12：352-370.

JAROSZ E, MITCHELL D A, WANG D W, et al，2007. Bottom-up determination of air-sea momentum exchange under a major tropical cyclone［J］. Science, 315（5819）：1707-1709.

JOLY A，JORGENSEN D，SHAPIRO M A，et al，1997. The fronts and atlantic storm-track experiment（FASTEX）：Scientific objectives and experimental design［J］. Bull Amer Meteor Soc，78（9）：1917-1940.

KARTHIK B，CHANG P，SARAVANAN R，et al，2012. Ocean harrier layers’ effect on tropical cyclone intensification［J］. PANAS，109（36）：14343-14347.

KIM H M，KIM S M，JUNG B J，2011. Real-time adaptive observation guidance using singular vectors for typhoon Jangmi（200815）in T-PARC 2008［J］. Wea Forecasting，26（5）：634-649.

LAM C Y，1990. A brief synoptic discussion of SPECTRUM tropical cyclones［R］. The first SPECTRUM，Technical Conference，Tokyo，December 1990，WMO Tropical Cyclone Programme Report No. TCP-27：

47-60.

LANGFORD J S, EMANUEL K A, 1993. An unmanned aircraft for dropwindsonde deployment and hurricane reconnaissance [J]. Bull Amer Meteor Soc, 74: 367-375.

LARGE W G, POND S, 1981. Open ocean momentum flux measurements in moderate to strong winds [J]. J Phys Ocean, 11 (3): 324-336.

LEI X T, WONG W K, FONG C, 2017. A challenge of the experiment on typhoon intensity changes in coastal area [J]. Trop Cycl Res Rev, 6 (3-4): 94-97.

LEI X T, FONG C, VICENTE B M, et al, 2019.Overview on the progress of working group on meteorology of ESCAP/WMO Typhoon Committee in the recent 10 years [J]. Trop Cycl Res Rev, 8 (2): 84-94.

LEI X T, ZHOU X, 2012. Summary of retired typhoons in the western north Pacific Ocean [J]. Trop Cycl Res Rev, 1 (1): 23-32.

LI H, LUO J Y, CHEN B D, 2015. Assimilation of real observational data with the GSI-hybrid data assimilation system to improve typhoon forecast [J]. J Trop Meteor, 21 (4): 400-407.

LI H, WANG Q, 2016. Estimation of observation impact with an ensemble sensitivity method [J]. J Trop Meteor, 22 (2): 200-207.

LIN P H, 2006. The first successful typhoon eyewall-penetration reconnaissance flight mission conducted by the unmanned aerial vehicle aerosonde [J]. Bull Amer Meteor Soc, 87: 1481-1483.

LIN P H, LEE C S, 2008. The eyewall-penetration reconnaissance observation of typhoon Longwang (2005) with unmanned aerial vehicle aerosonde [J]. J Atmos Ocean Tech, 25: 15-25.

LU X Q, et al, 2021.Western North Pacific tropical cyclone database created by the China Meteorological Administration [J]. Adv Atmos Sci, 38 (4): 690-699.

MA L M, BAO X W, 2016. Parametrization of planetary boundary-layer height with helicity and verification with tropical cyclone prediction [J]. Boundary-layer Meteorology, 160 (3): 569-593.

MARKS F D, BLACK P G, MONTGOMERY M T, et al, 2008. Structure of the eye and eyewall of Hurricane Hugo (1989) [J]. Mon Wea Rev, 136: 1237-1259.

MARTIN J D, GRAY W M, 1993. Tropical cyclone observation and forecasting with and without aircraft reconnaissance [J]. Wea Forecating, 8: 519-532.

MU M, ZHOU F F, WANG H L, 2009. A method for identifying the sensitive areas in targeted observations for tropical cyclone prediction: conditional nonlinear optimal perturbation [J]. Mon Wea Rev, 137 (5): 1623-1639.

NILER P P, 2003. Evolution of the SVP drifter design and the global drifter program future [R]. Angra dosReis: Presentation at DBCP Conference.

PALMER T N, GELARO R, BARKMEIJER J, et al, 1998. Singular vectors, metrics, and adaptive observations [J]. J Atmos Sci, 55 (4): 633-653.

POWELL M D, VICKERY P J, REINHOLD T A, 2003. Reduced drag coefficient for high wind speeds in tropical cyclones [J]. Nature, 422: 279-283.

PU Z X, LI X L, VELDEN C S, et al, 2008. The impact of aircraft dropsonde and satellite wind data on numerical simulations of two landfalling tropical storms during the tropical cloud systems and processes experiment [J] . Wea Forecasting, 23 (1) : 62-79.

QI L B, YU H, CHEN P Y, 2014. Selective ensemble-mean technique for tropical cyclone track forecast by using ensemble prediction systems [J] . Q J R Meteor Soc, 140: 805-813.

QOOSAKU M, SHIROOKA R, YONEYAMA K, et al, 2007. The impact of the assimilation of dropsonde observations during PALAU 2005 in ALERA [J] . SOLA, 3 (623) : 97-100.

QU X B, HEMING J L, 2002. The impact of dropsonde data on forecasts of hurricane Debby by the meteorological office unified model [J] . Adv Atmos Sci, 19 (6) : 1029-1044.

REYNOLDS C A, PENG M S, CHEN J H, 2009. Recurving tropical cyclones: Singular vector sensitivity and downstream impacts [J] . Mon Wea Rev, 137 (4) : 1320-1337.

RICHTER D H, BOHAC R, STERN D P, 2016. An assessment of the flux profile method for determining air-sea momentum and enthalpy fluxes from dropsonde data in Tropical Cyclones [J] . J Atmos Sci, 73 (7) : 2665-2682.

RICHTER D H, WAINWRIGHT C, STERN D P, et al, 2021. Potential low bias in high-wind drag coefficient inferred from dropsonde data in hurricanes [J] . J Atmos Sci,78 (7) : 2339-2352.

ROGERS R, ABERSON S, AKSOY A, et al, 2013. NOAA's hurricane intensity forecasting experiment: A progress report [J] . Bull Amer Meteor Soc, 94: 859-882.

ROGERS R, ABERSON S, BLACK M, et al, 2006. The intensity forecasting experiment: A NOAA multiyear field program for improving tropical cyclone intensity forecasts [J] . Bull Amer Meteor Soc, 87: 1523-1537.

SENGUPTA D, GODDALECHUNDI B R, ANITHA D S, 2008. Cyclone-induced mixing does and cool SST in the post-monsoon north Bay of Bengal [J] . Atmos Sci Letts, 9: 1-6.

SHOEMAKER D W, GRAY W M, SHEAFFFFER J D, 1990. Influence of synoptic track aircraft reconnaissance on JTWC tropical cyclone forecast errors [J] .Wea Forecasting, 5: 503-507.

SIMPSON R H, 1952. Exploring the eye of typhoon "Marge" 1951 [J] . Bull Amer Meteor Soc, 33: 286-298.

SIMPSON R H, 1954. Hurricanes [J] . Sci Amer, 109: 22-37.

SNYDER C, 1996. Summary of an informal workshop on adaptive observations and FASTEX [J]. Bull Amer Meteor Soc, 77 (5) : 953-961.

SPARKS N, HON K K, CHAN P W, et al, 2019. Aircraft observations of tropical cyclone boundary layer turbulence over the South China Sea [J] . J Atmos Sci, 76: 3773-3783.

SUMMER H C, 1943. North Atlantic hurricanes and tropical disturbances of 1943 [J] . Mon Wea Rev, 71: 179-183.

TANG J, YUAN H L, WANG Y, et al, 2012. The use of shear gradient vorticity in tropical cyclone heavy precipitation prediction: a high-resolution numerical case study [J] . J Trop Meteor, 18 (4) : 403-411.

TANG X, LEI X T, YU H, 2012. Progress report of the WMO Typhoon Landfall Forecast Demonstration Project (WMO-TLFDP) [R] .Shanghai: WMO Workshop and Training Course on Operational Tropical Cyclone Forecast.

TOLMAN H L, BALASUBRAMANIYAN B, BURROUGHS L D, et a1, 2002. Development and implementation of wind generated ocean surface wave models at NCEP [J]. Wea Forecasting, 17 (2): 311-333.

VICKERY P J, WADHERA D, POWELL M D, et al, 2009. A hurricane boundary layer and wind field model for use in engineering applications [J] . J Appl Meteor Clim, 48 (2): 381-405.

WEISSMANN M, HARNISCH F, WU C C, et al, 2011. The influence of assimilating dropsonde data on typhoon track and midlatitude forecasts [J] . Mon Wea Rev, 139 (3): 908-920.

WILLOUGHBY H E, JORSENSEN D P, BLACK R A, et al, 1985. Project STORMFURY: A scientific chronicle 1962-1983 [J] . Bull Amer Meteor Soc, 66: 505-514.

WU C C, LIN P H, ABERSON S, et al, 2005. Dropwindsonde observations for typhoon surveillance near the Taiwan region (DOTSTAR): An overview [J] . Bull Amer Meteor Soc, 86 (6): 787-790.

WU C C, CHEN J H, LIN P H, et al, 2007a. Targeted observations of tropical cyclone movement based on the adjoint-derived sensitivity steering vector [J] . J Atmos Sci, 64: 2611-2626.

WU C C, CHOU K H, LIN P H, et al, 2007b. The impact of dropwindsonde data on typhoon track forecasts in DOTSTAR [J] . Wea Forecasting, 22 (6): 1157-1176.

WU C C, CHEN J H, MAJUMDAR S J, et al, 2009. Inter-comparison of targeted observation guidance for tropical cyclones in the North western Pacific [J] . Mon Wea Rev, 137: 2471-2492.

WU C C, LIN P H, LIN I I, et al, 2004. A review on “Dropsonde Observation for Typhoon Surveillance near the Taiwan Region (DOTSTAR)” and “Typhoon-ocean-bio-geochemistry interaction” research projects [J] . Atmos Sci, 32: 275-292.

WU J, 1982. Wind-stress coefficients over sea surface from breeze to hurricane [J] . J Geophys Res, 87: 9704-9706.

YAMAGUCHI M, IRIGUCHI T, NAKAZAWA T, et al, 2009. An observing system experiment for typhoon Conson (2004) using a singular vector method and DOTSTAR data [J] . Mon Wea Rev, 137 (9): 2801-2816.

YU H, CHAN S T, BROWN B, et al, 2012. Operational tropical cyclone forecast verification practice in the western North Pacific region [J] . Trop Cycl Res Rev, 1 (3): 361-372.

ZHANG F, WENG Y, GAMACHE J F, et al, 2011. Performance of convection permitting hurricane initialization and prediction during 2008−2010 with ensemble data assimilation of inner-core airborne Doppler radar observation [J] . Geophys Res Lett, 38, L15810.

ZHANG J A, ROGERS R, NOLAN D,et al, 2011. On the characteristic height scales of the hurricane boundary layer [J] . Mon Wea Rev, 139: 2523-2535.

ZHAO K, XUE M, LEE W C, 2011. Assimilation of GBVTD-retrieved winds from single-Doppler radar for short-term forecasting of super typhoon Saomai (0608) at landfall [J]. Q J R Meteor Soc, 138 (665): 1055-1071.

ZHAO K, LI X, XUE M, et al. 2012. Short-term forecasting through intermittent assimilation of data from Taiwan and mainland China coastal radars for Typhoon Meranti (2010) at landfall [J]. J Geophys Res, 117, D06108, doi: 10.1029/2011JD017109.

ZHOU F F, TOTH Z, 2020. On the prospects for improved tropical cyclone track forecast [J] . Bull Amer Meteor Soc, 101 (12): 2058-2077.

ZHOU L, CHEN D, KRISTOPHER B, et al, 2018. Introduction to Special Section on oceanic responses and feedbacks to tropical cyclones [J] . J Geophys Res: Oceans, 123: 742-745.

ZIJLEMA M, VAN VLEDDER G P, HOLTHUIJSEN L H, 2012. Bottom friction and wind drag for wave models [J] . Coastal Engineering, 65 (1): 1926.Doi: 10.1016 /j.coastaleng. 2012.03.002.